航天科工出版基金资助出版

航天产品金属零部件常见失效与预防

燕　翔　编著

中国宇航出版社
·北京·

图书在版编目（CIP）数据

航天产品金属零部件常见失效与预防 / 燕翔编著
. -- 北京 : 中国宇航出版社, 2021.4
ISBN 978-7-5159-1906-5

Ⅰ.①航… Ⅱ.①燕… Ⅲ.①航空航天器－金属材料－零部件－失效分析－预防 Ⅳ.①V27

中国版本图书馆 CIP 数据核字(2021)第 071544 号

责任编辑 张丹丹　　**封面设计** 宇星文化

出版发行	中国宇航出版社		
社址	北京市阜成路 8 号　**邮编** 100830 (010)60286808　(010)68768548	**版次**	2021 年 4 月第 1 版 2021 年 4 月第 1 次印刷
网址	www.caphbook.com	**规格**	787×1092
经销	新华书店	**开本**	1/16
发行部	(010)60286888　(010)68371900 (010)60286887　(010)60286804(传真)	**印张**	15　**彩插** 4 面
		字数	365 千字
零售店	读者服务部　(010)68371105	**书号**	ISBN 978-7-5159-1906-5
承印	天津画中画印刷有限公司	**定价**	78.00 元

本书如有印装质量问题，可与发行部联系调换

序

在《航天产品金属零部件常见失效与预防》一书面世之前，航天业界尚未见到如此系统论述失效分析的专著，在称赞作者的同时，还要感谢航天科工出版基金的资助。

航天产品是公认的高技术、高投入、高风险的复杂系统工程产物，一般涉及多个系统、分系统以及各种结构件、功能单元等，包含各类软件和成千上万的零部组件以及电子元器件，任何一个零部组件以及电子元器件的失效所带来的后果具有不可承受之重，美国"挑战者"号航天飞机在1986年1月28日的第10次飞行中，因固体助推器密封环失效而导致机体在空中爆炸的巨大灾难就是惨痛的教训。

可靠性是航天产品的关键质量指标，可靠性分析技术更是质量保证的核心。在防范失效的方法研究中，我国形成了以系统可靠性分析技术为代表的失效模式和影响分析程序等规范。通过事前开展识别潜在的失效模式、失效原因及其对系统性能影响的系统化程序，期望通过在开发周期的早期阶段进行分析，成功获得消除或减少失效模式的最佳费效比。尽管如此，在航天型号所发生的质量故障中，失效仍然占很大比重，因此通过事后分析研究失效仍然是当前普遍开展的技术和管理活动。

如本书作者燕翔先生所言，失效分析是一门发展中的新兴理论与实践紧密结合的学科。的确，失效分析涉及广泛的学科领域和技术门类，开展这项活动需要具备一定的科学技术基础、分析测试技术能力和工程实践经验，但我以为，更加需要对事物探究的一种科学精神。开展失效分析是我们认识客观事物的一把钥匙，当我们通过努力寻找到了失效问题的本源后，必然会提高对事物的认知水平，从而采取有效的技术措施和管理策略，推动技术的进步和产品性能的提高。

实践出真知，成功来源于一以贯之的坚守。作者深耕失效分析工作近20年，通过不断地研究失效分析基本理论和技术，归纳总结著述的《航天产品金属零部件常见失效与预防》一书，在航天产品金属零部件失效常用检测方法、航天产品金属零部件常见失效形式及诊断，以及航天产品金属零部件失效预防措施等方面进行了系统的知识梳理和技术方法论述，对航天业界开展型号金属零部件失效分析工作具有重要的指导价值，对拓展航天科研技术队伍的知识面有积极作用，是一部具有航天型号产品特点的金属零部件失效分析专业技术文献。

当前，我国进入高质量发展阶段，也正从航天大国向航天强国迈进，航天肩负着国家安全、经济发展和科技强军的重任，航天型号需要不断地创新发展，也需要汲取经验教训。以史为鉴知兴替，书中典型失效分析案例就是最好的警示。希望《航天产品金属零部件常见失效与预防》一书的出版，能提高航天型号产品的质量可靠性，能为更多的专业技术和管理人员提供有益的帮助。

2021 年 4 月 20 日

前　言

失效分析是一门发展中的新兴理论与实践紧密结合的学科，近年来逐渐从军工向民企普及，它是判断产品失效模式、查找产品质量问题原因、提出预防再失效对策的技术和管理活动。失效分析虽然不出产品，但有较高的经济效益和社会效益。在航天领域，追求产品质量可靠性是航天人永恒的目标，在经历一次次失败后，航天人痛定思痛，不断总结、完善、提炼后创造了具有航天质量特色的“双五条”技术归零和管理归零质量管理方法，它着眼质量问题本身，着力通过技术上的分析、管理上的改进，以达到系统预防、提高航天产品质量水平的目的。判断失效模式、研究失效机理、推演失效过程、指明失效原因、提出改进措施是失效分析的主要内容，也是航天产品质量问题技术分析的核心任务。应该说，失效分析的研究成果构成了航天质量问题归零，特别是技术归零的重要组成部分。随着航天产品技术更替发展，失效分析将会占据更加重要的地位。目前，国内关于失效分析的论文、专著日益繁多，涉及领域也日益丰富，但关于军工产品失效的书籍，基本都是航空行业的一些案例汇编、技术专著和论文集，具有突出的航空产品特色，对从事航天产品的技术人员而言，参考和借鉴的指导性有限。作者工作近 20 年来，主持完成了 500 多例航天产品零部件失效分析工作，逐渐掌握了航天产品金属零部件失效的一些特点和规律，在运用失效分析基本理论和技术的基础上，全面归纳、总结后编著了《航天产品金属零部件常见失效与预防》一书，具有系统性、实用性和一定的独创性。

本书共 7 章，第 1 章介绍了失效分析基本概念，第 2 章介绍了航天产品金属零部件失效分析常用检测及分析方法，第 3 章介绍了失效分析常用样品的制备技术，第 4 章介绍了航天产品金属零部件常用材料及特点，第 5 章介绍了航天产品金属零部件常见失效形式及诊断，第 6 章介绍了航天产品金属零部件失效预防措施，第 7 章介绍了航天产品金属零部件典型失效案例分析。

本书既可以作为失效分析人员的参考书和工具书，帮助其快速、准确地确认失效模式，判断失效原因，也可为设计、生产、维修等人员提供参考和借鉴。

本书的编著得到了中国航天三江集团科技委办公室、湖北三江航天红阳机电有限公司的各位领导和同事的关心和帮助，以及中航工业失效分析中心姜涛、刘德林等专家的大力支持。他们长期奋战在与失效斗争的第一线，理论扎实，经验丰富，许多案例都得到了他们的指导。湖北航天技术研究院特种车辆技术中心的袁罕设计师为本书提供了地面设备相关内容，在此一并表示感谢。

此外，还要特别感谢湖北三江航天红阳机电有限公司的张喜庆总助，他是我多年的老领导，工作严谨细致，知识广博，从出版申报到初稿审核给予了极大的支持和帮助，并为本书作序。

本书是作者多年来工作经验的沉淀和积累，力争把自己所了解、所掌握的全部知识以图文并茂的方式展现给各位读者，但由于作者水平有限，而失效分析又是一门理论性和实践性很强的工作，错漏之处在所难免，还望读者批评指正并提出宝贵意见。

作　者

2021 年 4 月 30 日

目录

第 1 章　失效分析概述

失效分析是随着产品的出现而出现的，失效与可靠的问题，一直伴随着人类发展进程，因此有人说，人类的发展史也是与产品失效的斗争史。纵观失效分析发展历程，大致经历了以下三个发展阶段。

1）古代失效分析阶段。有史料记载的失效可追溯至公元前 18 世纪由古巴比伦国王汉谟拉比撰写的法律大典。该法典规定，对制造有缺陷产品的工匠进行严厉处罚。但由于当时生产力水平低下，无法通过技术手段对产品质量和责任进行认定，法律没有得到严格意义上的贯彻。这一阶段是与手工业基础相适应的古代失效分析阶段，这种状态一直持续到工业革命前的 100 年才有所改观，这时失效分析开始围绕材料冶金质量与控制来进行。

2）近代失效分析阶段。以蒸汽机和大机器生产为代表的工业革命时代带来了工业文明的巨大进步，但也带来了前所未有的灾难事故，失效分析逐渐受到重视。在此现实背景下，英国于 1862 年建立了世界上第一个蒸汽锅炉监察局，它是世界上第一个完整的事故诊断、失效原因分析和质量监督的专门技术机构，把失效分析作为仲裁事故和提高产品质量的技术手段。这一阶段是与大工业发展相适应的近代失效分析阶段。这一阶段失效分析手段还仅限于宏观痕迹以及对材质的宏观检验，但是带动了强度理论和断裂力学理论的创立和发展。

3）现代失效分析阶段。从 20 世纪 50 年代以来，随着微电子技术的崛起，打开了通往微观世界的大门，人们开始以电子显微分析手段来探寻失效的物理和化学本质。同时，随着断裂力学、损伤力学、产品可靠性及损伤容限设计思想的应用和发展，产品可靠性大幅度提升，产品失效出现了一果多因的特征，需要从设计、力学、材料、制造工艺及使用等方面进行系统的综合性分析，失效分析逐渐形成一个分支学科。在此基础上，失效分析逐渐步入较为系统化、综合化、理论化的新阶段，并成为一门独立学科，形成以系统理论为指导的现代失效分析阶段。

1.1　失效分析的基本概念

1.1.1　术语及定义

组成机电产品的各类机械零部件都具有一定的功能，在结构中承受载荷、传递能量，完成某种规定的动作等。当这些零件失去应有的功能时就称为失效。

GJB 451A—2005《可靠性维修性保障性术语》中定义：“失效——产品丧失完成规定功能的能力的事件。注：实际应用中，特别是对硬件产品而言，故障与失效很难区分，故一般统称故障。”

不难理解，故障主要强调的是产品所处于的一种失效状态，而失效强调的是失效事件这一结果。标准中未再关注产品是否具有可修复性，一般将失效和故障统称为故障。在定义中，有以下几个概念。

（1）产品

经济学上将企业进行生产活动所创造的、符合于原定的生产目的和用途的直接生产成果称为产品。产品按完成程度有成品、半成品和在制品之分。它包括元件、器件、设备或系统，可以表示产品的总体、样品等，其确切含义在使用时应说明。在可靠性和失效分析领域，如不加以说明，产品一般指具有明确规定功能的成品。

（2）丧失

丧失一般理解为产品原有规定的功能在使用过程中失去（或消失）了，也就是说，产品的规定功能有一个从有到无、从合格到不合格的过程。

丧失，可能是暂时的、间断的，也可能是永久的；可能是部分的，也可能是全部的；可能快，也可能慢；丧失的规定功能经过修理可能恢复，也可能无法恢复。无论上述哪种情况，都属于故障状态。

零件失效（即丧失规定功能）的含义包括以下三种情况：

1）零件因断裂、腐蚀、变形等完全丧失其功能，即完全失效状态；

2）零件在外部环境作用下，部分失去功能，虽然能工作，但不能实现全部规定功能，即不完全失效状态，如供气系统减压阀出现间歇式不减压现象；

3）零件虽然能工作，也能实现规定功能，但继续使用时，不能确保安全可靠性，即潜在失效状态，如带有原始缺陷的压力气瓶，虽然可以实现正常的充放气功能，但运行一段时间后，可能会泄漏，无法提供气动元件动力。

（3）规定功能

规定功能不仅指国家有关法规、质量标准、技术文件以及合同规定的对产品适用、安全和其他特性的要求，还包含人们常识所能理解的应具备的功能。它既是产品质量的核心，又是衡量产品是否失效的标准。因此，产品是否失效主要是在使用（包括检验）过程中进行考察。一般来讲，产品的规定功能与规定的条件相对应。

1.1.2 失效分析的任务

失效分析是判断产品失效的模式，查找产品失效的机理和原因，提出预防再失效对策的技术活动和管理活动。因此，失效分析的主要任务有五点：明确分析对象，确定失效模式，研究失效机理，判定失效原因，提出预防改进措施。具体的工作内容如下：

1）调查失效信息，包括对失效现场的取证，获取失效部件的背景资料；

2）判断失效模式；

3）查找失效原因，包括与失效相关的管理因素；

4）研究失效模式与失效机理的关系；

5）进行失效后果的影响和危险性分析，对在制品提出处理意见；

6）进行必要且可能情况下的失效数理统计分析；

7）在可能情况下开展模拟再现和失效预测；

8）明确产品失效的责任；

9）基于失效分析成果的反馈，提出预防改进、防止再失效的对策。

失效分析任务的目标是“模式准确、原因明确、机理清楚、措施得力、模拟再现、举一反三”，与航天系统的技术归零五条标准“定位准确、机理清楚、问题复现、措施有效、举一反三”一脉相承。

（1）失效模式

失效模式是指失效的外在宏观表现形式和过程规律，一般可理解为失效的性质和类型。失效模式按其定义的范围、属性、标准和参量，可分为一级失效模式和二级失效模式。模式准确就是要将失效的性质和类型判断准确，尤其要将一级失效模式判断准确，一级失效模式分类后面有介绍。二级失效模式分类所依据的“标准”和“参量”繁杂多样，其判断也要比一级失效模式难得多，在此不做介绍。

失效模式的判断分为定性分析和定量分析两方面。一般情况下，对一级失效模式的判断采用定性分析，而对于二级及以上失效模式，往往需要采用定性和定量、宏微观相结合的方法。如某底盘传动轴在轴管焊接处发生断裂，通过断口宏微观特征判断一级失效模式为疲劳失效，再对比疲劳区、扩展区的特征，结合工况下的应力仿真计算，可以判断出二级失效模式为低周疲劳破坏。

（2）失效机理

失效机理是指失效的物理、化学变化本质，从微观过程中可以追溯到原子、分子尺度的结构变化，但与此相对的是它迟早表现出一系列宏观（外在）的性能、性质变化。它是对失效的内在本质、必然性和规律性的研究。失效机理是连接失效现象与失效原因的纽带，因此它是整个失效分析工作的桥梁。

（3）失效原因

失效原因是指造成失效甚至是事故的直接原因，它是整个失效分析的核心和关键，是提出预防改进措施的基础。失效原因按层次可分为一级失效原因和二级失效原因。一级失效原因一般是指造成失效的关键因素处于设计、材料、制造工艺、使用及环境的某一环节。在一级失效原因正确的前提下，深层次探讨二级及以上失效原因。失效原因的确定也分为定性和定量两方面。一级失效原因一般按定性确定即可，二级失效原因在一级定性基础上再定性或定量确定。如某气瓶焊缝发生泄漏失效，通过断口宏微观分析判断失效性质为疲劳开裂，结合断口和金相检查发现，存在未焊透缺陷，疲劳源在缺陷处萌生，可以将原因定位在气瓶制造的焊接工艺环节，即一级失效原因。在此基础上继续探讨二级失效原因，以上例焊接未焊透缺陷为例，可以进一步深究造成缺陷的因素，如焊接电流、焊接电压、焊枪距离等参数。然而，失效原因的确定相当复杂，其复杂性表现为失效原因具有必要性、多样性、相关性、可变性等特点。失效原因对于确定失效机理、提出预防措施等均有重要意义。

失效信息客观记录了机械失效起始、发展、变化和完成的全过程，以及导致失效事件的内、外原因和条件等，失效分析人员通过调查、考察和检测分析手段等对这些信息进行提取和认定，在已认知的失效规律基础上，运用逻辑推理分析方法获得对此失效事件的全面认识。失效事件中信息量由具体的失效过程决定，而提取到信息的多少，取决于失效分析人员的专业水平和分析手段的技术水平。

1.2 失效分析的主要支撑技术

1.2.1 失效分析技术简介

失效分析技术包括常规失效分析技术、定量分析技术、计算机模拟分析技术、安全评估技术和有限元分析技术等。航天零部件失效分析运用的技术除了常规失效分析技术和定量分析技术外，还有有限元分析技术。安全评估技术和计算机模拟分析技术在航空行业失效分析中应用较多。

常规失效分析技术有断口分析技术、痕迹分析技术和裂纹分析技术等，这些技术使用频率最高，是失效分析的支撑性技术。

定量分析技术主要指对成分、组织结构、形貌特征、性能等方面进行定量参数的测试、描述和表征的技术，如失效件材质含氢量分析、金相组织定量分析、力学性能试验等。定量分析可以为失效模式的判定提供数据支持，同时也为原因查找提供重要的线索。

失效分析中的安全评估技术是指在分析结构或系统可能的失效模式的基础上，通过模拟加速试验，评估服役条件下结构件的剩余寿命以及含有缺陷的构件安全与否。当前，基于断口定量反推的疲劳寿命评估技术是发展较成熟的一项安全评估技术，为最大限度地发挥构件的应用价值提供了一种较为可靠的方法。

有限元分析（Finite Element Anylysis）是一种基于微分方程数值解的计算机模拟技术，一般用有限元分析软件来计算，常用的软件有 ANSYS、ABAQUS、ADINA 等。有限元分析是工程技术领域进行科学计算的重要方法之一，利用有限元分析可以获取任意复杂构件的力学信息，可以对结构设计进行评判，也可以在发生失效后对技术进行校核。有关资料表明，一个新产品的问题 60%以上可以在设计阶段消除。在国际上，几乎重要的机械产品和装备都必须采用数值方法进行计算分析和技术校核。

1.2.2 痕迹分析技术

痕迹是环境作用于系统并在系统表面留下的标记。在机械失效时，定义中的“系统”便是“机械”，而“环境”中的力学、化学、热学、电学等因素“作用”于机械，在机械表面及表面层所留下的损伤性标记，便是痕迹。由于机械表面的不完整性，服役时首先受到环境的破坏作用，因此，机械失效往往从表面或表面层损伤开始，并留下某些特征痕迹。痕迹标记包括表面形貌（花样）、成分（或材料迁移）、颜色、表层组织、性能、残余应力以及表面污染状态等的变化。痕迹分析是失效分析学科中重要的组成部分，它是研究痕迹的形成机制、变化过程和检验的方法，是事故和机械失效分析不可缺少的线索和证据来源。在痕迹分析中，对痕迹的提取和鉴定是工作的难点，需要有较强的理论基础和实践经验，要系统全面地考察痕迹的形成过程、形成条件、影响因素，痕迹与失效的关系，痕迹的可变性等。

根据痕迹形成机理和条件的不同，痕迹可分成以下几类：机械损伤痕迹、电损伤痕迹、热损伤痕迹、化学损伤痕迹和其他损伤痕迹（如污染痕迹、分离物痕迹、加工痕迹等)。关于各种痕迹的形成条件以及典型特征在此不做介绍。

（1）机械损伤痕迹

接触部位在机械力作用下所留下的痕迹称为机械损伤痕迹或机械接触痕迹，其特点是塑性变形或材料转移、断裂等集中发生于接触部位，并且塑性变形极不均匀。机械损伤痕迹依据接触方式和相对机械运动方式的不同又可分成五种：压入性机械痕迹、撞击性机械痕迹、滑动性机械痕迹、滚压性机械痕迹和微动性机械痕迹。如果把上述五种痕迹中的两种或两种以上组合，就会产生各种复合机械痕迹。另外，在同一接触表面上也可能出现多次撞击、反复滚压和划伤的情况。

（2）电损伤痕迹

电损伤痕迹是指由于电能的作用，在电接触部位或放电部位留下的痕迹。电损伤痕迹往往还伴随有热损伤痕迹。它主要可分成电腐蚀（电侵蚀）痕迹、电接触黏附痕迹、电磨损痕迹和静电痕迹。

（3）热损伤痕迹

热损伤痕迹是指在热能的作用下，接触部位发生局部不均匀的温度变化而在表层留下的痕迹。如金属表面层局部过热、过烧、熔化，直到烧穿，漆层及非金属表面的烧焦都会留下热损伤痕迹。热损伤痕迹可分为热冲击痕迹、热磨损痕迹、低熔点金属的热污染痕迹。热损伤痕迹一般可从颜色、表面层成分与结构、金相组织、表面性能及形貌特征的变化等方面分析。工程实践中单纯的热损伤痕迹比较少见，往往是在其他类型的痕迹形成过程中伴随着热损伤痕迹。航天产品部件的热损伤痕迹主要出现在过热、过烧、热应力、热冲击场合，甚至还会有热裂纹出现。

（4）化学损伤痕迹

由于化学作用或电化学作用而在接触部位表面留下的反应产物（生成物）和基体材料损耗的现象称为化学损伤痕迹。化学损伤的主要痕迹特征为腐蚀，因而也称为腐蚀痕迹，反应产物一般可从形貌、表面层或腐蚀产物成分、颜色、物质结构、表面性能（如导电、传热、表面电阻）等的变化加以分析鉴别。

（5）其他损伤痕迹

其他损伤痕迹包括污染痕迹、分离物痕迹和加工痕迹等。

1.2.3　断口分析技术

断口是试样或零件在试验或使用过程中发生断裂（或形成裂纹后打断）所形成的断

面。它记录了材料断裂前的不可逆变形以及裂纹的萌生、扩展直至断裂的全过程形貌特征。通过分析来提取这些特征，并将这些特征与失效过程联系起来，可以找出与失效相关的内在或外在的原因。断口学作为失效分析学科的一个重要组成部分，在失效分析中发挥了很大的作用。在机电产品的各类失效中，断裂失效最多，危害最大。因此，国内外对断裂失效进行了大量的分析研究。断裂失效的分析与预防已发展为一门独立的边缘学科，它是从裂纹和断口的宏观、微观特征入手，研究断裂过程和形貌特征与材料性能、显微组织、零件受力状态及环境条件之间的关系，从而揭示断裂失效的原因和规律。断裂失效分析是运用金属物理方法来研究断裂行为。断裂力学法是研究断裂行为的另一种方法，它是根据弹性力学及弹塑性理论，并考虑材料内部存在缺陷而建立起来的方法，常常用于产品的设计阶段。断裂失效分析将断裂力学方法和金属物理方法联系起来，对提高产品的可靠性意义重大。

断裂一般根据具体要求和分析研究的方便情况来分类，常用的分类有以下几种：

（1）按断裂性质分类

根据零件断裂前所产生的宏观塑性变形量的大小可分为：

1）塑性断裂，断裂前发生较明显的塑性变形。塑性断裂因断裂前会有明显的塑性变形特征，易察觉，因此造成的危害性相对较小。

2）脆性断裂，断裂前几乎不产生明显的塑性变形。脆性断裂往往具有突发性，危害性较大。

3）塑-脆性混合型断裂，又称为准脆性断裂。断裂前局部有明显塑性变形。

（2）按断裂路径分类

依断裂路径的走向，断裂可以分为穿晶断裂和沿晶断裂两类。

1）穿晶断裂，裂纹沿晶粒内部扩展。穿晶断裂可以是塑性的，也可以是脆性的，与材料特性、应力状态和环境等因素有关。前者断口微观下具有明显的韧窝花样，后者断口的主要特征为解理花样或准解理花样。

2）沿晶断裂，裂纹沿晶粒边界扩展，根据微观特征，沿晶断裂还可细分为沿晶脆断和沿晶韧断（在晶界面上有浅而小的韧窝）。沿晶断裂都是脆性断裂。

（3）按断裂方式分类

按断面所受到的外力类型不同，断裂可分为正断断裂、切断断裂及混合断裂三种。

1）正断断裂是指受正应力引起的断裂，其断口表面与最大正应力方向相垂直。断口的宏观形貌较平整，微观形貌有韧窝、解理花样等；

2）切断断裂是在切应力作用下引起的断裂，断面与最大正应力方向成 45°，断口的宏观形貌较平滑，微观形貌为抛物状的韧窝花样；

3）混合断裂是正断与切断两者相混合的断裂方式，断口呈锥杯状，混合断裂是最常见的断裂类型。

需要说明的是，一般情况下，正断、切断断口的断面取向与失效件理论轴线方向相垂直或成 45°，即通常说的平断口、斜断口。但有时也不一致，需要根据应力状态分析，如扭转过载断裂形成的正断断口是 45°的斜断口，切断断口则是平断口。

（4）按断裂机制分类

按断裂机制分类，断裂可分为解理、准解理、韧窝、滑移分离、沿晶以及疲劳等多种，后续章节结合实例再做详细介绍。

（5）其他分类方法

1）按应力状态分类，断裂可分为静载断裂（拉伸、剪切、扭转）、动载断裂（冲击断裂、疲劳断裂）等；

2）按环境分类，断裂可分为低温断裂、中温断裂、高温断裂、腐蚀断裂、氢脆及液态金属致脆断裂等；

3）按所需能量分类，断裂可分为高能断裂、中能断裂及低能断裂等；

4）按断裂速度分类，断裂可分为快速断裂、慢速断裂以及延迟断裂等，如拉伸、冲击、爆破等为快速断裂，疲劳、蠕变等为慢速断裂，氢脆、应力腐蚀等为延迟断裂；

5）按形成过程分类，断裂可分为工艺性断裂和服役性断裂，如在铸造、锻造、焊接、热处理等过程中形成的断裂为工艺性断裂，在试验、使用中出现的断裂为服役性断裂。

1.2.4 有限元分析在航天产品金属零部件失效分析中的应用

在航天产品金属零部件失效分析过程中，有限元分析包括失效件静应力、应变数值计算，特别是裂纹起源部位的应力计算。本节将结合具体实例进行说明，在第 7 章中还有大量案例。

（1）有限元力学计算辅助分析应力状态实例

某后接头零件在放置一段时间后发生延迟开裂，如图 1－1 所示，零件选用 D406A 环锻件加工，前工序超声检测合格。通过分析发现：断口源区宏观、微观观察未见原材料冶金和锻造缺陷，源区及扩展区微观均呈脆性解理断裂特征，人工断口微观均呈塑性的韧窝断裂特征；金相低倍组织检查正常，硬度符合工艺要求；含氢量极低，可以排除氢脆。分析认为环锻件裂纹是在三向残余应力作用下发生的脆性过载开裂。

利用 ANSYS 软件分析对零件内应力模拟计算。由于环锻件内存在残余应力作用，且内部的应力分布不均匀，不同位置、材料之间存在相互影响，而这种影响因经过复杂的加工和热处理过程，无法直接模拟环锻件内部的应力状态。根据整体尺寸变化情况将截面划分为几个区域，每个区域赋予不同的热膨胀系数，在一定的温度作用下，环锻件分割区域之间由于热膨胀作用不同，会产生相互作用力和内应力。以环锻件切割后尺寸变化作为求解条件，试算出环锻件四部分的热膨胀系数。

①区域划分

根据环锻件切割之后的切割面之间的变化程度，将整个环锻件横截面分为四部分，如图1－2 所示，切割前后实测尺寸变化量见表 1－1。

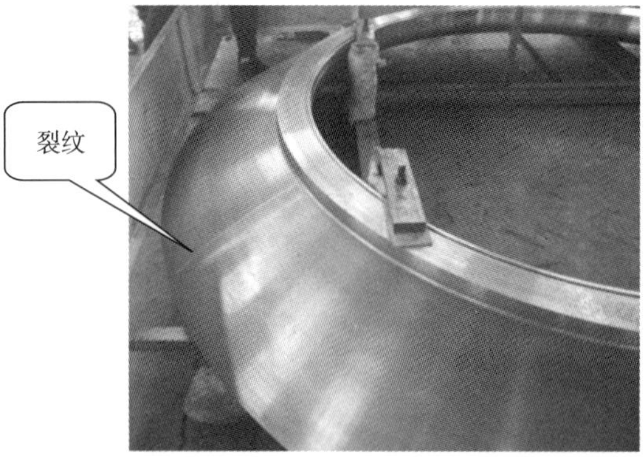

（a）环锻件裂纹位置及宏观形貌

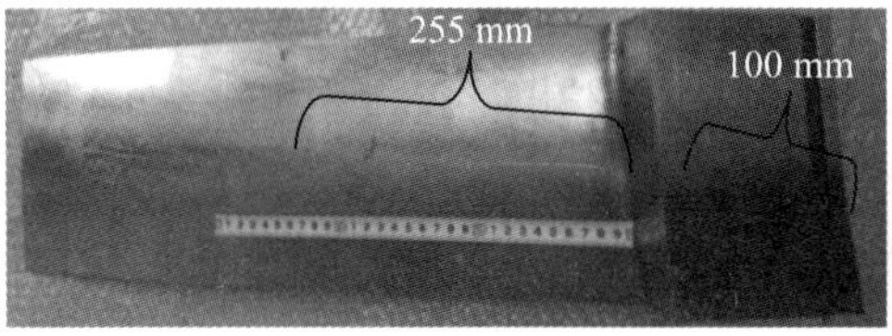

（b）从外表面观察裂纹

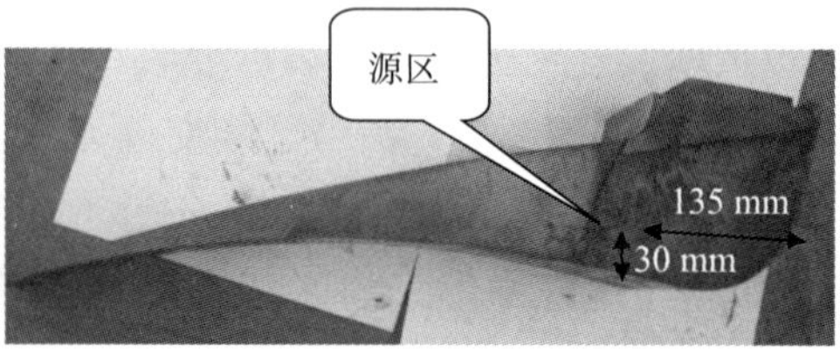

（c）裂纹断面

图 1-1　某后接头裂纹外观及断面宏观形貌

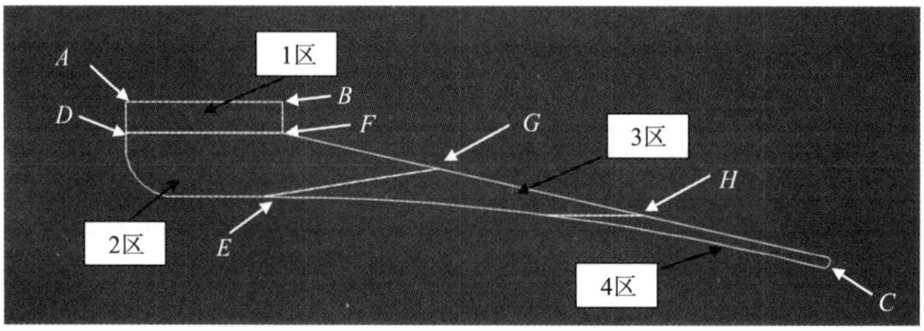

图 1-2　失效件区域分割示意图

表 1-1　失效件剖切前后尺寸数据　　（单位:mm）

位置	切割前尺寸(直径)	切割后尺寸(直径)	尺寸变化
A	174.70	150.32	24.38
B	174.00	149.28	24.72
C	174.12	138.62	35.50
D	174.78	150.20	24.58
E	172.74	149.00	23.74
F	174.42	148.62	25.80
G	173.70	145.56	28.14
H	173.92	141.72	32.20

②热膨胀系数试算

通过多次试算，求出四部分之间的热膨胀系数（假设温差变化为 400 ℃），四部分的等效热膨胀系数分别为 1.2×10^{-5}、1.15×10^{-5}、1.25×10^{-5}、1.3×10^{-5}。

③内应力计算

将试算出的热膨胀系数代入完整模型中，获取环锻件完整状态下的内应力分布情况。采用 1/4 模型并结合对称约束条件进行分析，计算结果如图 1-3 和图 1-4 所示。

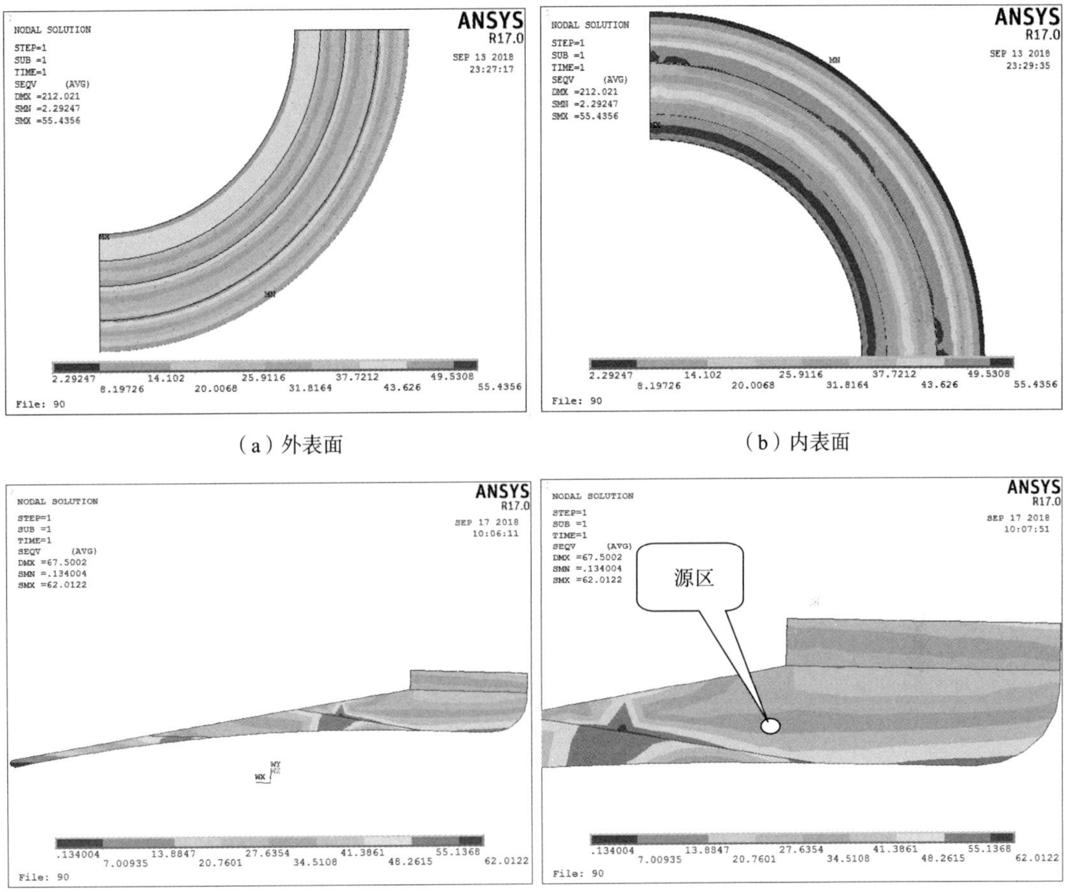

（a）外表面　（b）内表面

（c）径向截面

图 1-3　失效件等效应力分布云图（见彩插）

④计算结果分析

等效应力分布云图显示最大等效应力发生在靠内径内表面的圆弧过渡处，与本次环锻件源区弦向裂纹位置较接近；切应力分布云图显示源区位于类“X”形应力变化的中心处，是三向应力作用较明显的区域。有限元计算结果验证了失效模式的判断。

（2）有限元力学计算辅助判断失效原因实例

某舱体在即将对接操作时，发现对接面存在一处大致呈环形的裂纹，裂纹沿直角台阶呈弧形分布，长度约 138 mm。宏观观察发现，裂纹呈断续两条，均未贯穿壁厚，长度尺

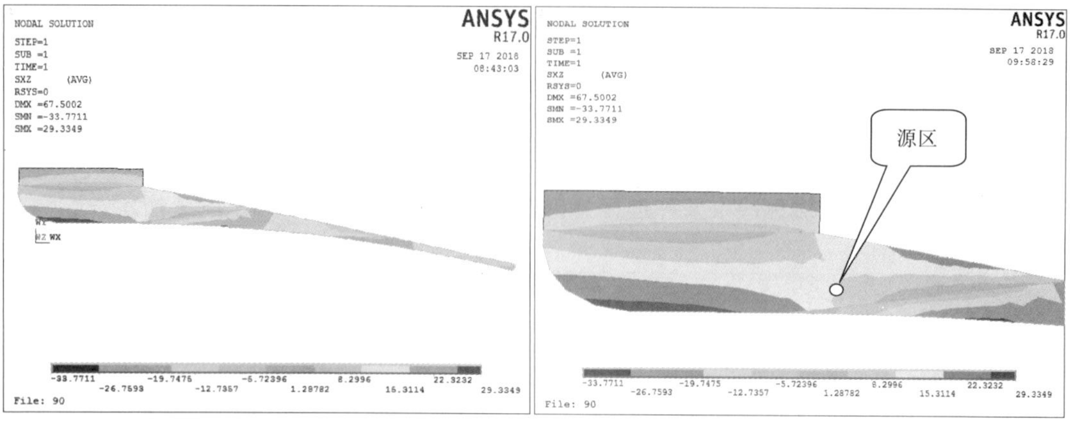

图 1-4　失效件切应力分布云图（见彩插）

寸大致相同，裂纹及周边阳极膜层完整，未见机械损伤痕迹，有明显不均匀的塌陷变形特征，最大变形区变形量约 2 mm，如图 1-5 所示。

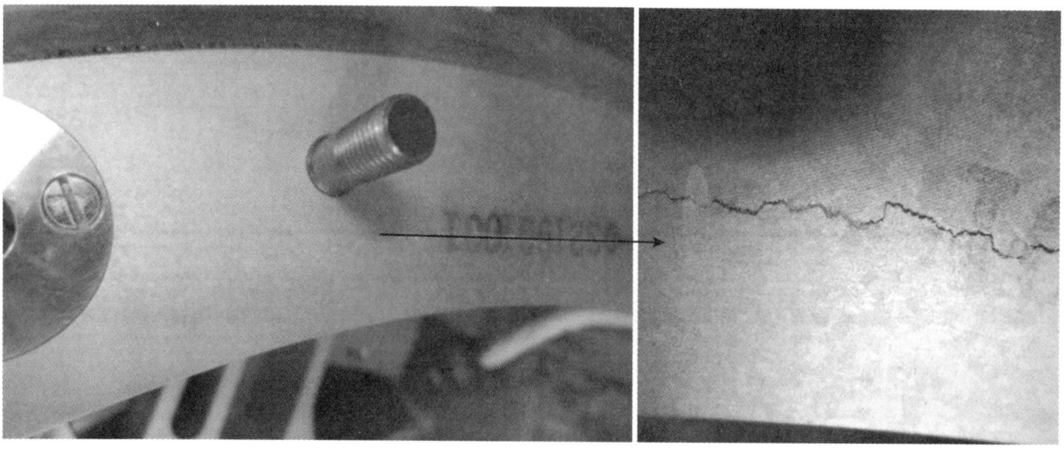

图 1-5　舱体断面裂纹形态

微观观察，裂纹断面新鲜，未见陈旧性氧化痕迹。其中一条裂纹有浅黄色疑似油脂类多余物沉积，长达 10 mm，其裂纹断面有明显的摩擦损伤痕迹。其余区域裂纹断面未见损伤痕迹，但内部可见大量直径约 10 μm 的化纤类纤维束沉积，纤维束呈透明、光亮的笔直针状，对比形貌和尺寸发现不同于吊带用纤维束，而与玻璃纤维束较吻合。观察的各种情况如图 1-6 所示。

裂纹断面现场金相检查发现，组织正常，变质良好，α 相枝晶与共晶硅相分布均匀，共晶硅呈细小的颗粒状，未见过烧、裂纹等缺陷，也未见明显的气孔、疏松等铸造缺陷，如图 1-7 所示。

失效分析表明，裂纹的性质应为局部异常静应力下的过载开裂，结构上的应力集中起到了促进作用，开裂原因应与零件制造、装配过程中的吊装操作不当有关，裂纹内部发现

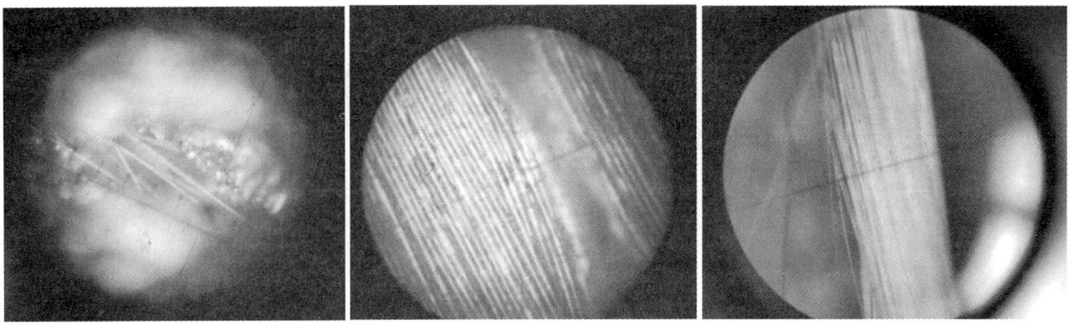

（a）裂纹内部的纤维束　（b）玻璃纤维束形貌　（c）吊带用纤维束形貌

图 1-6　纤维束形貌对比

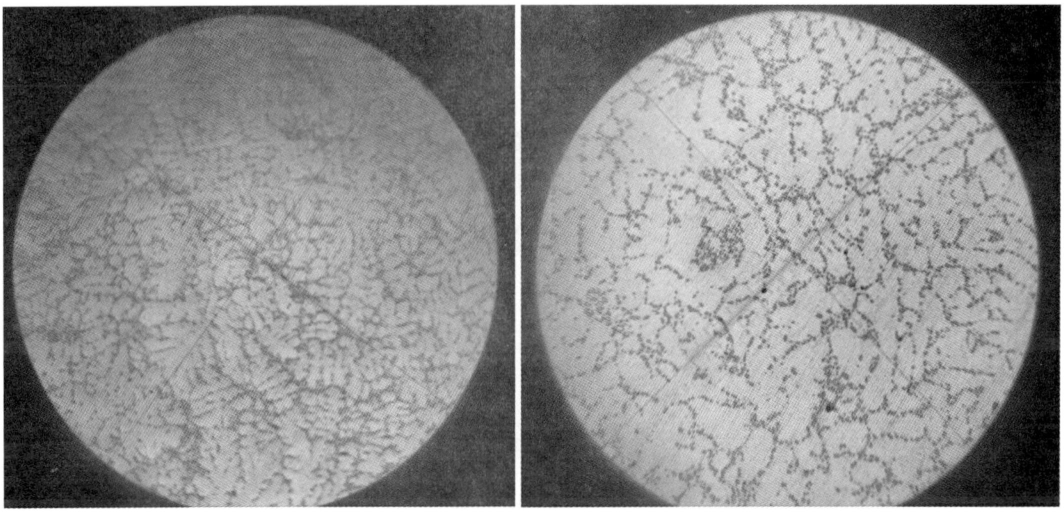

图 1-7　裂纹断面显微组织

的淡黄色物质以及纤维束应为裂纹形成后引入的外来污染物。

分析舱体的流转工序可知，在前期机械加工中有使用吊带穿舱方式吊装经历。采用有限元分析对端框受力进行分析。假设吊带以 120°夹角起吊，起吊质量 180 kg，吊带（40 mm 宽度）与舱段接触的区域如图 1-8 所示。

网格模型采用 SOLID186 单元和 SOLID187 单元，共 66 549 个单元、241 690 个节点。位移及应力结果如图 1-9 所示。

经有限元计算发现，吊装操作应力峰出现在应力集中的台阶处，应力峰值约为 272 MPa，变形极值为 0.32 mm。从金相组织评估力学性能，屈服强度不小于 250 MPa，计算得知安全系数 f_s 为 0.9。结果表明，吊装会对舱段端框造成裂纹，裂纹形成与吊装过程有关。

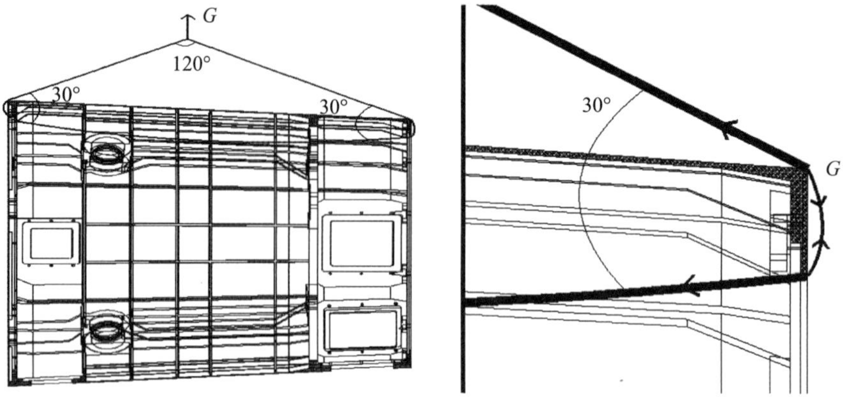

图 1-8　吊装受力示意图

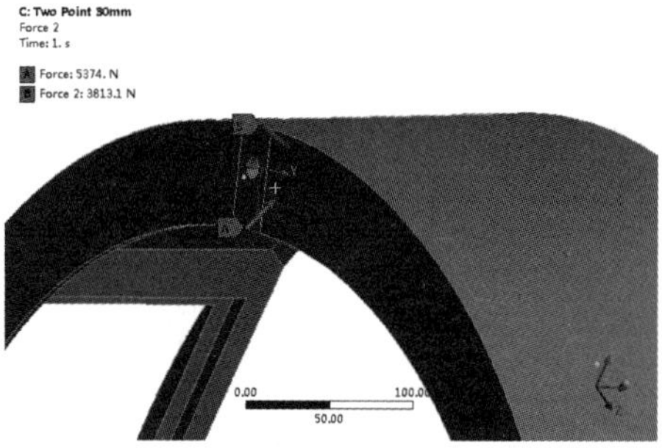

（a）载荷及边界条件

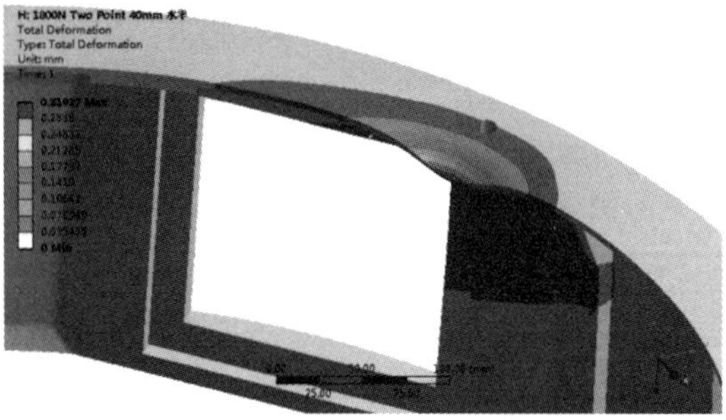

（b）位移云图（40 mm）

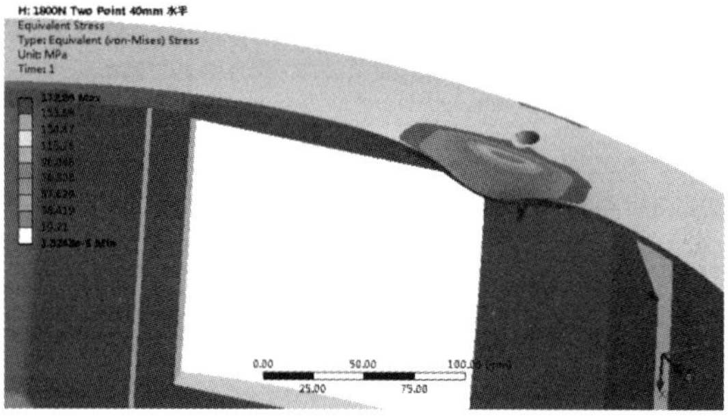

（c）应力云图（40 mm）

图 1-9　吊装操作有限元计算云图（见彩插）

1.3　失效分析与相关学科的关系

无论系统的复杂程度如何，其功能还是依靠部件的可靠性来保证，而部件的失效问题可以归结为材料的失效。因此，材料是系统功能保证的核心。而任何材料又都是在环境下服役，因此产品或系统的安全可靠性取决于材料的环境行为。正是材料与服役条件的交互作用，使得失效经历了一个极其复杂的过程，其分析涉及材料、机械、腐蚀、摩擦、焊接等众多学科知识，同时又需要丰富的实践经验。失效分析与相关学科关系密切，与材料学科的关系尤甚，因为在失效分析发展初期阶段，失效分析主要还是围绕材料的断裂开展组织和性能分析、宏观痕迹分析。目前失效分析已成为现代材料科学与工程的重要组成部分，国内部分院校也增设了失效分析课程，航天产品还提出了“六性”质量特性要求，即可靠性、环境适应性、维修性、测试性、保障性和安全性，促使材料研制模式从成分—组织—性能发展到组织—成分—合成加工—性能—设计制造—服役—失效—综合表现，实现了材料的设计从被动地提高环境抗力到主动适应多元环境的飞跃。

1.4 失效分析思路和方法

从事失效分析工作首先要掌握分析的思路、方法、程序、步骤和技巧，其中失效分析思路是指导和贯穿失效分析全过程的思维路线。它是指对调查、观察和试验获得的失效信息进行综合考察，以失效机理为理论依据，应用逻辑推理（演绎推理、归纳推理、类比推理）综合分析，从而判断失效模式，推断失效原因。必要时进行模拟试验，最终，结合设计、生产和使用的特点对失效构件进行适当改进，预防或延缓失效的再次发生。失效分析思路把失效分析的指导思想、推理方法、程序、步骤和技巧有机融为一体，是失效分析的灵魂。只有掌握和运用正确的失效分析思路，才能认清失效本质，减小分析工作的片面性、盲目性和主观随意性，提高分析工作效率和质量。要建立正确的失效分析思路，需要掌握失效过程、失效原因的特点和它们之间的关系。概括来讲，失效过程有不可逆性、有序性、不稳定性和累积性的特点。失效是一个逐渐发展的过程，而过程又与之相适应（条件），失效原因会表现出必要性、多样性、相关性和可变性的特点。失效过程和原因之间其实有一种因果联系，而这种因果联系又体现出普遍性、必然性、时序性和双重性的特点。失效过程的某一起始状态是起始原因的结果，有的结果又可能是后续过程的原因，失效过程的完成状态呈现出失效过程整个状态所有原因的总结果，它是失效过程终点的结果，又或多或少保留中间状态的某些结果（或原因）。因此失效分析在思考途径方向上，通俗地把原因比喻成根，把过程比喻成藤，把结果比喻成瓜，在思考途径的方向就存在多种单独或组合的正向、逆向选择，“顺藤摸瓜”＋“顺藤找根”是一种最理想的双向因果推断思考途径。

典型的失效分析思路有三种，分别是“撒大网”逐个因素排除、故障树分析（FTA）和逻辑推理。“撒大网”是早期安全工作常用的事故检查思路，但成本高，在方法上存在不成系统、缺少横向联系等诸多缺陷，且只能寻找原因，不是判定失效的模式，在失效分析中只有在找不到任何确切线索时才不得已采取这种方法，是一种不完全的分析思路。故障树分析思路是从结果到原因逆向描绘事件发生的有向逻辑树，是一种图形演绎分析方法，主要用于可靠性分析的场合，与失效分析的理论基础、研究对象不同，也是一种不完全的失效分析思路，广泛用于查找航天零部件失效原因。逻辑推理才是一种完全的失效分析思路，它是以真实的失效信息为前提，在已认知的失效规律基础上，通过严密、完整的逻辑思考，最终推断出机械失效的模式和原因，它可以最大限度地体现出人的主观能动性和创造性，是失效分析的基本思路。

1.5 失效分析的一般程序

失效分析过程往往十分复杂，除应有正确的分析思路外，还需要有一个合理的失效分析程序。就航天零部件失效而言，虽然有着自身的一些特点，但其失效分析基本程序与大多数情况一致，包括以下七个程序：

1）调查现场失效信息；

2）初步确定肇事失效件；

3）确定具体的分析思路和工作程序；

4）初步判断肇事失效件的失效模式；

5）查找失效的原因；

6）综合性分析；

7）写失效分析报告。

在失效分析基本程序中，每个步骤的具体要求如下：

（1）调查现场失效信息

调查现场失效信息是失效分析的第一步，它是整个失效分析工作的基础，也是逻辑推理的必要前提。现场调查要保证真实性、全面性、及时性、准确性。只要存在可能，都应亲赴失效现场，同时做好现场、零件的保护。调查的主要内容至少包括：

1）失效的时间、地点、经过；

2）失效部件或失效特征相对于主体的位置、分布情况（并记录）；

3）失效件及相关部件的损伤情况（尽可能拍照记录）；

4）目击证人的陈述；

5）相关部件结构、制造工艺、装配工艺、试验大纲等信息。

（2）初步确定肇事失效件

肇事失效件就是通常所说的首先失效件。在寻找肇事失效件的过程中，需要根据各相关零件的结构关系、各相关零件的损伤痕迹及形貌等综合分析后加以判断。

（3）确定具体的分析思路和工作程序

要调查了解是否发生过类似的历史失效案例。如有历史失效案例，则可运用类比和归纳逻辑推理相结合的思路和程序进行分析；如果没有类似历史失效案例，则按逻辑推断的思路和程序进行分析。

（4）初步判断肇事失效件的失效模式

获取完整的失效对象、失效现象、失效环境等失效信息，对准确判断失效模式意义重大。在判断肇事失效件的失效模式过程中，应仔细观察和分析肇事失效件的失效信息，例如失效的具体部位、各种痕迹（包括原始加工缺陷）、结构的完整性（变形、失稳、断裂、破碎等)、表面的完整性、各种性能的变化等。还要观察相关失效件上的有关失效信息以及所处的具体失效小环境，也就是把失效事件分解为各个部分或因素，分别加以考察。在此基础上，对肇事失效件失效模式的主要类型做出初步判断。

判断肇事失效件的失效模式，实际上是一种类别的认定工作，它以客体的种类特征为基础。同种和同类失效模式是个集合概念，是把种和类相同的客体物（失效事件）的特征综合起来，从而据以判定其失效为这一种或另一类的失效模式，这实际上是一种类比推理。

当然，掌握各类失效模式的基本概念、主要特征、发生条件以及主要判据是初步判断失效模式的前提。

失效模式的初步判断意味着肇事失效件经历了这一失效模式所内含的失效基本过程以及相关的必要条件和影响因素。因此，有必要首先就这一失效模式范围内的过程规律和因果关系对已取得的失效信息进行加工整理，以判断是否与这一失效模式所反映的宏观特征相一致，是否还需获取哪些证据和信息。

肇事失效件失效模式的初步判断基本上是宏观的、非破坏性的。

(5) 查找失效的原因

在初步判断失效模式的基础上，查找失效原因就有了明确的方向和范围。一般从如下几方面入手：

1) 肇事失效件自身的内因，包括零件材料选择的合理性、结构设计的正确性、有无制造工艺缺陷等。

2) 失效件所处的使用环境，主要包括物理、化学、复合环境及内部的小环境。物理环境重点关注力学环境，如载荷类别、大小等；化学环境关注介质的种类、浓度和温湿度等；复合环境关注温度/载荷的复合，如温度/湿度/介质复合等；内部的小环境关注零件间的位置、间隙、接触状态、相互作用力等。

3) 其他异常因素（包括误操作、不按工艺文件操作、人为破坏等），如在对气路铝导管连接紧固操作中未按工艺要求使用力矩扳手而选用普通扳手，从而致使导管发生变形失效。

失效件上最显著的某一失效特征或者失效最严重的部位，如磨损最重处、断裂源、腐蚀最深处、热变形最高温度区、变形最严重处等，是查找失效原因最关键的部位。第二个关键部位是失效件上失效区与尚未失效区的交界或者两种模式的交界处。查找失效的原因是失效分析中难度最大、工作量最多的阶段，这时涉及的工作包括：

1) 非破坏性宏微观分析，包括痕迹、颜色等表面完整性、无损检测等；

2) 破坏性宏微观分析，包括金相组织、材质成分等；

3) 测试、检验、模拟试验等。

为证实或排除某些可能的失效原因，应精心地设计检验和试验方案，一般应遵守以下原则：

1) 从非破坏到破坏；

2) 先易后难；

3) 由表及里；

4）由低倍到高倍；

5）按形貌→成分→性能→结构的顺序开展分析工作。

在查找失效原因的过程中要牢记以下几点：

1）分析思路和分析工作要紧紧围绕已确定的失效模式所涉及的机理、原因和影响因素开展；

2）要十分关注是否存在异常现象和异常因素，因为这些异常可能反映了某种失效原因；

3）同一个肇事失效件上，可能同时或先后存在两种或两种以上的失效模式，这时要分别加以分析，并判断这两种失效过程是否相关，对最终的失效有什么影响；

4）回过头来看看这一关键阶段所做的大量测试和微观分析工作，能否最终肯定前期判断的失效模式；

5）查找失效原因是失效分析中最重要的一个阶段，是寻求证据、推理、否定和逐渐肯定等不断反复、迭代和反馈的过程。

（6）综合性分析

在前述五个方面工作的基础上，需对整个失效分析工作进行综合性分析，即系统性分析。

（7）写失效分析报告

失效分析报告包含对失效事件的客观描述、失效特征、失效分析过程和主要结果、失效模式的确认、失效原因的分析、主要分析结论、预防失效的建议，以及尚需继续进行的模拟或者研究工作。

1.6 航天产品金属零部件失效分析基本流程和内容

前面介绍了失效分析的一般程序，下面结合航天零部件失效分析具体的实践情况，具体列出基本流程和内容。总结起来，大致可按“问”“探”“摸”“模”“结”“回”的六个工作流程进行。

（1）“问”——调查

①现场调查

为查实现场信息，掌握第一手失效信息，应赶赴现场实地勘察（若条件允许），内容包括：

1）故障发生的时间、地点、时序、经过；

2）失效件相对主体的分布位置，用绘制草图或拍照的手段记录；

3）记录失效相关件的损伤情况和分布位置，用绘制草图或拍照的手段记录；

4）听取目击者或当事人的陈述，询问能提供有用信息的其他人员；

5）考虑取样部件及方法，为检测分析工作做准备。

②搜集失效部件的服役背景

1）主系统和失效件的服役历史，包括服役时间、里程、维护、运输、吊装情况等；

2）监控设备的记录和运转日志。

③查阅工程设计的背景资料

1）设计图；

2）装配图；

3）装配工艺文件以及质量检验记录；

4）试验工艺文件；

5）制造加工工艺文件；

6）维护和使用说明书；

7）工艺流转质量检验记录（质量跟踪卡）；

8）制造验收技术条件；

9）设计、制造、试验阶段临时下发的状态单，如技术通知单、工艺指示单、工艺更改单等；

10）原材料（零件）材质证明文件；

11）原材料（零件）的入厂复验报告。

④关注操作人员因素

1）在制造、试验、使用、维修各阶段操作人员的定岗变更情况；

2）操作人员的技能水平，有无误操作等；

3）人的效能——身体疲劳情况、情绪状况等。

（2）“探”——检测

1）失效件自身以及同批次件的无损检测，常用方法有：X 射线探伤、超声探伤、渗透检测、磁粉探伤；

2）材质及痕迹的成分分析，常用方法有光谱分析、电子能谱分析；

3）材料力学性能测试，常用方法包括硬度测试、拉伸性能测试、冲击韧性测试。

（3）“摸”——观察

1）失效损伤特征、痕迹宏观观察，可以采用目测、放大镜、体视显微镜等；

2）对照图样复测尺寸，重点关注故障部位；

3）完成分析用试样的选取、标记、切割、清洗；

4）分析用断口、裂纹试样的进一步宏观观察、电子显微镜微观观察；

5）分析用金相样品的组织检查和评价。

（4）“模”——模拟试验

1）模拟服役环境所开展的各项试验；

2）基于工况条件下的应力仿真计算。

（5）“结”——讨论和结论

1）对前面测试数据和观察结果进行综合性分析和评价；

2）说明判断的依据；

3）对观察到的特征和现象形成原因进行解释、说明；

4）给出预防改进建议；

5）如获取的证据或信息有限，还不能准确判断出失效模式，也未能找到原因，失效分析工作只取得阶段性进展，应明确下阶段的主要工作方向和内容。

（6）“回”——回访

1）验证失效分析结论的正确性；

2）评价预防改进措施的有效性。

1.7 航天产品金属零部件常见失效模式

机械失效模式通常按材料变化的机理来分类。机械失效的常见模式包括变形、断裂、磨损、腐蚀、热损伤、电损伤、污染和辐射损伤八类，每种模式按机理又可以进一步细分，如图 1－10 所示。

- （1）变形
  - 弹性
  - 塑性
  - 弹塑性
- （2）断裂
  - 韧性断裂（韧窝断裂）
  - 疲劳断裂
    - 机械疲劳
      - 高周疲劳（应力疲劳）
      - 低周疲劳（应变疲劳）
      - 接触疲劳
    - 腐蚀疲劳
    - 高温疲劳
    - 热疲劳
  - 脆性断裂
    - 解理断裂
    - 准解理断裂
    - 沿晶断裂
- （3）磨损
  - 黏着磨损
  - 磨粒磨损
  - 腐蚀磨损
  - 疲劳磨损
  - 微动磨损
- （4）腐蚀
  - 化学腐蚀
  - 电化学腐蚀
    - 点腐蚀
    - 晶间腐蚀（剥蚀）
    - 接触腐蚀
    - 选择性腐蚀
    - 缝隙腐蚀
    - 气氛腐蚀
    - 生物腐蚀
    - 土壤腐蚀
    - 氢脆
    - 应力腐蚀
  - 老化（非金属）
  - 变质（油液）

图 1－10 机械失效的常见模式

(5) 热损伤
- 熔化
- 过烧
- 过热
- 升华（蒸发）
- 迁移（漂移、扩散、偏析、偏移）
- 热冲击

(6) 电损伤
- 电侵蚀
- 电腐蚀
- 电磨损
- 静电放电
- 雷击

(7) 污染

(8) 辐射损伤

图 1-10　机械失效的常见模式（续）

在对大量的航天产品金属零部件失效统计整理后发现，开裂（裂纹）、过载断裂（韧性、脆性断裂）、腐蚀、机械疲劳是较为常见的失效模式，后续章节中将详细介绍。严格讲，开裂（裂纹）并不能算是一种失效模式，它是断裂前的初期状态，断裂是最终结果，但考虑到裂纹较为常见，关于裂纹分析技术又有自身的特点，因此在 7.1 节专门进行介绍。

1.8　国内有关失效分析的标准及期刊

国外失效分析发展较成熟，失效分析意识已经渗入各行各业。国内紧跟国际趋势，失效分析在航空领域首次得到广泛运用并逐渐向民用领域辐射和扩散，组建了中国机械工程学会失效分会和中国航空学会失效专业分会。国内有关失效分析的主要标准见表 1-2。

表 1-2　国内有关失效分析的主要标准

序号	标准编号	标准分类	标准名称
1	HB 7739—2004	航空行业标准	《航空金属制件失效分析　程序与要求》
2	HB 7478—2014	航空行业标准	《航空装备失效分析人员的资格鉴定与认证》
3	QJ 1544B—2004	航天行业标准	《航天产品不合格、失效和危险分类》
4	GB/T 24611—2009	国家标准	《滚动轴承　损伤和失效　术语、特征和原因》
5	JB/T 5664—2007	机械行业标准	《重载齿轮　失效判据》

从表 1-2 中可以看出，在航空领域高可靠性需求背景下，失效分析工作受到较高的重视，颁布了两项重要的规范性+指导性的行业标准，首次提出了从事失效分析的人员应具备的条件和能力。对于特色产品的失效诊断，仅仅建立了两项指导性规范。在国标层

面，失效分析标准体系还不系统、不完整，缺乏顶层规范。

在国内，失效分析是一门发展中的新兴学科，失效分析专刊较少，目前也只有《分析事故和失效分析》和《失效分析与预防》两种。其中，《分析事故和失效分析》属内部刊物，不对外公开发行。《失效分析与预防》是我国第一个公开专门报道失效分析与预防的期刊，由南昌航空大学与中航工业失效分析中心联合创办。《失效分析与预防》主要刊登有关失效分析的理论与发展、失效分析技术与方法、失效机理研究、失效预测预防与控制技术、失效的模拟与再现技术、结构与功能化材料的损伤演化行为与机理、典型工程失效案例分析、可靠性与安全性评估等相关研究领域的成果。此外，还有许多期刊开设了失效分析专栏，如《金属热处理》《理化检验》（物理分册）等。

1.9 失效分析人员素质和专业要求

由于失效分析工作的复杂性、特殊性和重要性，对失效分析的要求大致可以分为素质要求和专业要求两方面。

（1）素质要求

1）彻底的求实精神。在任何情况下都能坚持实事求是的科学态度，注重事实，用事实说话，勇于坚持真理，勇于修正自己的错误。

2）永不放弃的探索精神。在查找失效原因过程中能克服困难，创造条件，不畏艰难，努力追求真相，在不断寻找证据、推理，从肯定到否定再到逐步肯定的反复迭代、反馈过程中直至山穷水尽。

3）善于学习的钻研精神。能虚心地向身边的同事、同行学习，向一切能为失效分析提供帮助的人学习，向书本学习，善于在实践中总结和提炼。

4）善于协调、沟通。善于与设计、工艺、试验、维修等人员进行技术沟通，表达能力强，办事效率高。

5）具备敏锐的观察力和熟悉各类分析技术的能力，善于利用一切手段来捕捉失效信息和证据。

6）具备正确的失效分析思路和良好的判断失效模式、失效机理的能力，要有“医生的思路，侦探的技巧”。

（2）专业要求

1）熟练掌握失效分析基础知识和有关法律、法规条款，技术标准、规范；

2）熟悉航天材料与工艺、理化性能测试方法，了解航天装备结构设计与功能及生产与使用的基础知识；

3）实践经验丰富，对航天制件常见的各类失效模式与机理有深入的了解，对失效模式和失效原因能做出准确的分析与判断。

1.10　失效分析的作用和意义

失效分析是以失效产品（或将要失效的产品）及其相关的失效过程为分析对象，通过宏微观特征观察、材料组织检查、成分分析、力学性能测试、受力仿真计算等手段的实施，以查找失效原因为主要目标的管理活动和技术活动，它对推动行业技术进步，提高产品质量和可靠性具有重要意义。

（1）失效分析是全面质量管理体系的重要组成部分

任何一次失效，都可看成是产品在服役条件下的一次最真实、可靠的试验结果。通过失效分析，判断失效模式，确定失效原因和影响因素（相关因素），找到薄弱环节所在，为提高管理水平和促进产品质量指明方向，有效避免同类问题的再次发生。因此，它是对设计、制造、试验、使用、维修工作的最终、最有效的检验。

（2）失效分析是可靠性工程中的重要技术基础

可靠性是产品的关键性质量指标，而可靠性技术是质量保证的核心。从宏观统计入手的可靠性分析，虽然可以得到产品可靠性的各种特性参数及宏观规律，但不能解释失效过程及失效原因。因此，失效分析是可靠性分析的前提，失效分析的成果和信息是可靠性分析必不可少的基础。

（3）失效分析是安全工程的重要技术保证

安全工程环节多、涉及面广，失效分析是其中的一项关键性工作。安全工程以事故为主要研究对象，主要研究内容包括安全分析、安全评价和安全措施。失效分析可以找出薄弱环节，查明不安全因素，发现事故隐患，预测由失效引起的危险，提供优化的安全措施。

（4）失效分析是维修工程的理论基础和指导依据

产品维修就是要解决良好和失效（故障）之间的矛盾。维护主要是防止失效，保持产品应有的规定功能，而修理主要是排除失效，即恢复应有的功能。人类正是在长期与失效做斗争并分析其后果的实践中，逐步形成了科学的维护规程，发展了先进的修理技术，提出了以可靠性为中心的维修思想。它实质上是依据产品本身的固有可靠性特性和产品使用可靠性，结合产品的失效规律和机理，采用科学的分析方法，视情做出必要的维修策略。在修理排故工作中，把故障检修作为中心环节，根据故障检修结果，确认产品失效状态（性质、程度和后果），从而采取不同的修理方式（如原样使用、定期维护、拆卸更换）。如曾出现一起交付用户的折叠尾翼在日常折叠操作中出现卡滞的质量问题，失效分析判断为磨粒磨损，属共性问题，经综合分析考虑，采取对交付的产品进行定期维护（清除磨粒）的维修方式。

（5）失效分析是技术进步的驱动力

正是在长期、大量失效分析的基础上，不断发现新的失效模式和机理，摩擦学、腐蚀学、疲劳学、断裂力学、损伤力学、断口学、电子金相学、痕迹学、电接触、表面科学等一大批工程学科得以迅猛发展，新技术，新工艺，新材料，新的诊断、测试和监控手段等得以广泛推广和应用。

（6）失效分析是保护用户利益的有效手段

从根本上讲，产品失效，用户往往是最直接也是最大的受害者，始终处于不利地位，而失效分析恰恰为用户提供了解决途径。例如笔者公司曾采购一批有色金属锻件用于某舱段的加工制造，在机械加工至半精加工状态时，肉眼观察发现，内壁环向筋有一处长度约20 mm的裂纹缺陷，此时环向筋尺寸已加工到位，只能做报废处理。失效分析确认属于原材料缺陷，报废损失由厂方承担，直接挽回经济损失20多万元。

第 2 章　航天产品金属零部件失效分析常用检测及分析方法

失效分析中所用检测技术种类繁多，涉及物理、化学、力学、电子学等各种学科和技术，对航天产品失效分析而言，宏观分析、光学金相分析、电子微观分析、化学成分分析、力学性能测试、残余应力测试和无损检测是使用最多的检测方法，下面将重点加以介绍。在具体案例中，究竟选用哪种检测方法，一般根据失效现象的复杂程度、分析深度、时间和经济性来综合确定，整体上应遵循需求性、适用性和经济性的原则。

2.1　宏观分析

宏观分析是指利用肉眼或借助放大镜、体视显微镜对失效件的外观形貌进行观察和分析的方法，观察倍数通常在 100 倍以下。

宏观观察首先指在自然光线下目视观察。目视观察视野开阔，景深大，色彩真实，可清晰、直观获取失效件和相关部件结构关系，失效件整体的外观形貌、尺寸，从而判明初步失效模式，如通过观察裂纹的宏观特征（走向、线条特征、分布、尺寸等）来判断裂纹源、裂纹性质。在断裂失效中通过观察断面取向、粗糙度、花样、痕迹、颜色等来判断失效性质、源区、扩展区和瞬断区。对目视观察不能分辨的细节通常借助放大镜、体视显微镜进一步观察。体视显微镜也称为实体显微镜，具有视场直径大（大于 35 mm）、三维立体感强、景深大、可实现连续变倍等特点，光学放大倍率可达 100 倍，极大地弥补了目视观察的不足，如图 2-1 所示。

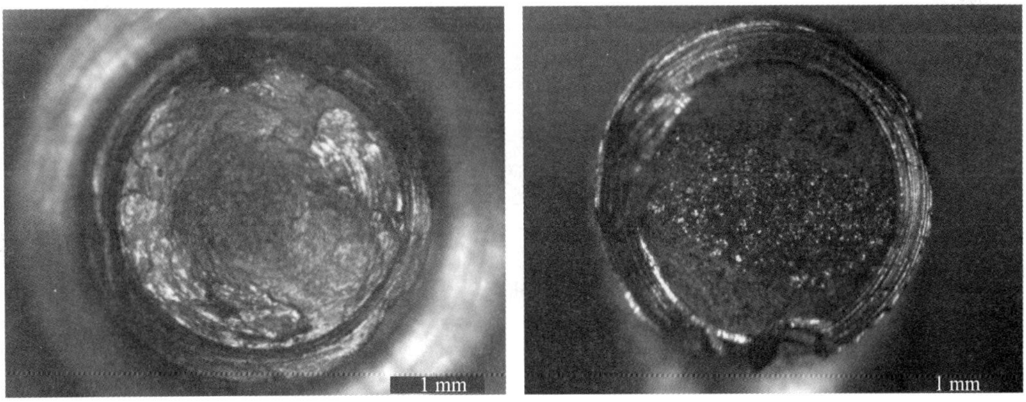

（a）扭转断口　　（b）拉伸断口

图 2-1　螺钉断口宏观形貌

宏观分析简单、快速、便捷，对失效形貌认识全面、直观，无须破坏零件，可很快判别初步失效性质，为失效原因指明了方向。因此，宏观分析是失效分析中最常用、最重要、不可或缺的分析方法，也是最基础的分析方法。但宏观分析无法获取失效细微结构，只是对失效性质的一种初步、大致的判断，而且这种判断还受分析人员经验的影响。因此，单一的宏观分析获得的结果是不可靠的，还需要借助其他分析方法来印证。

2.2 光学金相分析

光学金相分析是利用金属试样表面各组成相的光学特性，借助金相显微镜观察和分析金属组织（包括相、晶粒、夹杂物等），并给以定性、定量描述的一种分析方法，是研究和评价金属材料最重要的方法之一，而且已经扩展到非金属领域。

金相显微镜按结构和用途通常分为两种，一种是固定倒置式，适合小样品的组织分析，是绝大多数实验室首选的显微镜。另一种是现场（也称为便携式）金相显微镜，这类显微镜结构较为简单，适合大型零件非破坏条件下的组织检查和评价，其附带的便携式磨抛机可以对小面积的区域进行金相表面预处理，常用于评价航天大型铝合金铸件壳体金相组织，如图 2－2 所示。金相显微镜是由许多光学元件按一定要求组合而成的精密光学仪器，传统的有卤素光源，近年来出现了 LED 光源和激光光源。相比传统光源，LED 光具有更稳定的光场强度和更高的亮度，激光光源具有更好的分辨率，但价格昂贵，均在百万元以上。金相显微镜的光学性能主要取决于物镜和目镜，尤其是物镜，它是显微镜最重要的光学元件。衡量金相显微镜性能的主要指标有有效放大倍率、分辨率。目前主流的金相显微镜最低有效放大倍率为 12.5×，最高的放大倍率为 1 000×，最高分辨率为 0.37 μm。

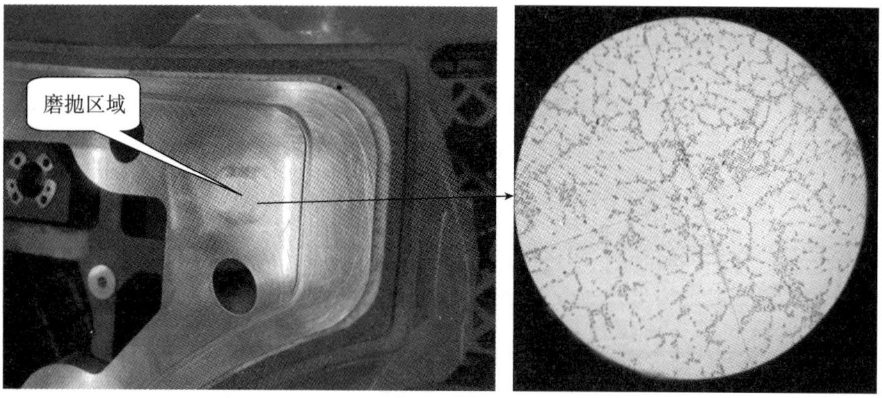

图 2－2 铝合金铸件壳体金相组织

在失效分析领域，通过光学金相分析，可以建立起失效件与材料、制造工艺、失效环境之间的联系，为查明失效原因提供证据。对普通结构钢而言，通过光学金相分析裂纹线条、走向、形状、两侧组织等特征，可大致判断出裂纹性质，如图 2－3 所示。因此，光学金相分析是失效分析最基础、最重要的一种分析方法。

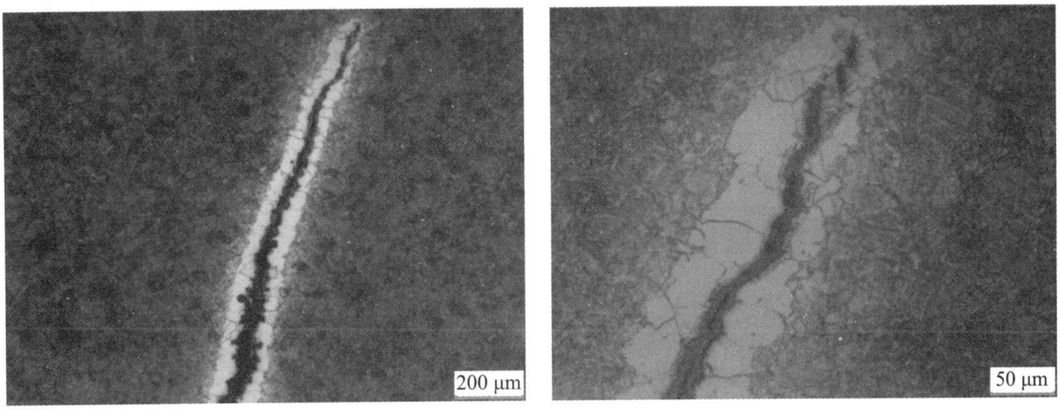

图 2－3　定位销裂纹及周边脱碳组织

虽然光学金相分析在失效分析中占有重要地位，但其使用也受到了一定限制，主要不足是放大倍数有限，景深小，对组织中的细节分辨不清，只能观察平面样品。另外，试样的制备也较烦琐。

2.3　电子微观分析

微观分析通常是借助电子显微镜来对失效件特征区进行深层次细微观察和分析的方法，按电子与物质的作用产生的物理信号不同可分为扫描电子显微分析和透射电子显微分析，其对应的分析仪器分别是扫描电子显微镜（SEM）和透射电子显微镜（TEM）。

2.3.1　扫描电子显微分析

扫描电子显微镜的问世，极大地推动了失效分析技术的发展。它是利用聚焦的电子束在试样表面扫描时激发产生的二次电子、背散射电子调制成像。按电子枪不同，扫描电子显微镜又可分为热阴极发射电子显微镜和场发射电子显微镜。场发射电子显微镜分辨率更高，但较娇贵，价格也更昂贵，以钨灯丝为代表的热阴极发射电子显微镜使用最为广泛。扫描电子显微镜具有景深大、立体感强、细节分辨能力强、不受样品状态影响的特点。决定扫描电子显微镜性能的主要指标有放大倍数、分辨率、信噪比和景深。目前大多数扫描电子显微镜（热阴极发射电子显微镜）分辨率达到 6 nm，放大倍数可从 6 倍连续调节到 30 万倍，能获取失效件从宏观到微观形貌的完整信息，是查找裂纹源、分析裂纹扩展途径以及研究断裂微观机制不可缺少的手段（见图 2－4），也能帮助开展组织相的鉴别工作。

2.3.2　透射电子显微分析

透射电子显微镜是利用高能电子束透照薄膜样品时产生的衍射或图像衬度来成像，其分辨率较扫描电子显微镜高出一个数量级。透射电子显微镜在失效分析领域的运用主要是

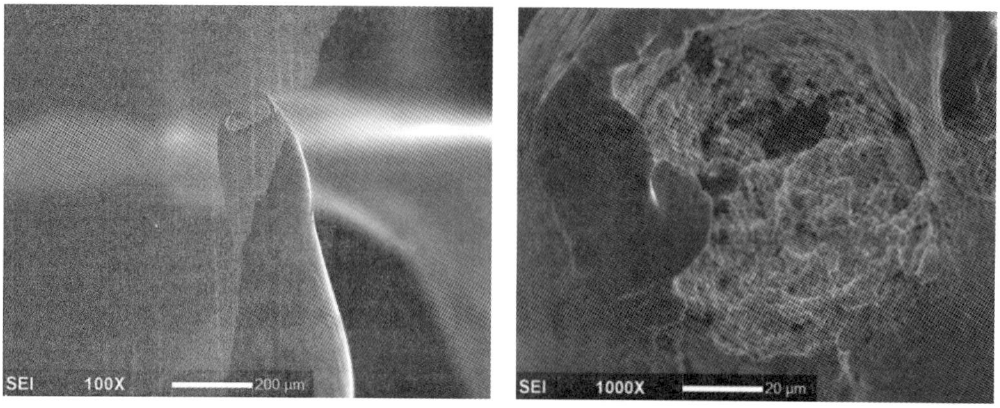

图 2-4　钢丝断口微观形貌（扫描电子显微镜观察）

作为金相显微镜的一种补充，借助透射电子显微镜显微成像，可以帮助分辨金相显微镜无法观察到的细微结构。但样品制备极为复杂、苛刻，通常用于组织及结构分析的衍衬像试样直径不大于 3 mm，最薄区厚度控制到 10 μm，故在失效分析领域中鲜有使用，多数使用扫描电子显微镜，但对于一些微观机理的研究还是需要采用透射电子显微镜来完成，如图 2-5 所示。

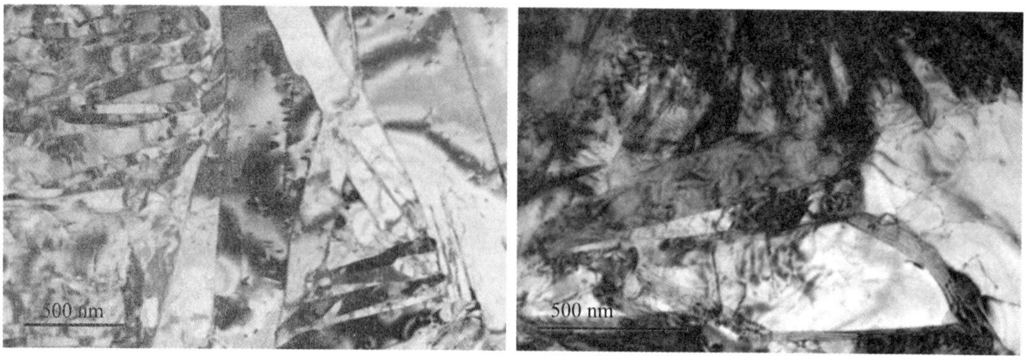

图 2-5　GTi70 钛合金激光焊缝微观形貌（透射电子显微镜观察）

2.4　化学成分分析

在失效分析中，往往需要对失效件材质、组织相、表层沉积物（外来转移物）等进行化学成分的定性或定量分析，并以此来判断与失效行为的联系。如通过采用氢氧测试仪测定镀锌件中的含氢量来评价断裂性质是否属于氢脆，用 X 射线能谱仪（EDS）定性表面机械损伤痕迹的化学成分来寻找造痕物，用等离子发射光谱仪（ICP-AES）来分析失效件材质合金元素，以甄别是否有混料发生，或者确认材质成分是否满足标准要求。

失效件的化学成分分析技术按分析对象不同大致可分为材质化学成分分析技术和表面微区化学成分分析技术。随着微电子技术的发展，常规化学成分分析法已从传统的化学分析法过渡到光谱分析法，并与表面微区化学成分分析法逐渐统一。

2.4.1　材质化学成分分析

常用合金元素分析方法有原子发射光谱法（AES）、原子吸收光谱法（AAS）、原子荧光光谱法（AFS）和 X 射线荧光光谱法（XFS）四类。这四种分析技术所用仪器中，以电感耦合等离子体发射光谱分析仪（ICP-AES）运用最广泛，也是失效分析中最常用的原子发射光谱分析仪器，它具有激发光源稳定、自身干扰小、分析精密度高、检出限低（0.1～100 ng/mL）、波长范围宽、分析元素多（80 多种）等众多优点，可以出色完成各类铝合金、钛合金、高温合金、镁合金、结构钢（除碳、硫外）等材料合金元素的定量分析。利用二氧化碳、二氧化硫气体对红外性具有选择性吸收的特性，用红外吸收光谱法测量合金中碳、硫元素含量是最常用的方法。合金中氢、氧元素含量测定一般采用脉冲熔融的吸收-热导法。有时为查找腐蚀源，还需要运用高效液相色谱仪（HPLC）分析残液离子种类和含量，这其中又以离子交换色谱仪运用最多。

2.4.2　表面微区化学成分分析

扫描电子显微镜配置成分分析附件即可对表面微区成分进行分析，用于成分分析的信号主要有俄歇电子、特征 X 射线和背散射电子，对应的分析技术有俄歇能谱分析、X 射线能谱（波谱）分析和背散色电子成分衬度效应分析，这些信号的能量或强度和物质的原子序数有关。

2.4.2.1　X 射线成分分析

X 射线成分分析最常用的方法是能谱仪分析和波谱仪分析，这两种仪器作为扫描电镜附件来使用，X 射线能量分散谱仪简称能谱仪（EDS），它是将接收到的特征 X 射线按能量方式展开，波谱仪（WDS）则是按波长方式展开。能谱仪和波谱仪分析各有特点，能谱仪分析无聚焦要求，分析速度快，灵敏度高，在几分钟内可以完成原子序数 11 以上元素的成分分析，不足是能量分辨率低（仅 140～150 eV），谱峰信噪比低，谱线重叠现象严重，只能做元素含量的定性或半定量分析。波谱仪分析虽然能量分辨率高（可达 5～10 eV），信噪比较能谱仪器高 20 倍，检测浓度下限低，分析精度高，可进行元素的定量分析，但分析速度慢，价格昂贵。在工程运用中能谱仪分析优势突出，目前多数电镜厂商已将能谱仪作为成分分析标配附件，在失效分析领域也是能谱仪运用得最多，如图 2-6 所示。

电子探针 X 射线分析简称电子探针（EPMA），它的工作原理是利用聚焦电子束轰击试样某微区，激发 X 射线，其特征谱线的波长和强度与激发区的元素及其含量有关，由此确定元素种类及含量。其原理与波谱仪相同。电子探针也配置有光学系统，兼顾了分析型扫描电子显微镜的功能，即可像分析型扫描电子显微镜一样进行微观形貌观察和成分分析。所不同的是，电子探针精度高，对试样平整度有严格要求（不大于 0.5 μm），可进行定量分析，分析元素可从铍到铀，检出限约为 0.1%。分析型扫描电子显微镜以观察试样形貌为特点，为满足不同需求，构造上有所不同。

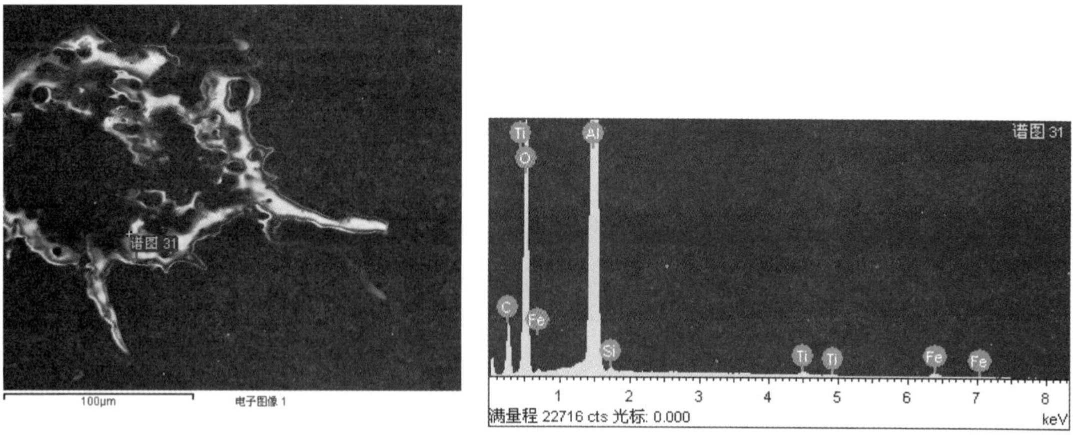

图 2-6　某进气道零件表面附着物 EDS 分析结果

2.4.2.2　俄歇电子能谱分析

俄歇电子能谱分析是基于俄歇效应的原理，即物质原子受外来辐射激发后外层电子跃迁至低能级，所释放的能量（X 射线光子）被其他外层电子吸收后逃逸形成自由电子（俄歇电子）。俄歇电子的产额与物质原子序数关系密切，原子序数小的元素容易产生俄歇效应，故常用于超轻元素的极表层成分分析。俄歇电子能谱仪也是作为扫描电子显微镜的分析附件来使用，用于表层 0.5～2 nm 范围内除氢、氮以外所有元素的分析，灵敏度高，数据分析快，可以弥补电子探针分析超轻元素的不足。

2.5　力学性能测试

力学性能测试技术在工程实践中运用最广泛，常用于材料的质量评价或指导新材料、新工艺研发。在失效分析中，一方面借助力学性能测试可反映材料微观组织，而这种微观组织通常金相分析又难以识别，例如对失效试样进行冲击试验，通过冲击吸收能量数值和观察断口形貌，再结合热处理工艺综合判断材料是否存在回火脆性。另一方面，借助力学性能可以准确掌握材料的力学特性，从而为评价失效件制造工艺及材料工艺提供参考。

力学性能测试因项目而异，种类繁多。失效分析常用的测试有硬度测试、静拉伸性能测试和冲击性能试验。硬度测试简单方便，样品尺寸小，按测试要求和适用范围不同，分为洛氏、维氏（包括显微维氏）和布氏三种硬度单位。硬度测试主要用于估算材料强度，评价零件制造工艺以及工作环境。相比硬度测试，静拉伸性能测试能更准确、直观、全面地反映材料的强度和塑性，但因试样尺寸较大，在失效分析中受到了限制。冲击性能试验获得的冲击吸收能量或冲击强度数据可以很好地用来表征材料韧性，它可以敏感地反映出材料组织缺陷（过烧、过热、回火脆性等），这是静拉伸性能测试难以做到的，有时也是金相分析难以做到的。同样，冲击性能试验简单方便，但试样尺寸大，且均为标准试样，故使用存在一定的局限性。

2.6　残余应力测试

残余应力测试常作为航天大型铸造、锻造整体结构件的故障诊断手段之一。按测量方法不同，残余应力测试可以分为物理法和机械法。物理法主要有射线法、磁测法和超声法，也称为无损法。机械法主要采用电阻应变测量技术，通过分段切割、套孔或钻孔等方法，将残余应力全部或部分释放获得内部残余应力，也称为应力释放法、不通孔法，该方法工程运用最多。在应力释放法中，套孔法采用环切槽释放应力获取应变，但对工件破坏性较大。相比而言，钻孔法对工件损伤较小，可获得孔深的平均应力，运用最广泛。钻孔法是在应变片中心钻一小孔（孔径通常为 1.5～3.0 mm，深度约为 1.5～3.0 mm），造成局部残余应力释放（释放量约 25%）。钻孔法测试应力精度高，对工件破坏性小，具有成本低、操作简单、适合现场测量等特点，还可适用于非金属材料。不足之处是仅仅测量浅表面的两向残余主应力，无法测量深度方向残余应力；此外，测试结果受应变片粘贴、钻孔技术影响较大，因此对操作人员技能水平要求较高。

在物理法测试残余应力中，X 射线衍射法较为成熟，运用相对较多。X 射线衍射法是一种应用广泛的无损残余应力测试方法。其原理是残余应力微观下会引起晶面间距发生变化，进而引起布拉格衍射峰位置发生漂移，根据漂移方向判断应力方向（拉、压应力），根据漂移量获得应变量，再根据胡克定律计算得到残余应力。该方法的突出优点是对测试零件不造成任何损伤，但只能测试极表面的应力状态，且测试结果影响因素多，设备价格昂贵，主要用于表面强化工艺研究。

2.7　无损检测

失效件的失效模式和原因判别清楚后，往往还需要对同批次零件，甚至同制造工艺的零件进行无损检测，以筛查出潜在失效件，消除隐患，避免同类失效事件的再次发生。另外也需要借助无损检测来查找更多的失效子样，从而提高失效模式判断和原因分析的准确性。

无损检测是在不损坏试件完好性的条件下对其中的缺陷和损伤情况进行检查和测量的方法。失效分析中常用的无损检测方法有超声检测、X 射线检测、涡流检测、磁粉探伤和渗透探伤。

2.7.1　超声检测

超声检测是利用超声波在传播过程中的反射、折射、衍射、散射、波形转换等现象或衰减、声速、阻抗、谐振频率等变化来发现、评价材料或构件中的不连续性性质、大小的无损检测方法。超声检测是最常用的一种无损检测手段，对裂纹缺陷（损伤）较敏感，但对近表面裂纹存在盲区，另外检出率受到表面状态、形状以及缺陷取向影响较大。

2.7.2 X射线检测

X射线检测是指利用电离辐射与物质间相互作用所产生的物理效应来探测构件内部缺陷的无损检测方法。X射线检测主要用于铸件、焊接件（见图2-7）、电子元器件内部质量检验，对体积型缺陷（如气孔、夹杂等）具有较高的灵敏度，对平面型缺陷（如裂纹）不敏感，检测时必须严格保证射线束与缺陷面之间的角度。另外，X射线检测工序较复杂，检测成本高，X射线对人体易造成伤害。

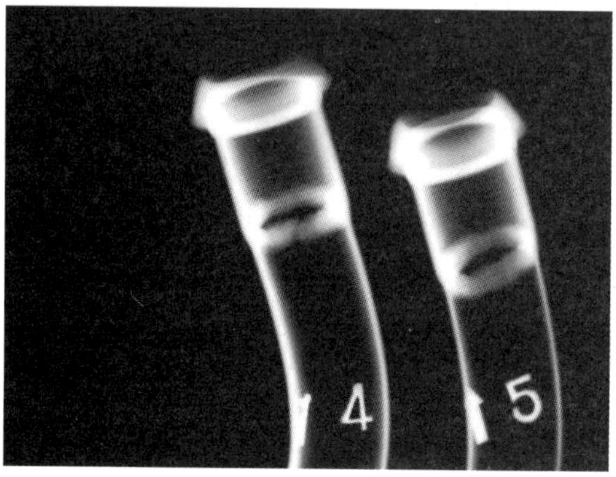

图2-7　导管接头焊缝部位缺陷X射线影像

2.7.3 涡流检测

涡流检测是以电磁感应原理为基础的一种无损检测方法。当金属试件通过或接近交变磁场时会产生涡流，涡流的大小和分布不仅与原激励场及感生磁场有关，还与试件的电磁特性及缺陷等因素有关。涡流检测分为探伤和测量两大类。在失效分析中，主要使用涡流探伤检查。涡流探伤适合试件表面及近表面缺陷的检查，具有较高的检测灵敏度，检测线圈与试件不接触，易于实现自动化检测。涡流的变化受多种因素影响，缺陷信号的识别需要经过分析处理。

2.7.4 磁粉探伤

磁粉探伤是利用磁化后的铁磁性试件表层缺陷产生的漏磁场，通过磁痕显示来检查试件表面及近表面缺陷的一种探伤方法。磁粉探伤是目前发展最早、应用最广的一种磁性探伤手段。磁粉探伤具有灵敏度高、设备简单、操作方便、探伤成本低、不受试件形状和大小限制等优点，是检测铁磁性材料中的表面发纹、非金属夹杂、裂纹等的常用手段（见图2-8）。不足之处主要是靠手工操作，用肉眼观察缺陷磁痕的显示来判断缺陷位置、形态，对缺陷的性质判断需要较丰富的经验，不能提供缺陷尺寸量值，而且试件种类只局限于铁磁性材料。

图 2－8　某起吊梁焊缝磁痕显示裂纹缺陷

2.7.5　渗透探伤

渗透探伤是基于毛细管作用而检查表面缺陷的一种无损检测方法。按渗透剂种类不同，渗透探伤可分为荧光渗透探伤和着色渗透探伤两种。荧光渗透探伤适合小尺寸试件的全表面缺陷的检出，着色渗透探伤适合大型试件局部区域表面缺陷的检出。渗透探伤适于非多孔性材料的表面开口缺陷的检验，不仅可检查黑色和有色金属试件，还可以检查非金属试件。其主要特点是不受试件形状、大小、组织结构、化学成分以及缺陷方位等因素的影响，对外形复杂的小型件，可在一次操作中检查出全表面的缺陷。渗透探伤可以发现最小宽度约 0.1 mm 的缺陷，检测灵敏度高，检测设备和工艺简单，费用低（见图 2－9）。存在的局限是不能用于多孔材料的检查，另外试件表面的大粗糙度值也会降低探伤效果。

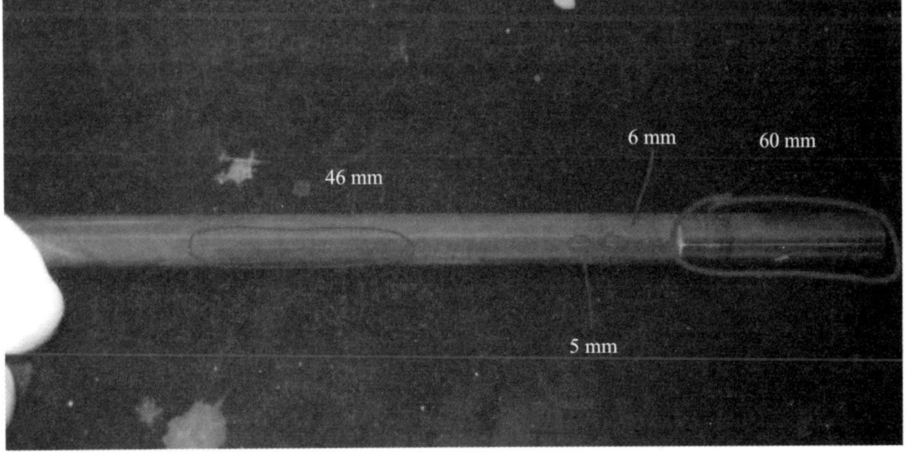

图 2－9　某定位销零件缺陷部位荧光痕迹

第3章　失效分析常用样品的制备技术

从第1章得知，失效分析的一般程序是在初步判断肇事失效件的失效模式后，应查找失效原因。这个阶段需要大量的分析和测试工作，包括非破坏性的宏微观分析和破坏性的宏微观分析。近年来，透射电子金相组织分析在新工艺失效分析中也有运用，因此掌握样品制备技术是非常重要的。本章重点介绍光学金相、透射电子金相、硬度和断口分析样品的制备技术，其他常规力学性能测试项目，如拉伸、冲击韧性等样品制备可参见相关标准。

3.1　光学金相样品制备

金相组织检查是失效分析中使用频率最高的一项检测方法，几乎所有的金属失效都会做金相检查，它可以揭示出引起失效的组织行为。由于失效分析任务影响大，时间紧迫，需要在极短的时间完成模式判断和原因分析，而金相检查从样品制备到组织显示操作工序多，工序环环相扣，这就需要操作者有丰富的制备经验，熟练掌握制备技术以满足失效分析工作的需要。失效分析金相样品制备一般分为截取、镶嵌、磨制、抛制四道工序。样品制备完成后的组织显示本章不做介绍，可以查阅相关标准和资料。制备每道工序的要点如下：

(1) 截取

在截取工序中，首先需要考虑的是取样部位。取样部位选取得恰当与否，直接影响分析结论的准确性。试样截取部位通常需要根据分析目的和要求以及失效的具体情况来确定，一般来讲，应在失效特征最显著的部位切取。例如对于裂纹类的分析，通常需要在裂纹处沿横、纵剖面切取，如果裂纹较长，无法完整取下整段裂纹，则可分别在前、中、末端局部切取。如断口金相，通常需要在断口源区附近切取纵、横剖面制备金相。试样截取是金相分析的第一步，也是最重要的一步，因为失效分析的关键性试样十分有限，有时只允许一次取样、一次分析和测试，取样错误会导致整个失效分析工作失败。因此，试样的截取必须在正确的失效分析思路的指导下进行。

关于试样的截取方法，应以防止内部组织不发生改变为前提，这种组织改变指因热量引起的过热、过烧、淬火、回火等，以及因切削力过大引起的范性形变。切割方法通常有电火花切割、锯削、切割机切割等。金相专用切割机是目前最适用的试样切割设备，可根据材料性质选择不同材质的切割片，因此具有组织变化小、切割面质量高的特点。

(2) 镶嵌

截取下来的试样，如形状、大小合适，可以直接进行后续的制备工序，这种情况在失效分析领域不多见，大多数试样都需要进行镶嵌处理。目前应用最多的是塑料镶嵌法，机械夹持法因对夹具材料有较高要求，同时又难以实现自动化的制备操作，逐渐被淘汰。

按照镶嵌料性质和工艺不同，将塑料镶嵌分为两种。一种是在加热加压下聚合固化，称为热压镶嵌，也称为热镶嵌。按材料特性不同，热镶嵌树脂又分为热固性树脂和热塑性树脂两类。电木粉是最常用的热固性树脂，一般呈黑色。异丁烯酸甲酯是常用的热塑性树脂，颜色透明。另一种是在室温下浇注成形，称为浇注镶嵌，也称为冷镶嵌。常用的冷镶嵌树脂比较多，有聚酯树脂、丙烯树脂和环氧树脂。镶嵌料的选用和使用应遵循以下原则：

1）镶嵌操作前试样应充分清洗并干燥，最好用超声清洗，以去除表面附着的油脂；

2）考虑镶嵌方法是否会影响试样组织的变化，对温度、压力敏感的试样则应选择冷镶嵌；

3）需检查表面组织状态的试样，如渗层、镀覆层等，应尽量选择有足够硬度的热镶料，防止磨抛过程中试样凸出平面而发生倒棱；

4）镶嵌料应有适当的黏附性，使试样棱边与镶嵌料不产生缝隙，以免制样过程中磨料及各种溶液进入后再发生反渗现象污染磨面。

（3）磨制

截取镶嵌好的试样，若表面粗糙、形变层较厚，显微观察之前应经过磨制处理。磨制是选用不同粒度的金相砂纸逐步打磨，使表面变形层不断减小。金相砂纸现有两类，一类是干砂纸，另一类是水砂纸。干砂纸成本相对较低，但脱落磨料会对试样表面产生明显的滚压作用，影响表面质量，而且效率低，所以不常用。水砂纸是在水的冲刷条件下使用，磨削作用强，滚压作用弱，是广泛使用的砂纸类型。常用的水砂纸磨料是碳化硅，其具有硬度高、磨削能力强的特点，有黑色和绿色两种。

磨制操作有两种，一种是手工磨制，另一种是设备自动磨制。手工磨制是传统的简单方法，对操作人员的技能水平有较高要求。手工磨制操作时特别要注意：试样上施加的压力应力求均衡，磨面与砂纸必须完全接触，始终朝一个方向推进，回程时应提起拉回，不应与砂纸接触，直到磨面上仅留一个方向的均匀磨痕再更换下道粒度砂纸，磨面转动 90°，按垂直上道磨痕方向开始推进，以此类推，直至结束。磨制时砂纸粒度应根据表面粗糙度、材料的软硬程度来选择。一般材料选用 F240、F400、F600、F800 四个标号砂纸，对于软的黏性材料，如高温合金材料、钛合金材料，砂纸粒度还需要追加到 F1000 甚至更细。

手工磨制、抛制操作需要操作人员有较丰富的经验，对于一些磨抛性较差的样品，则要求技能更高。自动磨抛设备则可以较好地解决这些问题，实现了样品的参数化制备，同时也可以根据样品材料的类型选择对应的磨制、抛光耗材，这是未来发展的主流方向。

（4）抛制

样品经磨制处理后，会有细小的磨痕和表面形变扰乱层，影响组织显示，因此还需抛制处理。抛制的基本方法有机械抛制、化学抛制和电解抛制、化学机械复合抛制。机械抛制是广泛应用的方法，失效分析也不例外。抛制是最后一道处理操作，其结果的好坏与磨制密切相关，为避免工作反复，抛制之前应仔细检查磨面磨制质量。

抛制工序同样也分为手动和自动两种。自动抛制通常与自动磨制集成，根据材料特性，设定操作参数，选择合适的抛光盘和悬浮液，实现样品的自动制备。手工抛制时，需要考虑以下几点：

1）抛光机转速的选择。一般分为三档，慢速档大致为 300～400 r/min，中速档大致为 500～600 r/min，高速档约为 800～1 000 r/min。高速档磨制效率高，但操作者不易掌握，样品表面易发热，推荐选择中速档。

2）抛光织物的选择。织物中纤维的主要作用是存储磨料，防止在离心力的作用下溢出散失，另外，纤维对磨面还能形成良好的弹性摩擦，保证磨面平整、光滑。目前市面上的抛光织物以化纤为主，常见的有帆布、呢绒、平绒、丝绒、丝绸。合金钢材料可以选择呢绒织物，铝合金、镍基高温合金、钛合金一类有色金属选择丝绒、平绒织物有较好的抛光效果。

3）抛光剂的选择。选择抛光剂其实就是选择磨料材料。磨料的材料有很多，如氧化铝、氧化铬等，但近些年来都逐步为金刚石磨料所取代。金刚石硬度最高，磨削棱数量多，磨削效率高，选择不同粒度金刚石磨料，可以满足不同硬度材料的样品抛光。金刚石抛光剂分三种，分别是金刚石研磨膏、金刚石雾状抛光剂和金刚石悬浮液。前两种适合手动抛光，后一种适合自动抛光。金刚石研磨膏粒度较不均匀，难以实现磨面抛光的均匀化，因此抛光效率较低，难以获得高质量的磨面，但因价格低廉，在市场上还有一定的占有率。金刚石雾状抛光剂是目前主流的抛光磨料，弥补了研磨膏的不足，但价格较高，选择 1 μm、1.5 μm、2.5 μm 粒度可以完成大多数样品的手工抛光。

4）抛光操作重点注意事项。从多年的经验来看，选择合适的抛光织物和抛光剂粒度，手工机械抛光是可以一道完成的，无须粗抛、精抛两步。手工抛制过程中，压力要适宜，适当添加水来冷却、润滑，水的添加量以 3～5 s 磨面湿润膜消失为宜。另外抛光时，要将试样逆着抛光盘的转动方向转动，同时从抛光盘边缘到中心做往复移动，这样可以避免抛光表面产生“曳尾”现象，同时减少抛光织物的局部磨损。

需要说明一点，现场金相制备程序与上述基本相同，但它是在近无损条件下借助手持式磨抛机对零件本体打磨处理，磨抛操作控制和清洗处理难度较大，对操作人员技能水平要求较高，也需要结合产品零件具体情况开展摸索试验。

3.2 透射电子金相样品制备

透射电子金相样品需要按薄膜样品来制备。制备目标是薄、均匀，无扰乱层。“薄”是指试样厚度应小于衍衬电子束能穿透的临界深度，“均匀”要求在大面积内厚度均匀，上下表面的平行度好，“无扰乱层”是指试样能真实反映材料的组织结构，避免出现损伤、表面污染或人为改变原始组织结构的情况。为了达到上述要求，必须选择适当的制备技术。电子显微镜样品制备的基本过程是取样、预减薄、中心减薄、终减薄。每一步骤都有可选择的制备技术。

（1）取样

如果可能，可以直接选用光学金相样品；如另外切取，则需要根据分析研究的目的和要求确定。取样常用的方法是切割法，切割技术有锯切割、电火花切割等。切割获取样坯应为直径约 3 mm 的薄片，切片厚度控制在 200～300 μm，范围内确保后续减薄过程可以将表层损伤去除。

（2）预减薄

预减薄是将取样的样坯厚度减薄到约为 100 μm 的薄片试样，常用的方法有机械研磨法和化学减薄法。

①机械研磨法

机械研磨法，即采用砂纸打磨的方法，为了便于手工把持或自动设备打磨，可以先做冷镶嵌处理后再打磨。打磨的要求和金相磨制类似，一般先采用粗砂纸到细砂纸分几道研磨，砂纸粒度和道次需要根据材料的特性来定。总之需要在保持一定制样速度的同时最大限度地减少试样表面的损伤。

②化学减薄法

化学减薄法是将试样浸入化学溶液中进行减薄。化学减薄法的过程是利用化学溶液对试样表面进行抛光，优先溶解样品表面的凸起部分，以达到减薄的目的。此法制备的样品表面较为平整、光亮。减薄速度与化学溶液以及材质有关。化学减薄法的突出优点是不会造成表面损伤，缺点是边缘会快速腐蚀以及化学溶液对某些材料有选择性腐蚀。

（3）中心减薄

中心减薄是将厚度约在 100 μm、直径 2～3 mm 的圆盘试样中心区域薄化的方法。减薄技术有化学窗口法和中心研磨成窝法。

①化学窗口法

化学窗口法是将盘状试样边缘用耐蚀胶涂抹保护，在上下表层对应中心区域留出直径约 1.0～1.5 mm 的窗口，然后将试样浸入合适化学溶液，中心裸露区域将发生化学溶解而减薄。该方法可以直接减薄到供观察的薄膜试样，表面无损伤，但缺点是腐蚀表面清洗困难。

②中心研磨成窝法

中心研磨成窝法采用机械研磨法将圆盘试样的中心减薄，需要借助专用的研磨设备来实现。最终可以获得两面中心呈凹窝的圆盘试样，中心最薄区厚度一般控制在 20 μm 以下。

（4）终减薄

终减薄是将中心呈凹窝的圆盘试样进一步减薄成中心穿孔的、可供电子显微镜观察的薄膜试样。常用的制备方法有电解减薄法和离子减薄法。

①电解减薄法

电解减薄法普遍采用喷射电解抛光液技术进行减薄。由于电解液的连续喷射，与试样表面接触的电解液始终保持新鲜，因此减薄速度较快，表面也无损伤。

②离子减薄法

离子减薄法是利用离子束轰击试样表面减薄的技术。离子束通过氩气高压电离加速得到，选择适当的电压控制离子能量，可以减薄而不造成表面损伤。离子减薄法适用于各种材料，并可控制减薄区位置，但设备复杂，价格昂贵。

3.3 硬度样品制备

硬度试验可以方便、快捷地掌握失效件力学特性，其结果可以与金相组织相互印证，为材料失效件制造工艺和材料工艺质量评价提供证据。硬度试验按加载载荷量级不同，可以分为宏观硬度试验和显微硬度试验。宏观硬度试验样品制备相对较简单，对表面质量要求不高，保证表面和底面一定的平行度即可。显微硬度试验样品制备要求则较高，通常与金相样品共用，在制备流程和控制上与金相制备相同，不再复述。

3.4 断口分析样品制备

断口是构件在断裂后形成的断面，断口上记录了断裂过程中内外因素的变化所留下的痕迹和特征，是分析断裂机理和原因的重要依据。断口分析样品的制备技术主要有获取、保护和清洗技术。

（1）断口的获取技术

断口的获取是制备的第一步，也是最重要的一步。断口的获取实际上包括裂纹打开和切取。断裂分析可以直接获取断口，有时主断口发生损伤或不可恢复的污染，无法提取到痕迹和特征，这时需要对二次裂纹打开进行分析。对于单纯的裂纹损伤分析，多数情况下也是需要打开裂纹断面进行断口分析，以获得更为全面、直观、准确的认识。

裂纹打开方法有很多，常用的有拉开法、背弯法、压开法、扳开法等。采用不同方法打开裂纹时，应根据裂纹的位置和走向选择施力点，施力的方向应与裂纹扩展方向保持一致，得到张开型的断口，从而避免断面打开造成损伤。对于已知应力状态的裂纹，可以用更大应力帮助打开裂纹，对于未知的应力状态，一般采用扳开法或三点背弯法打开裂纹。在打开裂纹时，如裂纹较浅，零件尺寸较厚，则需要从零件背面加工减薄，减薄深度不得伤及裂纹。常用的减薄方法有铣削、电火花加工等。对于尺寸较大的断口，还需要切取小试样做进一步的观察和分析。切取可选择的方法有很多，常用的加工方法都在考虑范围之列。

（2）断口的保护技术

失效现场断口初检、断口打开、切取和运输保存都存在造成二次损伤和污染的风险，所以断口的保护是贯穿整个断口分析过程的。在断口的初检阶段，切忌用手触摸断口表面，同时，也不能将两个匹配断面对接碰撞，以免使断口表面产生人为的损伤，从而对整个分析造成影响。失效零件断口尺寸较大，在切取小试样时，无论采用何种加工方法，都需要注意两点：一是要避免高温造成对断口原始组织的改变，二是要避免机械损伤和化学污染。特别强调，当电火花切割试样时，断口应进行隔离保护，如采用医用胶布粘贴保护，否则金属熔球飞溅到断面会造成污染，给断口清洗造成很大的困难。

断口试样应干燥保存，通常存放在干燥器内。为防止断口在运输中表面发生腐蚀或损伤，可在断口表面涂抹一层保护材料，应选择无腐蚀作用又容易溶解清除的保护材料，如防锈漆、环氧树脂、醋酸纤维素丙酮溶液等。目前广泛使用的醋酸纤维素丙酮溶液保护技术，做法是将断面浸入 10%醋酸纤维素丙酮溶液中，使溶液均匀附着整个断面，待自然固化再运输或保存。需要对断口进行观察分析时，先将断口试样放置在丙酮溶液中待醋酸纤维素溶解后再使用。保护断口尽量不要选择油、脂涂抹断面防锈，有时油脂的去除过程会造成断面更多的腐蚀。

(3) 断口的清洗技术

零件裂纹损伤或断裂的发展进程中，会与环境发生交互作用，断面将不可避免地受到机械损伤或化学污染，断口在获取或运送中也会受到污染。因此，为了能够清晰地观察到断口的真实形貌与特征，需要将附着断口表面的油脂、尘土、腐蚀物、氧化物等污染物进行清除。需要强调一点，在清洗之前应对断口进行观察和记录，这是至关重要的，因为断口表面的附着物往往是解释失效机理和失效原因的重要证据和线索。如测定蚀坑附近的产物成分，通常可以找到腐蚀来源，再结合工艺排查就能准确定位腐蚀产生原因。

断口清洗方法较多，应根据材料的性质、断口产物的类别加以选择，具体可参见相关手册或文献，这里仅做原则性介绍。

1) 对于附着灰尘或其他机械附着物的断口，一般先用干燥压缩空气吹，再用丙酮酒精溶液超声振荡洗涤，也可用复型法反复剥离清除，选用常见的医用胶布作为复型材料同样具有较好的效果。

2) 附着油污断口，有条件的话可以先用汽油或着色渗透去污喷剂清洗，然后再选择丙酮、石油醚等有机溶液超声振荡洗涤。如油渍与断口表面结合牢固，可在有机溶液中浸泡后再用软毛刷擦洗。

3) 因暴露介质环境时间较长，氧化、腐蚀较严重的断口，需要清除腐蚀产物及氧化膜。对于耐蚀性相对较好的高温合金和不锈钢而言，需要采用化学清洗，即用清洗溶液（配方按 20 g 的氢氧化钠、10 g 的高锰酸钾、100 mL 的水的比例配制）加热煮沸，再用 20%的盐酸溶液清洗表面。

对于耐腐蚀的碳钢、合金钢断口，可采用 1%的氢氧化钠溶液煮沸，或采用 15%（体积分数）的酪酐、8.5%的磷酸、76.5%的水的溶液加热煮沸。所有煮沸的时间应根据化学污染的具体情况来定。

第4章 航天产品金属零部件常用材料及特点

4.1 航天产品金属零部件选材一般原则

航天产品金属零部件选用的材料范围较广，仅关重部件就几乎涉及所有种类的金属材料，如结构钢、不锈钢、铸造镁合金、铝合金（变形、铸造）、钛合金（变形、铸造）、铜合金、高温合金和伪合金等。零部件选材的总体原则是要有较高的比强度和比刚度，比强度按载荷类型不同，有抗拉比强度、抗剪比强度、抗弯比强度，比刚度又有压杆抗纵弯比刚度、薄板稳定性比刚度等。地面级底盘产品，则要求有较高的抗疲劳性。此外，足够的断裂韧度、良好的加工性、稳定的环境适应性和较好的经济性也是选材需要考虑的因素。

(1) 所选择的材料应有利于实现整体结构的轻量化

为了满足这一要求，应结合零件受载状态，从材料力学性能和物理性能两方面进行选择。如对于抗拉强度有要求的零部件，可选用抗拉比强度大的材料，如高强度合金钢、硬铝系列铝合金、镁合金、钛合金，可供选择的材料牌号有 30CrMnSiA、2A12、MB8 等，其中，高强度合金钢、硬铝系列铝合金、镁合金的抗拉比强度较为相近，而钛合金的抗拉比强度最大。有结构稳定性要求的零件，应选择比刚度大的材料。对于非受力零件，如不能从结构上减小剖面尺寸达到减重的目的，则可以选择密度小的材料，如铝合金、镁合金。

(2) 所选择的材料应有足够的环境适应性和稳定性

航天产品零部件使用环境广泛，包括高、低温环境，动、静载力学环境，介质环境，以及以上环境的复合。航天产品零部件不同的使用环境对选材具有重要影响。如在高温环境下使用的零部件，可以根据温度区间依次选择耐热铝合金、耐热钢、高温合金、粉末冶金材料。在低温环境下工作的零部件，选择的材料脆性转变温度点要足够低，具有良好的低温力学性能。在腐蚀环境下工作的零部件，一般选择不锈钢或钛合金材料，或者选择具有良好防腐涂层工艺性能的材料。在自然大气环境下工作的铝合金、镁合金、合金钢，也需要采用表面保护措施预防腐蚀。

(3) 所选材料应有足够高的断裂韧度

断裂韧度是衡量材料抗裂纹失稳扩展（即抗脆断）的能力。我们知道，材料的断裂韧度指标随着材料强度的提升呈下降趋势，这就意味着材料发生低应力脆断的敏感性随着强度的提高而增大。对于超高强度材料的选择，必须考虑断裂韧度指标。此外，对于充压容器以及热处理、低温工作的材料也必须考虑。

（4）所选材料应有较高的抗疲劳性

航天地面级产品大多存在交变载荷的力学环境，所以零部件选材应考虑到抗疲劳性能。航天产品零部件疲劳失效多数是低周疲劳，具有循环次数低、交变应力大的特点。在这种疲劳工况下，材料塑性是决定疲劳寿命的决定性因素。因此在满足强度许可的条件下，应尽量选择塑性好、循环应变硬化指数高的材料。

（5）所选材料应有良好的工艺性能

航天产品金属零部件制造选用工艺类别多，包括机械加工、热处理、表面处理、焊接、铸造、增材制造等。材料的选择应与其主要的加工工艺相适应，即材料应有良好的工艺性能，如焊接材料应具有好的焊接性，铝合金铸件选用材料应考虑到合金的流动性和收缩性能。显然，材料良好的工艺性能，可以极大缩短零件的制造周期，有利于批量化的规模生产，同时，还可以减少工艺缺陷的产生，提高零部件的质量可靠性。

（6）所选材料还具有较高的经济性

航天产品属于投资巨大的一次性产品，应优先选择来源充足、标准化、规范化的通用低成本材料，尽量通过对低成本材料进行表面强化处理来替代高价值的稀有、贵重金属材料。

4.2　航天用结构钢

航天用结构钢主要用于地面设备以及弹上受力结构件、连接件、紧固件和弹性件等的制造。这类材料具有比强度高、疲劳性能和工艺性能良好、价格低廉的特点。在载荷一定的条件下，钢制零件在体积小、稳定性好方面远远优于其他材料，因此在军工产品中占有一席之地，如重型底盘车上的各类结构件。结构钢有许多种分类方法，按用途分主要有调质钢、表面硬化钢、弹簧钢、轴承钢、高强度钢和超高强度钢。

4.2.1　调质钢

调质钢通常是指采用调质热处理（淬火＋高温回火）的中碳优质结构钢和合金结构钢，常用的钢材牌号有 45、40Cr、35CrMo、30CrMnSiA。这类钢材经过调质热处理后具有较高的综合力学性能，主要用于制造在各种复合应力下工作的零件，如轴、杆、螺栓等。这类材料常见的组织缺陷有碳化物偏析、带状组织、网状铁素体等，常常会诱发淬火开裂，引起零件早期疲劳失效。如 45 号锻钢常用于制造底盘传动轴总成部件，这类材料在锻造过程中容易因冷却过缓而出现网状铁素体组织，断口微观呈脆性的准解理断裂特征，材料脆性较大，对零件的疲劳寿命影响较大，如图 4－1 所示；40Cr 合金钢制造的摇臂零件淬火开裂，金相检查有带状碳化物偏析，裂纹沿碳化物与基体边界扩展，如图 4－2 所示；42CrMo 外缸零件淬火后大量开裂，裂纹数量纵多，均沿纵向分布，金相组织检查可见严重的带状组织，裂纹沿带状组织边界扩展，如图 4－3 所示。

硅锰类调质钢回火冷却速度不足容易出现回火脆性，此外，硅有促进表面脱碳的作用，热处理加热时容易脱碳，在零件表面形成软点。

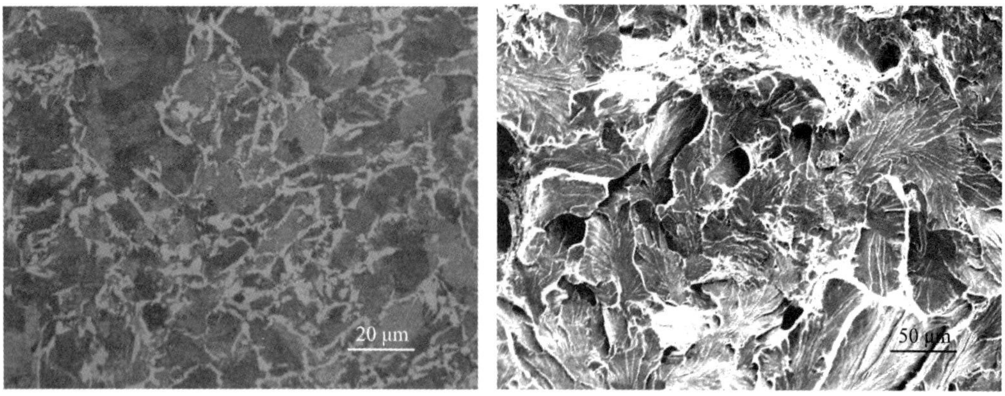

（a）调质金相组织　　（b）微观断裂特征

图 4-1　45 号锻钢调质金相组织及微观断裂特征

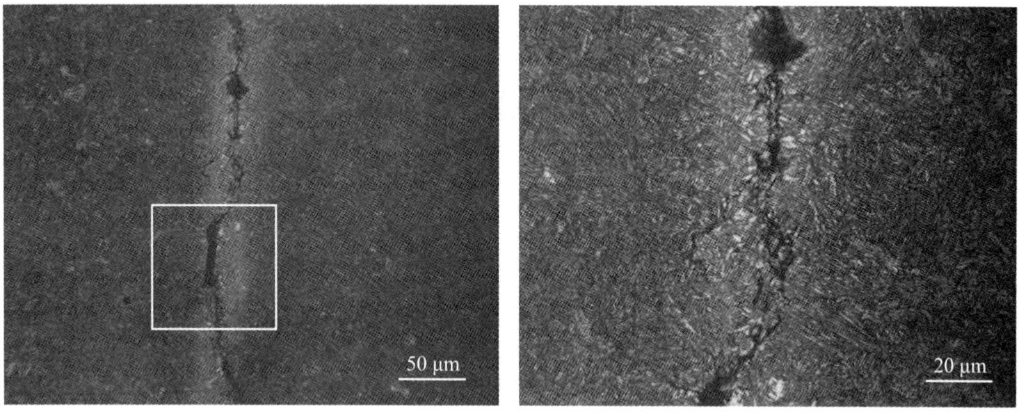

图 4-2　40Cr 合金钢碳化物偏析引起的淬火裂纹特征

4.2.2　表面硬化钢

用表面硬化钢制造的零件，通过表面硬化处理后可以得到高硬度的耐磨表层和心部较好的塑性和韧性匹配。由于表层具有较高的残余压力而使零件的疲劳性能显著提高。这类钢常用于传动轴、齿轮等运动部件。

表面硬化钢的硬化方法分为表面淬火和化学热处理两种，感应加热表面淬火是表面淬火最常用的工艺方法。

感应加热表面淬火效率高，变形小，便于自动化，属于无氧化、少氧化的热处理硬化方法之一，是目前运用最多的一种热处理方法。表面淬火通常选用碳的质量分数为 0.4%～0.5%的中碳碳素钢或合金钢，在采用表面淬火时，要求零件表面组织不得出现脱碳、贫碳现象，不得有微裂纹等缺陷，原始组织晶粒应在 6 级以上，同时应把调质热处理作为预先热处理。

化学热处理主要有四种，即渗碳、渗氮、碳氮共渗（氰化）和渗金属（如铬、铝、硼等），最常用的是渗碳和渗氮化学处理，常用于传动系统齿轮表面强化，以提高抗接触疲劳性能。

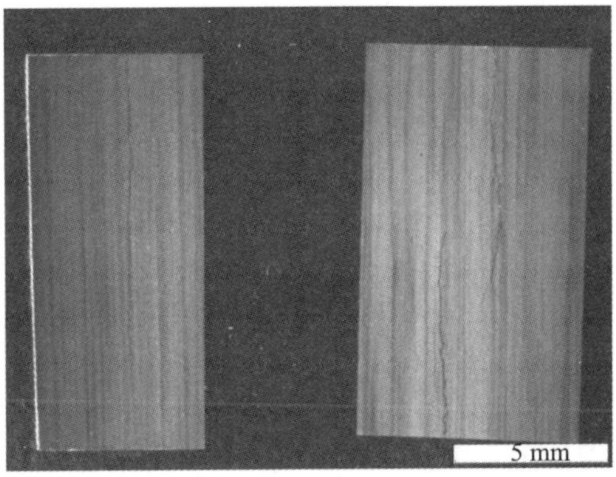

(a) 低倍

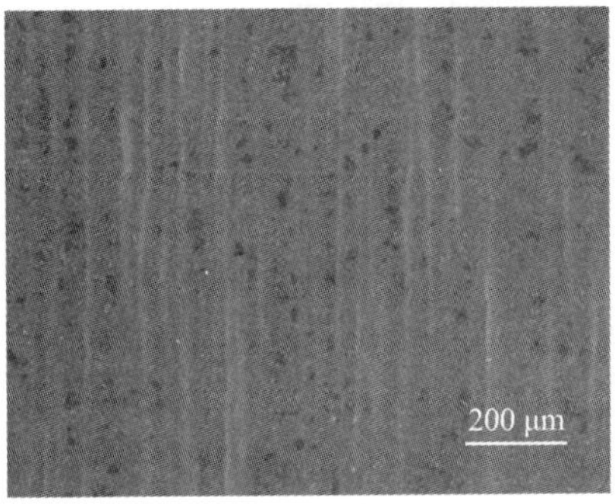

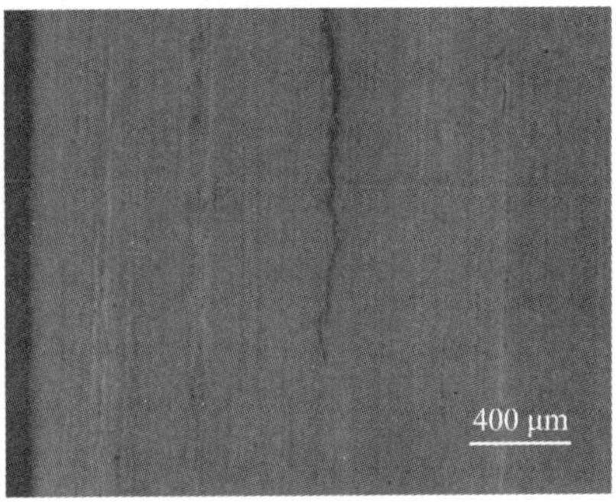

(b) 原材料退火态组织　　(c) 调质态裂纹特征

图 4－3　42CrMo 合金钢带状组织及裂纹特征

渗碳用钢多选用低碳钢，如 15Cr、20Cr、20CrMnTi、20CrMnMo、12CrNi3A 等，渗碳温度通常为 920～950 ℃，随后淬火并低温回火处理，渗层深度一般控制在 0.8～1 mm，表面硬度为 58～63 HRC，碳化物、残留奥氏体、马氏体等级控制在 1～5 级，如图 4－4 所示。常见的组织缺陷有粗大的网状碳化物、渗层脱碳、心部游离铁素体以及反常组织。

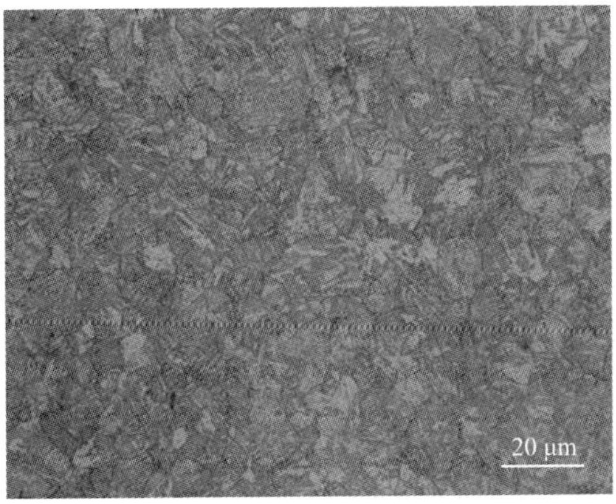

(a) 心部　　(b) 表层

图 4－4　20CrMnTi 心部与表层渗碳组织对比

渗氮处理是形成富氮硬化层，较渗碳处理具有更高的硬度、耐磨性和使用温度（渗氮件可达500～600 ℃，而渗碳件仅能达到 200 ℃），另外，渗氮零件变形小，具有更高的抗疲劳性，如图 4－5 所示。38CrMoAl 是最常用的渗氮钢，当然，调质钢零件为了改善疲劳性能，也可渗氮处理。渗氮零件质量检验项目主要包括渗氮层深度、表面硬度和渗氮层脆性。

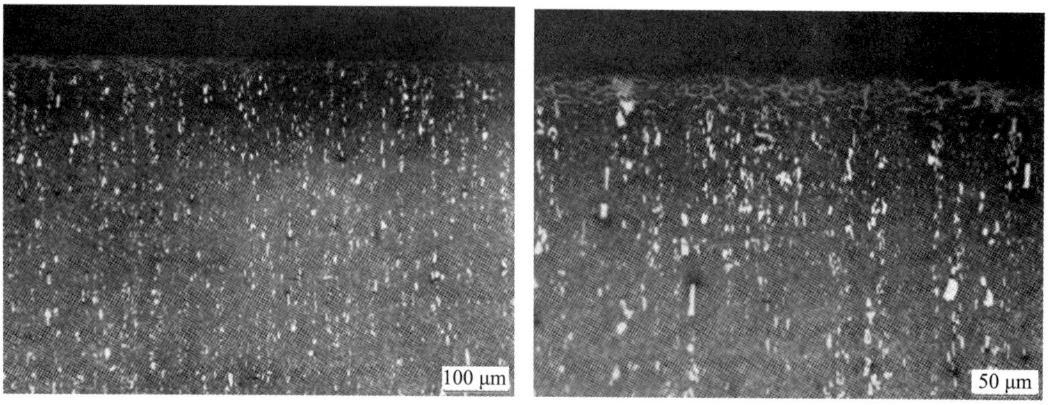

图 4－5　Cr12Mo1V1 合金钢表层渗氮组织（脉状氮化物＋基体中的碳化物）

4.2.3　弹簧钢

弹簧钢分为碳素弹簧钢和合金弹簧钢，一般碳素弹簧钢碳的质量分数为 0.6%～0.9%。合金弹簧钢在淬火和中温回火状态下使用，合金弹簧钢碳的质量分数为 0.45%～0.75%。这类钢在淬火和回火后具有较高的强度和弹性极限，较高的屈强比和抗松弛、抗疲劳能力，主要用于制造各类弹性零件。常用的牌号有 70、65Mn（见图 4－6）、60Si2MnA、50CrVA。为了保证弹簧钢具有较高的疲劳极限，应对夹杂物进行金相检验，对于硅锰弹簧钢还应进行脱碳深度检验。

图 4－6　65Mn 弹簧钢调质组织

4.2.4　轴承钢

轴承钢适合于制造在各种不同环境中工作的各类滚动轴承套圈和滚动体，也常用于制造重要承载的结构件。一般采用淬火后低温回火热处理，如图 4－7 所示。这类钢能够适应轴承高速、交变的应力环境和气候环境，如耐高温、耐低温、防锈等。轴承钢按用途大致分为：高碳铬轴承钢，常用的牌号有 GCr15、GCr15SiMn；渗碳轴承钢，常用的牌号有 G20CrNiAMoA、G20Cr2Ni4A；不锈轴承钢，常用的牌号有 9Gr18、9Cr18Mo。轴承钢对冶金质量比一般钢材要求严格，质量检验项目较多，其中化学纯净度和组织均匀性是两项最重要的基础评价指标，它直接影响轴承的抗疲劳性能。

图 4－7　GCr15 轴承钢低温回火组织

4.2.5　高强度钢

高强度钢通常是指具有较高强度的钢，通常抗拉强度大于 1 200 MPa，这类钢是指碳的质量分数通常在 0.3%～0.4%范围内、合金元素的质量分数在 5%以内的低合金钢。这类钢制零件最终采用调质热处理，综合力学性能较高，热成形、切削加工性能较好，焊接性随含碳量和合金元素的不同而不同，常用的牌号有 30CrMnSiA、30CrMnSiNi$_2$A、40CrNiMoA。这类钢主要用于强度要求较高、韧性较好的承力件。其中 30CrMnSiA 钢是航天金属零部件使用最广泛的一种调质高强度钢，有良好的强韧匹配性，如图 4－8 所示。但是回火脆性、脱碳倾向大，应引起注意。

4.2.6　超高强度钢

20 世纪 40 年代，为使航空航天飞行器比强度高以达到减重的目的，美国首先提出了超高强度钢的概念并开始研制。我国从 20 世纪 50 年代开始试制。一般抗拉强度大于 1 400 MPa、屈服强度大于 1 200 MPa 的合金结构钢称为超高强度钢。这类钢有较高的断

图 4－8　30CrMnSiA 高强度钢调质组织

裂韧度，还具有良好的焊接性和成形性。按照合金化程度不同，超高强度钢可分为低合金、中合金和高合金超高强度钢三类。

航天产品中常用的低合金超高强度钢有 D406A（30Si2MnCrMoVE）、45CrNiMoVA、35CrMnSiNi2A 等，这类钢通常在淬火和低温回火状态下使用，显微组织为板条状马氏体，具有较高的强度和韧性。D406A 是固体火箭发动机壳体专用的金属材料，抗拉强度达到 1 700 MPa，同时具有较高的断裂韧度（K_{IC}大于 80 MPa · $m^{1/2}$）。除了拉伸力学性能和断裂韧度之外，还需评价夹杂物及晶粒度等级，防止疲劳和脆性断裂。典型组织如图 4－9 所示。

图 4－9　D406A 钢低温回火组织

高合金超高强度钢按显微组织不同可分为马氏体时效超高强度钢和沉淀硬化超高强度钢。马氏体时效超高强度钢在航天零部件中常有应用，典型钢种有 18Ni，强度级别分为 200、250、300、350 四个，国内仅有少数单位生产，其碳的质量分数小于 0.03%，Ni 的质量分数约为 18%，Co 的质量分数约为 8%，同时还含有少量的 Ti、Mo 元素。时效过程中通过微马氏体基体上析出共格金属间化合物（如 Ni_3Ti、Ni_3Mo）达到强化，常用牌号有北钢院生产的 NL－2，其抗拉强度达到 2 000 MPa，屈服强度达到 1 900 MPa，同时保持了较高的断裂韧度（K_{IC}可达 70 $MPa \cdot m^{1/2}$），如图 4－10 所示。但在使用中发现，该钢种有应力腐蚀倾向，并在应力腐蚀诱导下导致氢脆断裂，这一点应引起注意。

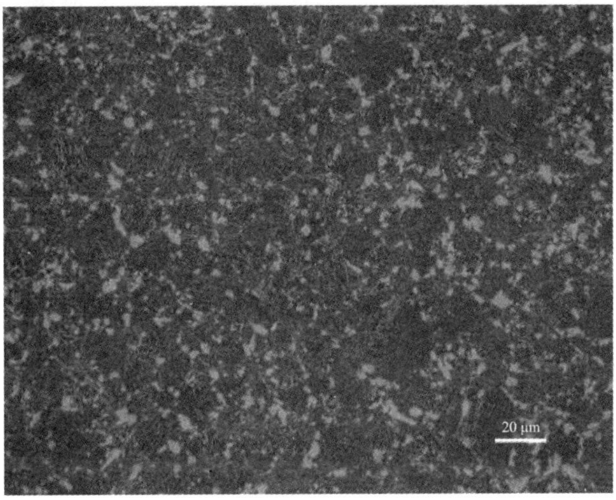

图 4－10　NL－2 钢时效组织

4.3　航天用不锈钢

不锈钢是指在大气、水、酸、碱和盐等溶液或其他腐蚀介质中，具有良好的化学稳定性的高合金钢。一般耐大气、蒸气和水等弱介质腐蚀的钢称为不锈钢，耐酸、碱和盐等侵蚀性强的介质腐蚀的钢称为耐酸钢，另外，抗高温氧化性的钢称为耐热钢，这三者习惯上统称为不锈钢。目前使用的不锈钢，按正火状态显微组织的不同，可分为马氏体不锈钢、铁素体不锈钢、奥氏体不锈钢、铁素体-奥氏体双相不锈钢、沉淀硬化不锈钢。

4.3.1　马氏体不锈钢

马氏体不锈钢最常见的是 Cr13 型，即 Cr 元素的质量分数为 12%～14%，C 元素的质量分数为 0.1%～0.4%，共有五个钢号：0Cr13～4Cr13。最常用的牌号是 2Cr13，较高的含铬量一方面可以固溶到铁素体基体，提高合金强度，另外可以在钢表面生成致密的氧化膜，提高合金的抗氧化性和耐蚀性。碳元素可在热处理后形成马氏体组织，提高了材料强度和硬度，但碳与铬易形成碳化物 $(Fe, Cr)_7C_3$ 和 $(Fe, Cr)_{23}C_6$，降低了钢的耐蚀性。此外碳化物易积聚分布诱发裂纹，如图 4－11 所示。

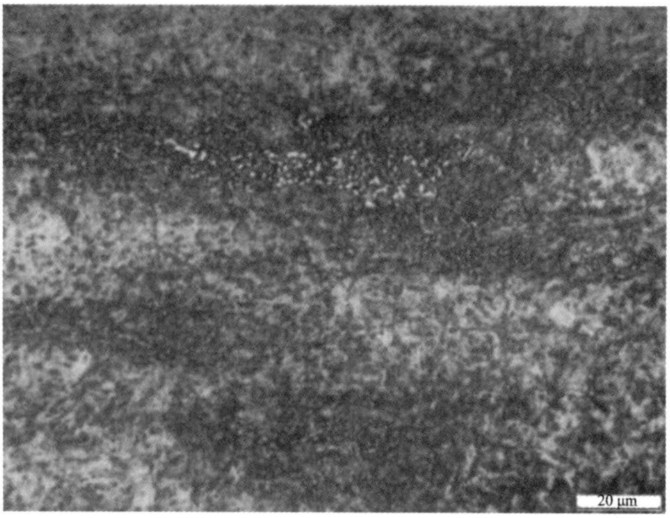

图 4-11 2Cr13 组织中碳化物积聚特征

4.3.2 铁素体不锈钢

铁素体不锈钢 Cr 元素的质量分数为 11%～30%，基本不含 Ni 元素，含少量 Mo、Nb、Ti 等元素，强度较高，耐应力腐蚀、点蚀、缝隙腐蚀性能较高，但对晶界腐蚀敏感，低温下韧性较差。主要钢号有 06Cr13Al、10Cr17、008Cr27Mo、008Cr30Mo2 等。这类钢含碳量较低，不能通过相变及热处理来提高钢的强度。铁素体不锈钢（特别是高铬铁素体不锈钢）存在所谓的 475 ℃脆性，即在 400～550 ℃范围内长时间加热会降低耐蚀性并出现脆化，引起冲击韧度急剧降低。另外，这类钢在 600～900 ℃范围内长时间加热会析出 σ 相，严重降低钢的塑性、韧性和耐蚀性。

4.3.3 奥氏体不锈钢

奥氏体不锈钢一般是指 Cr 元素的质量分数为 16%～25%，Ni 元素的质量分数为 7%～20%，室温下可得到单一的奥氏体组织的不锈钢。奥氏体不锈钢具有良好的高低温塑性、韧性和耐蚀性，无法通过热处理强化，可通过形变强化，如图 4-12 所示。但不足之处是，晶界腐蚀和应力腐蚀倾向较大，此外，切削性能较差。目前较常见的是 18（18%Cr）-8（8% Ni）型不锈钢，常见的牌号有 12Cr18Ni9（旧牌号 1Cr18Ni9）、06Cr19Ni10（旧牌号 0Cr18Ni9）、17Cr18Ni9 等。钢号 1Cr18Ni9Ti 在不锈钢新标准中已取消，常用于各类管路、阀门、焊接件等。为了提高耐晶界腐蚀能力，合金中加入了少量 Ti 元素，故在合金组织中可生成脆性的间隙相 TiN、TiC。这种间隙相积聚后，在材料形变加工中因变形不协调常常会形成裂纹，如焊接框零件选用 1Cr18Ni9Ti 锻件加工，锻件超声检测发现有缺陷反射，剖切金相检查可见大量裂纹，裂纹周边有大量的方块状氮化物，如图 4-13 所示。

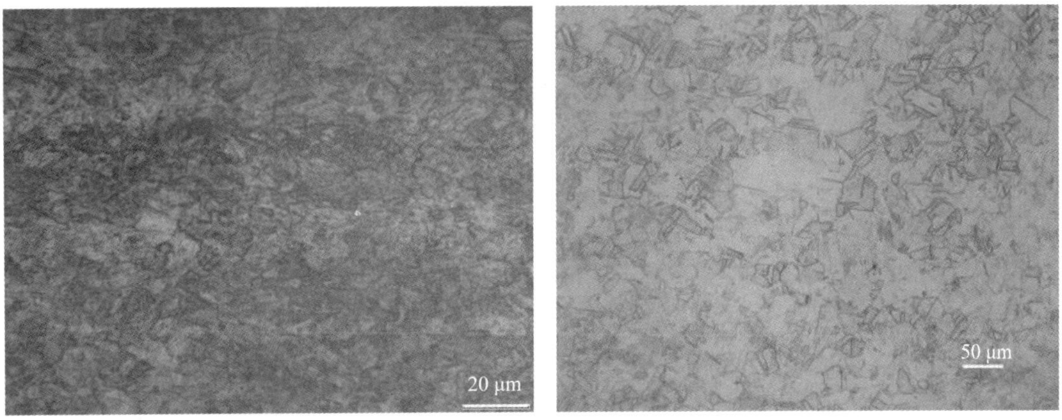

(a) 形变强化马氏体组织　　(b) 固溶奥氏体组织

图 4-12　奥氏体不锈钢 1Cr18Ni9Ti 组织

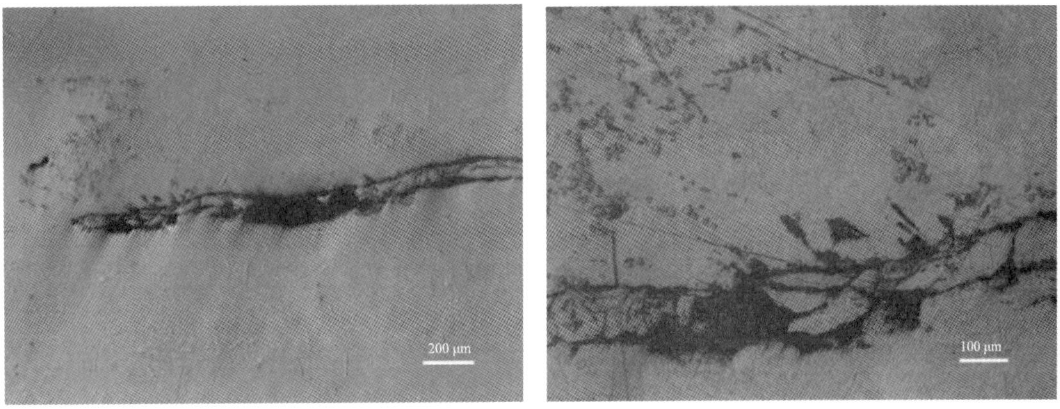

图 4-13　1Cr18Ni9Ti 钢中氮化物及裂纹特征

4.3.4　铁素体-奥氏体双相不锈钢

铁素体-奥氏体双相不锈钢是在 18-8 型不锈钢基础上增加铁素体形成元素或降低奥氏体形成元素，保证钢中同时存在 γ 和 δ 两相。双相不锈钢综合了单相不锈钢的优点，这类钢抗晶界腐蚀倾向较奥氏体钢小，强度较奥氏体钢高，韧性比铁素体钢好。典型钢种有 022Cr22Ni5Mo3N、022Cr25Ni7Mo4N 等。同样，双相不锈钢也存在 475 ℃脆性和 σ 相脆性问题，故其工艺和应用受到一定限制。

4.3.5　沉淀硬化不锈钢

沉淀硬化不锈钢简称 PH 不锈钢，是在不锈钢基础上发展起来的具有耐蚀性的超高强度钢，合金元素的质量分数一般为 22%～25%，主要用于高应力且有一定腐蚀环境或低温环境的工作场合。沉淀硬化不锈钢利用了马氏体转变强化和碳化物、金属化合物的沉淀硬化双重作用，故具有很高的强度，同时具有较好的塑性、耐蚀性和热强性。按基础组织不同，沉淀硬化不锈钢分为三种类型，即马氏体型、半奥氏体型和奥氏体型。这类材料固溶热处理高，容易产生过热组织。典型的过热组织是出现条带状的 δ 铁素体，降低了耐蚀性。主要牌号有 07Cr17Ni7Al、05Cr17Ni4Cu4Nb（旧牌号 0Cr17Ni4Cu4Nb，又称 17－4PH，组织如图 4－14 所示）、05Cr15Ni5Cu4Nb、0Cr11Ni10MoTi（S－03）、07Cr16Ni6（S－07）、0Cr15Ni6WMoVNb（S－06）等。S－03、S－06、S－07 是液氧/煤油发动机专用的马氏体型沉淀硬化不锈钢，这类钢的共同特点是有良好的超低温冲击韧性，此外，材料力学性能还具有较好的可设计性，通过热处理可以调整马氏体与残留奥氏体组织的数量和比例，可以获得不同的强韧匹配，组织如图 4－15 所示。为了满足产品发展的需求，具有先进焊接技术的湖北省重点实验室开展了 17－4PH 与 GH4169 异种材料的激光焊接、17－4PH 与铬锆铜的钎焊焊接，并获得了突破，拓展了沉淀硬化钢的工程应用深度，焊缝组织如图 4－16 和图 4－17 所示。

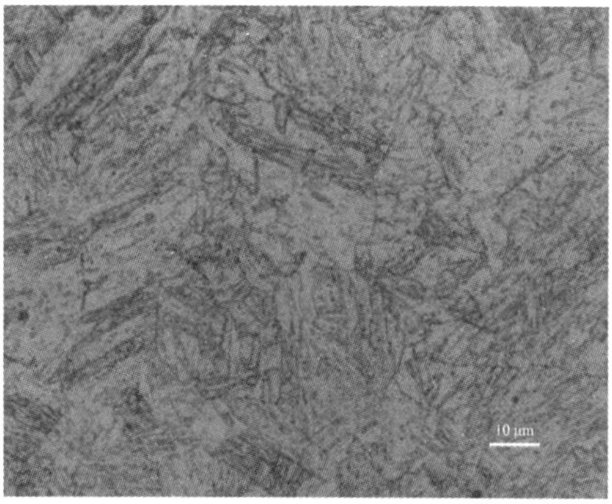

图 4－14　17－4PH 不锈钢金相组织

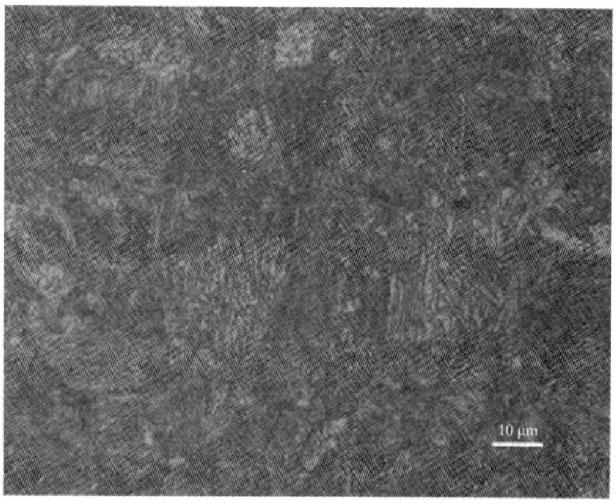

图 4－15　S－06 不锈钢金相组织

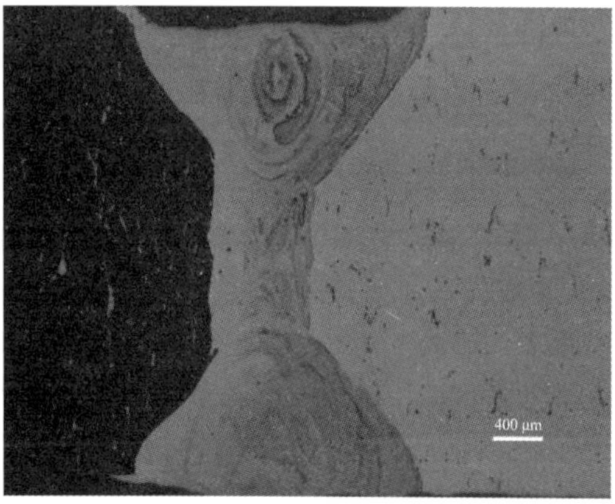

图 4－16　17－4PH＋GH4169 钢激光焊缝形貌

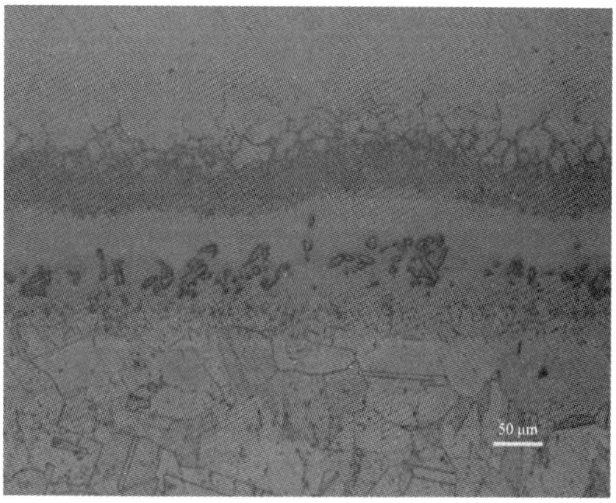

图 4－17　铬锆铜与 17－4PH 钎焊焊缝组织

4.4 航天用铝合金

铝及铝合金密度小，比强度高，耐蚀性、工艺性、导电性优异，通过合金化、热处理等手段可显著提高铝合金的强韧性，因此是航天零部件用量最多的材料，如舱体蒙皮、端框、钣金件等。铝合金分为铸造铝合金和变形铝合金两类。变形铝合金又可分为可热处理强化铝合金和不可热处理强化铝合金。

4.4.1 铸造铝合金

随着航天产品设计向轻量化、整体刚性化、低成本化、快速化方向发展，采用铝合金铸造成形的整体壁板式结构替代传统桁条和蒙皮的半硬壳式结构是发展的主流。在铸造铝合金体系中，Al－Si－Mg 系铸造铝合金因铸造性能好，成本低，比强度高，应用最广泛，代表材料牌号是 ZL114A（ZAlSi7Mg1A）。它是在 Al－Si 系的基础上降低硅元素含量，添加少量镁元素生成强化相 Mg_2Si，能通过固溶时效强化。为了改善 Al－Si 系铸造合金中粗晶硅、共晶硅形态，提高合金力学性能，需要熔体浇注前进行变质处理，如变质处理不良，会严重削弱合金力学性能，尤其对韧性影响很大。如某 ZL114A 砂型铸造舱体装配中过载开裂，金相检查变质不良，存在变质衰退现象，还出现了以 Mg_2Si 共晶组织为主的轻微过烧，力学试验发现变质不良材料伸长率仅 2%，而变质正常材料伸长率达到 12%，抗拉强度对比下降 30%，如图 4－18 所示。此外，针孔、疏松、裂纹也是铸造铝合金中常见的缺陷，如图 4－19 所示。

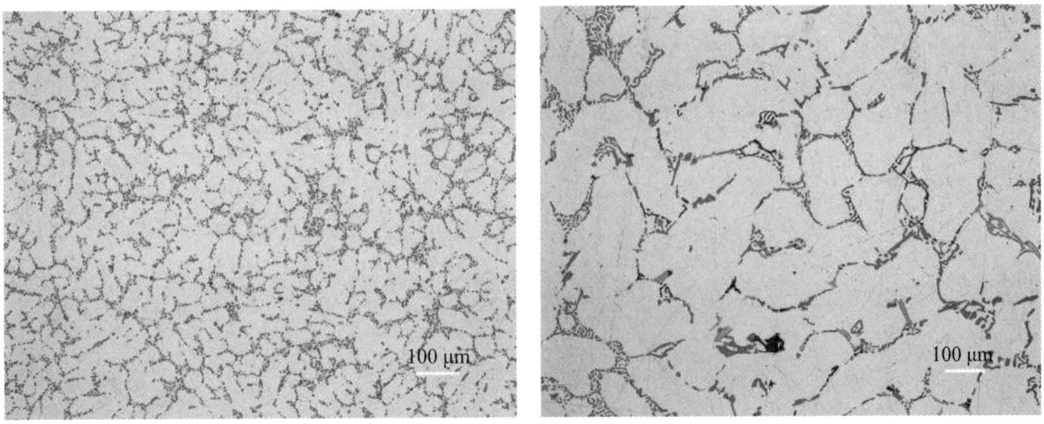

（a）变质正常组织　（b）变质不良组织

图 4－18　ZL114A 合金砂型铸造变质组织对比

4.4.2 变形铝合金

变形铝合金合金化程度较铸造铝合金低，离共晶成分远，具有较好的塑性，能进行变形加工，适合制造各类型材和结构件。可热处理强化铝合金有五个系列，即 Al－Cu（2×××）、Al－Si（4×××）、Al－Mg－Si（6×××）、Al－Zn（7×××）及其他（如

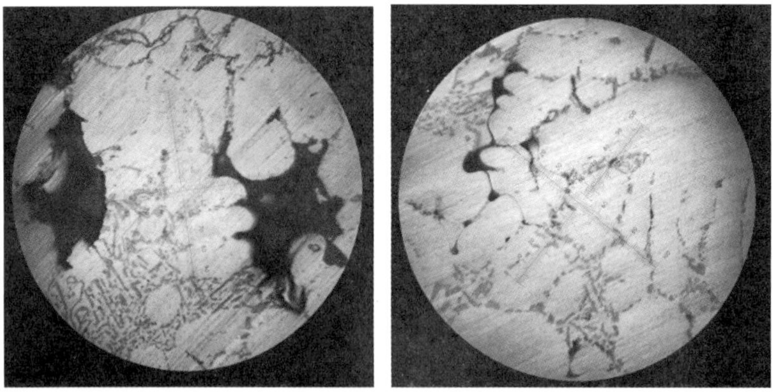

图 4-19　ZL114A 合金熔模铸造显微疏松和裂纹缺陷

Al-Li 系)。不可热处理强化铝合金共有三个系列，即纯铝(1×××)、Al-Mn(3×××)、Al-Mg(5×××)。

4.4.2.1　可热处理强化铝合金

在 Al-Cu 系合金基础上发展得到 Al-Cu-Mg 和 Al-Cu-Mn 两个系列，习惯称为硬铝。根据合金化程度、力学性能和工艺性能不同，可热处理强化铝合金分为低、中、高强度和耐热硬铝四类，这类合金有较高的强度和韧性匹配，焊接性能尚可，耐蚀性较差。2A12 铝合金是航天零部件使用最多的高强度硬铝合金，2A12 合金化程度高，组成相种类多，在大直径型材的中心部位，成分偏析最严重，变形量最小，常常会残留有粗大的强化相和杂质相(见图 4-20)，往往是疲劳裂纹的萌生地，导致零件早期失效。

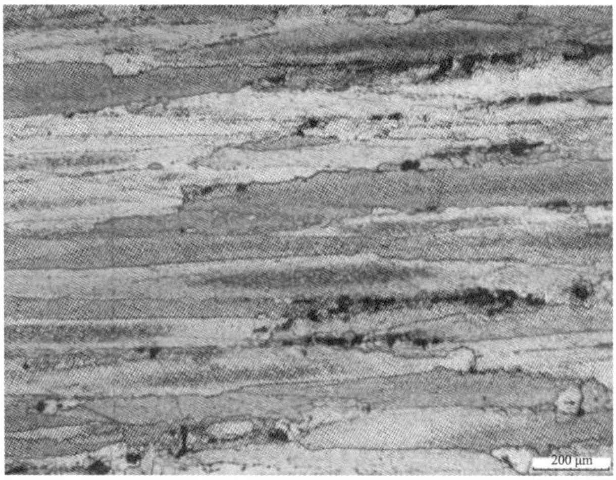

图 4-20　2A12 合金棒材心部粗大相特征

2 系 2A12 铝合金过烧敏感度最高，过烧温度与固溶温度非常接近，仅相差 5 ℃，因此，过烧是 2A12 最常见的热处理组织缺陷。过烧对材料力学削弱最严重，是一种不允许存在的缺陷。典型的过烧组织如图 4-21 所示。

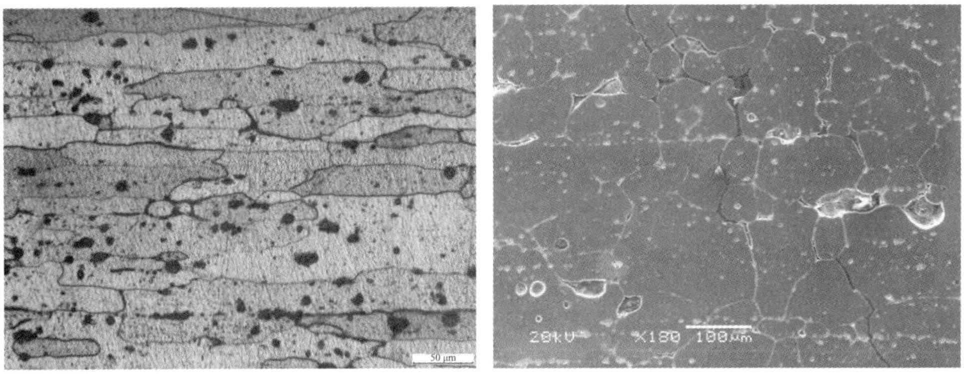

图 4－21　2A12 铝合金严重过烧组织

在 2 系铝合金中，有一类合金是以 Al－Mg－Cu 系硬铝合金为基础，通过调整 Mg、Cu 元素含量，同时加入 Fe、Ni、Si 等元素合金化形成的耐热锻造铝合金，其强度接近硬铝，代表牌号有 2A70，使用温度可达 150～250 ℃，常用于有一定温度要求的航天承力部件。折叠是该合金最常见的原材料缺陷，如图 4－22 所示。2A70 铝合金具有良好的搅拌摩擦焊接性能，焊接缺陷少，晶粒细化等级高（15 级），接头强度可达到母材的 90%，是蒙皮＋端框结构形式舱体成形的首选连接方法。2A70 合金搅拌摩擦焊缝宏观形貌及热-机影响区显微组织如图 4－23 所示。

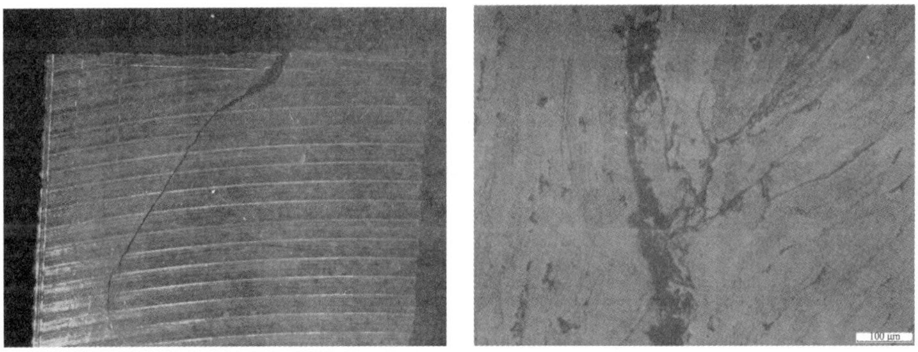

图 4－22　2A70 合金折叠宏微观形貌

在 Al－Zn 系合金基础上发展得到的 Al－Zn－Cu－Mg 系合金习惯称为超硬铝，它是目前室温强度最高的变形铝合金，抗拉强度可达到 500～600 MPa，常用的牌号有 7A04、7A09。这类合金强度和断裂韧度明显优于硬铝，并有良好的热加工性能，主要用于承载较大的航天结构件。但不足之处是，塑性较低，另外，在交变载荷下缺口敏感性很高，应力腐蚀倾向大，耐热性较差。这类合金组成元素多，主元素 Zn 含量高，质量分数达到 5%～7%，在棒材类心部常出现以 Zn 元素为主的化学成分偏析，零件经表面阳极氧化处理后出现色差，对力学性能有明显影响，影响表观质量。如某连接螺栓选用 7A09 棒材制造，表面阳极氧化处理后心部呈穿透性的暗灰色花斑特征，与正常区域存在明显的色差，金相检查有大量的沿晶析出物，能谱成分分析 Zn 元素含量明显高于正常区域，如图 4－24 所示。

（a）宏观形貌　　（b）热-机影响区显微组织

图 4－23　2A70 合金搅拌摩擦焊缝宏观形貌及热-机影响区显微组织

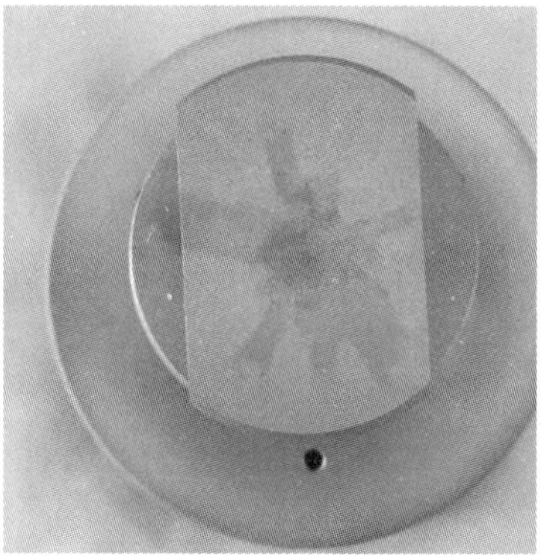

（a）外观

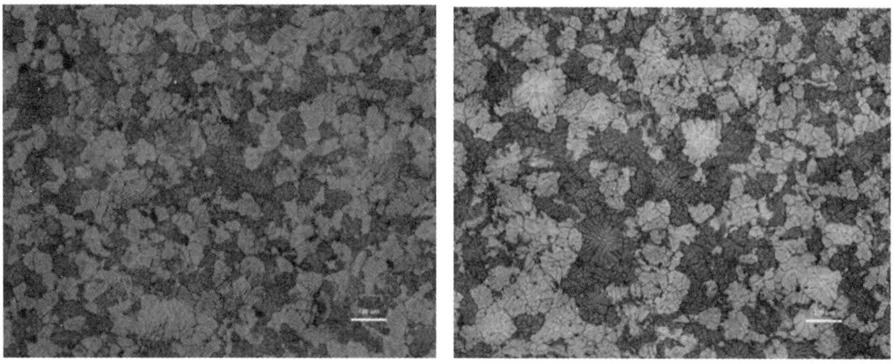

（b）正常区域组织　　（c）色差区域组织

图 4－24　7A09 合金零件色差外观及组织

4.4.2.2　不可热处理强化铝合金

在不可热处理强化铝合金中，Al－Mn 系和 Al－Mg 系铝合金强度较低，但具有较好的防锈特性，故称为防锈铝合金。这类合金还有良好的塑性、焊接性和加工性能，也常用于制造焊丝。航天零部件常用的牌号有 3A21、5A06、5A03、5A02，其中 5A06、5A03

铝合金常用于蒙皮、导管类零件的制造和氩弧焊接。研究发现，这类材料的焊接性能随着合金主元素 Mg 含量的增加而减弱，焊缝强度虽然会提高，但焊接缺陷形成倾向增大。如某气路导管部件一直选用牌号 5A03 铝合金经氩弧焊接从未出现泄漏现象，改换材料 5A06 后多次出现泄漏问题，金相解剖检查发现，泄漏部位存在显微疏松、裂纹缺陷，如图 4-25 所示。此外，5A02 防锈铝合金退火保温时间过长会引起 Mg 元素向表层扩散诱发脆性断裂，热处理中应引起注意。

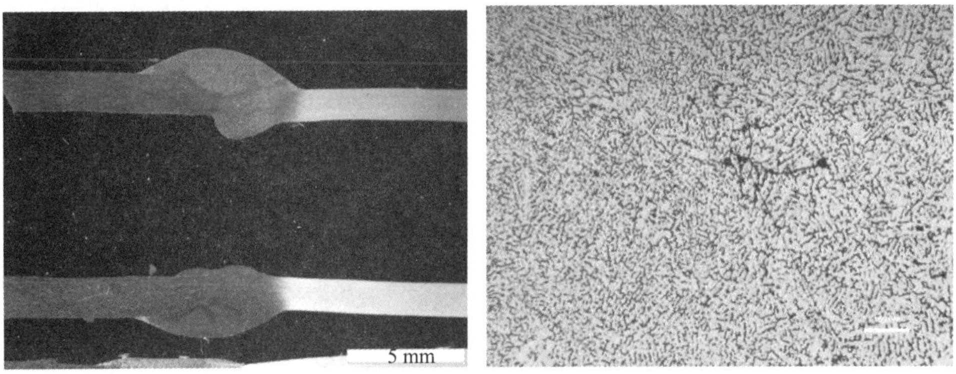

(a) 宏观形貌　　(b) 显微组织

图 4-25　5A06 合金导管焊缝纵剖面宏观形貌及显微组织

4.5　航天用钛合金

钛合金发展历程比较短，大约在 20 世纪 50 年代才被作为工程结构材料使用，并首先应用在航空航天领域。钛的突出优点是比强度高、耐热性好及耐蚀性优异，与复合材料有较好的相容性。钛与铁一样具有同素异构转变，其 α→β 相同素异构转变温度为 882 ℃，转变温度以下为 α 相，密排六方晶格，转变温度以上为 β 相，体心立方晶格。工业用钛合金按用途可分为结构钛合金、耐热钛合金和耐蚀钛合金三类，按显微组织可分为 α 型（TA 系）、β 型（TB 系）和 α+β 型（TC 系），按加工方法可分为变形钛合金和铸造钛合金。其中 α 型、α+β 型钛合金因具有良好的耐热性和焊接性能，常用于航天舵翼类零件、舱体零件的制造，钛合金材料属于贵重金属，为控制产品成本，用量也在逐渐减少。α 型和 α+β 型钛合金组织主要有四种形态，即等轴组织、网篮组织、针状或片状组织（魏氏组织）以及双态组织，如图 4-26 所示。

在失效分析中，有时需要根据失效件痕迹推测零件曾经历的温度环境，为查找原因提供线索。不同于其他合金材料，钛合金有较明显的温色变化规律。对于一般钛合金而言，在 300 ℃以上，表面颜色就开始轻微变黄，随着温度上升，逐渐变为黄色，400 ℃时基本上为均匀分布的金黄色，500 ℃时稍发灰黄色，550 ℃时为黄褐色并稍偏蓝色，600 ℃时为蓝色，再由 650 ℃时的灰蓝色变为 750 ℃时的棕色，800～850 ℃时为红棕色，850 ℃时有局部氧化膜剥落，900～1 000 ℃时氧化膜由红棕色变为黑灰色，氧化膜增厚并大块剥落。某 TA15 气道残片温色特征如图 4-27 所示。

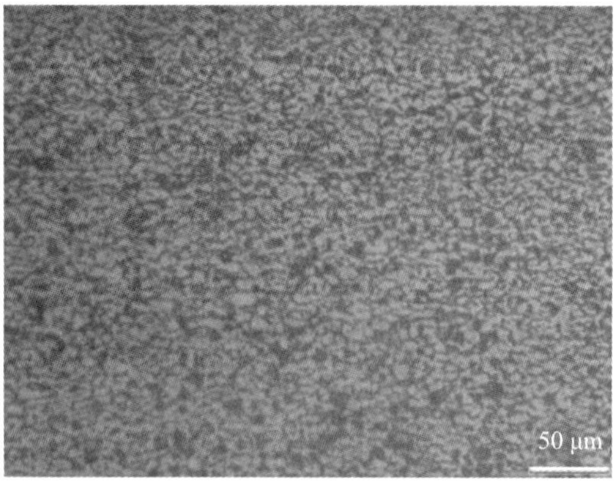

（a）等轴组织（GTi70）

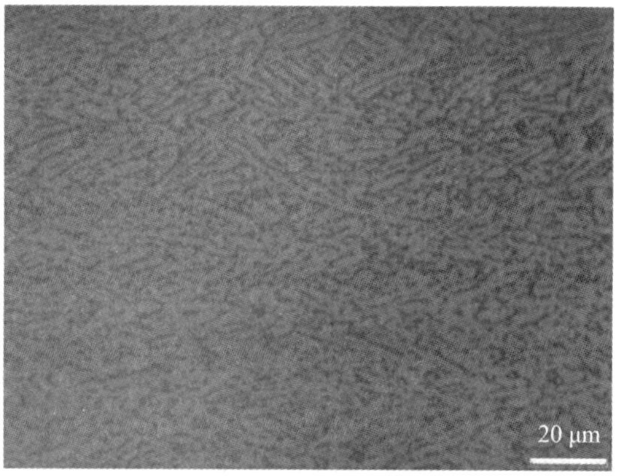

（b）网篮组织（TC4）

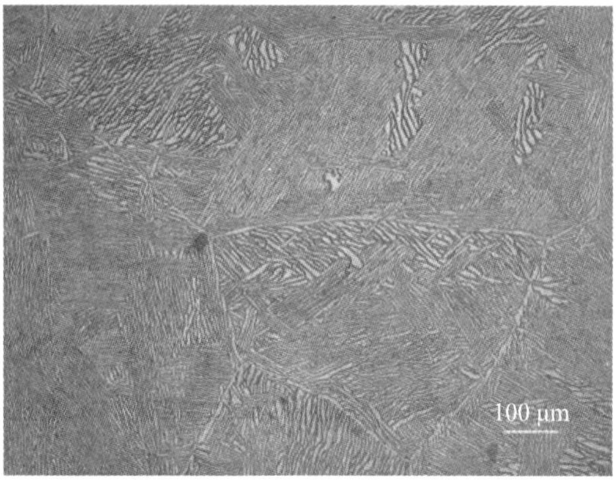

（c）魏氏组织（GTi70）

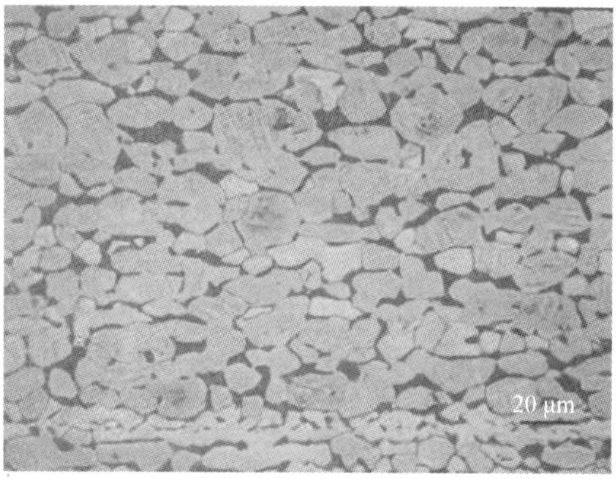

（d）双态组织（TC4）

图 4－26　钛合金常见组织形态

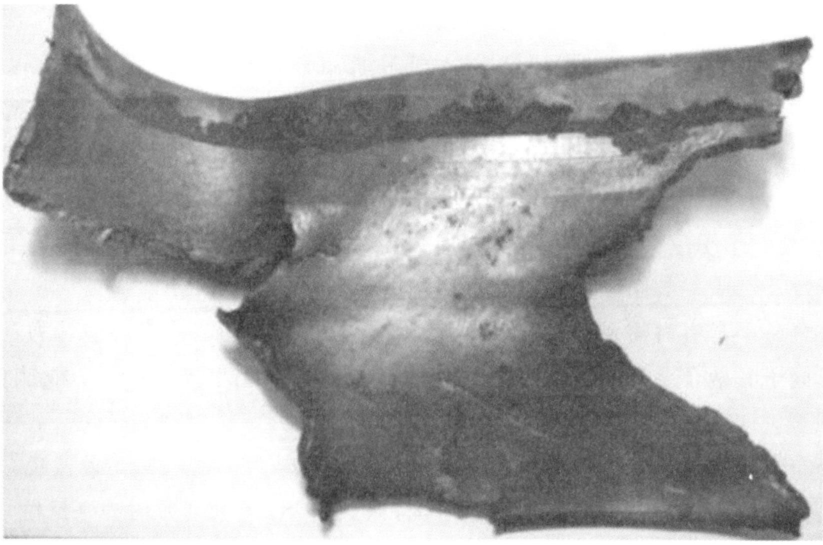

图 4－27　某 TA15 气道残片温色特征（见彩插）

此外，钛合金化学性质较活泼，在常温下表面可生成较致密的氧化膜。随着温度的升高，在 250 ℃开始吸氢，500 ℃开始吸氧，600 ℃开始吸氮，因此，对钛合金热处理，通常在真空设备中进行，防止过度吸氧造成表层 α 相。焊接过程必须采用保护气体焊接，以防止过度吸氢引起氢脆，如图 4－28 所示。

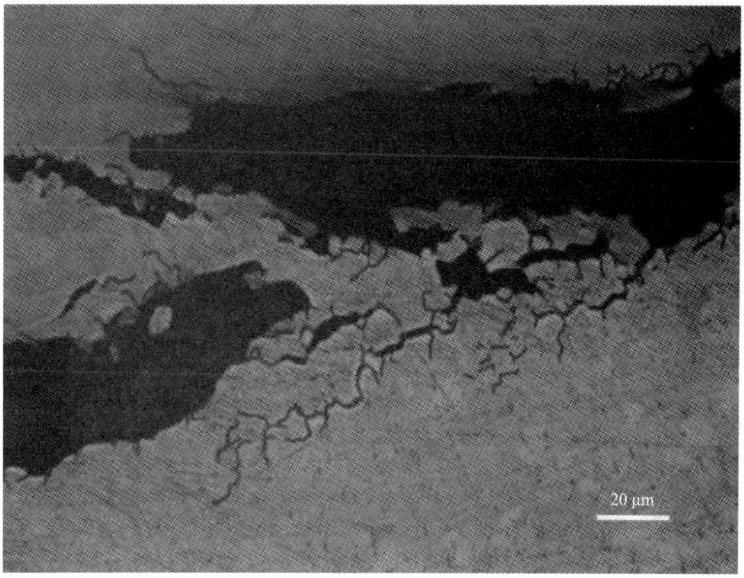

图 4－28　TA7 钛合金氢脆沿晶裂纹特征

4.5.1　α 型钛合金

航天常用的 α 型钛合金牌号有 TA7、TA15、ZTA15，还有为满足 600 ℃工作温度而研发的 GTi70、BTi62421S 钛合金等，属于不可热处理强化钛合金，常用于制造舵翼蒙皮部件。α 型钛合金室温强度较 β 型和 α＋β 型钛合金低，因为是密排六方晶格，故变形能力较差，但高温下的抗氧化能力和热稳定性较好。另外，这类钛合金的 β→α 相变温度较高，相变速率快，冷却时高温 β 相无保留，不会产生 ω 脆性相，因此，这类钛合金焊接后焊缝区性能不会脆化，具有良好的焊接性能。α 型钛合金主要用于长期工作温度不超过 550 ℃，需要的焊接性和中等强度的场合。

为摸索 BTi62421S 钛合金的耐热性能，为航天工程化运用提供数据基础，笔者研究了该合金在 600～900 ℃/5 h 条件下的热曝露试验，发现随着温度的升高，氧化膜致密度下降，富氧 α 层厚度呈梯度增加。富氧 α 层严重降低了合金塑性，当富氧 α 层厚度约为 17 μm 时，合金伸长率下降约 50%。热曝露温度达到 600 ℃时，合金组织变化不明显，温度继续升高，组织稳定性下降，开始出现再结晶，β 转变组织发生积聚粗化，同时伴有次生 α 相生成。合金强度对组织变化不敏感，随着热曝露温度升高，合金抗拉强度略有降低。富氧 α 层演变如图 4－29 所示，心部组织演变如图 4－30 所示，静态常温拉伸试验数据见表 4－1。

（a） 600 ℃/5 h热曝露处理

（b） 700 ℃/5 h热曝露处理

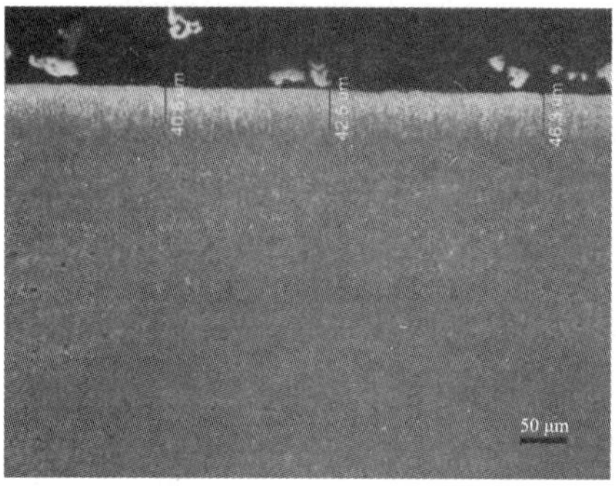

（c） 800 ℃/5 h热曝露处理

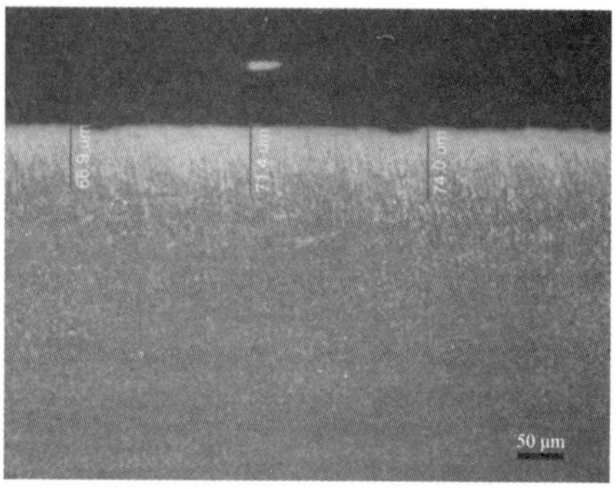

（d） 900 ℃/5 h热曝露处理

图 4－29　BTi62421S 钛合金瞬时热曝露后表层富氧 α 层演变

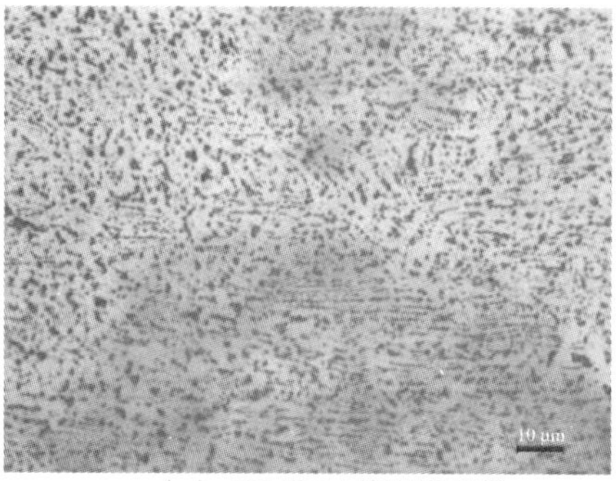

（a） 600 ℃/5 h热曝露处理

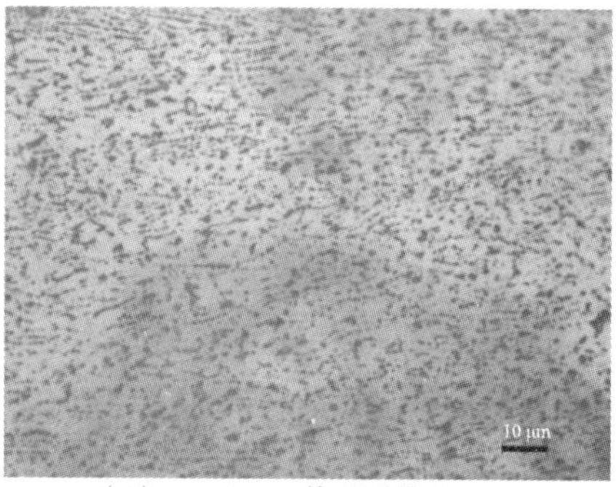

（b） 700 ℃/5 h热曝露处理

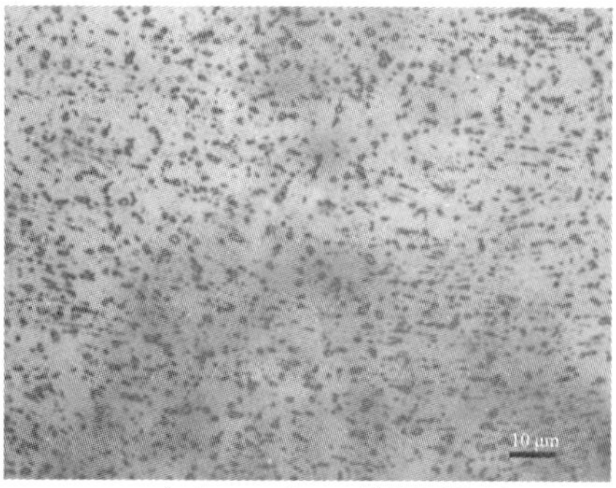

（c） 800 ℃/5 h热曝露处理

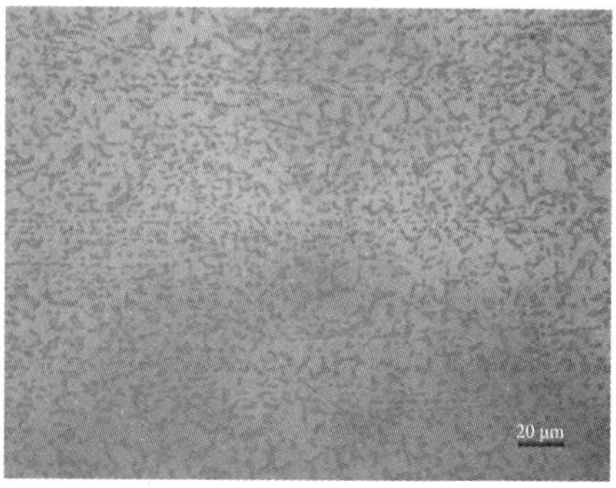

（d） 900 ℃/5 h热曝露处理

图 4－30　BTi62421S 钛合金瞬时热曝露后心部组织演变

表 4-1　BTi62421S 瞬时热曝露试验的静态常温拉伸试验数据

热曝露参数	抗拉强度 R_m/MPa	屈服强度 $R_{p0.2}$/MPa	断后伸长率 A(%)
600 ℃/5 h	1 140、1 150、1 150	1 110、1 110、1 110	8.5、9.5、7.5
700 ℃/ 5h	1 130、1 110、1 110	1 060、1 040、1 040	7.0、7.5、6.5
800 ℃/5 h	1 040、1 040、1 050	980、960、985	5.0、3.5、2.5
900 ℃/5 h	995、830、960	—	—
未经热曝露	1 220、1 220、1 210	1 120、1 080、1 170	14、13、13

4.5.2　β 型钛合金

β 型钛合金合金化程度高，通过固溶时效热处理后室温强度高。因为属于体心立方晶格，故塑性好，适合各类变形加工。但高温条件下热稳定性较差，长期高温下会析出脆性的 ω 相（过渡共格相）或其他间隙相（共析化合物），造成材料性能恶化，故只适合于工作温度不高，但要求强度（特别是比强度）高和焊接性好的场合，代表牌号有 TB1，航天使用量较少。

4.5.3　α+β 型钛合金

α+β 型钛合金是应用最广泛，也是最重要的一类固溶时效强化的钛合金。此类合金综合了 α 型和 β 型钛合金的众多优点，其室温强度较 α 型钛合金高，高温抗氧化性和热稳定性较 α 型钛合金低，组织中因含有大量 β 相，故塑性较 α 型钛合金高，变形加工性能较 α 型钛合金好。航天常用的牌号有 TC4、TC6、ZTC4，其中用量最大的牌号是 TC4，主要用于铸造整体舱体，也用于舵翼类零件的骨架制造，最终与蒙皮激光焊接形成组件。TC4 焊接性能良好，除此以外的多数双相钛合金焊接性能较 α 型钛合金差，在焊缝各区存在脆化的倾向。

钛合金激光焊接是航天部件采用的一种连接方式，气孔是焊接的主要内部缺陷，如图 4-31 所示。气孔按形成机理分成两类：一类是冶金气孔，另一类是工艺气孔。冶金气孔呈较规则的圆形，内腔光滑，内腔可见细针状马氏体浮凸形貌，是熔池金属气体未能析出

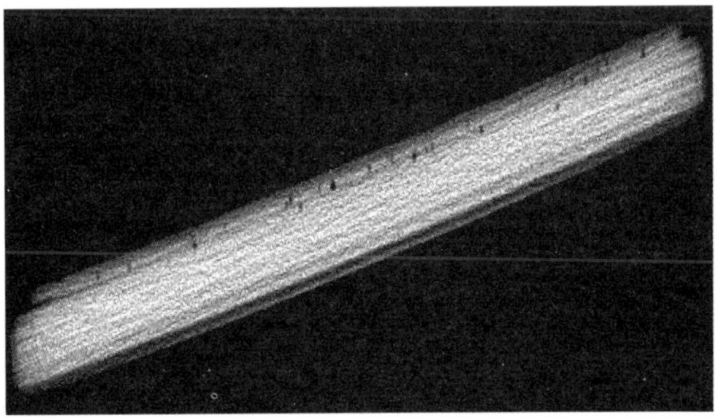

图 4-31　TC4 钛合金激光 T 形焊接焊缝气孔缺陷（CT 成像）

造成的。工艺气孔尺寸较大，内腔有金属液流动后呈波纹形的痕迹，这种气孔是在焊接过程中，金属汽化强烈，熔池金属流不稳定造成的，两种气孔形貌如图 4-32 所示。焊缝中的气孔缺陷会降低焊缝的静强度和构件的疲劳强度，对气孔的数量和尺寸应加以控制。

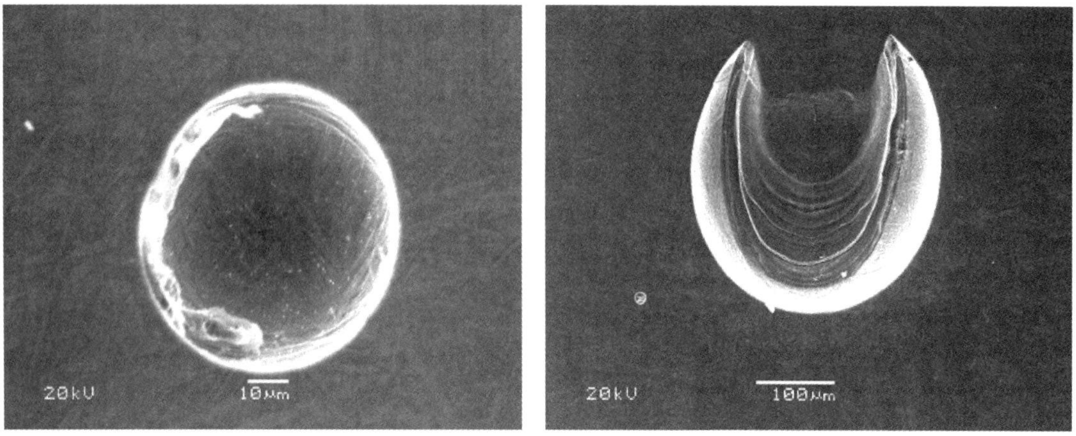

（a）冶金气孔　　（b）工艺特征性气孔

图 4-32　TC4 钛合金激光焊接焊缝气孔形貌（扫描电子显微镜观察）

4.6 航天用铜合金

铜及铜合金具有优良的导电和导热性能，同时具有足够的强度和耐蚀性，运用广泛，在航天领域主要用于导线、接插件等电子元器件。传统的铜合金可分为纯铜、黄铜（铜锌合金）、白铜（铜镍合金）和青铜（铜锡合金及其他）四大类。依据加工方法分为变形铜合金和铸造铜合金。

纯铜也称为紫铜，按含氧量和生产方法不同可分为工业纯铜和无氧铜。工业纯铜按含氧量分为 T1、T2、T3、T4 四个等级，无氧铜分为 TU1、TU2、磷脱氧铜 TUP、锰脱氧铜 TUMn 等。纯铜显微组织为单相 α 组织，铜为面心立方晶体，组织中可观察到孪晶，并存在明显的位向差，如图 4-33 所示。含氧纯铜在还原性气氛（如 H_2、CO 等气体）中退火处理，会因氢渗入与铜内部的 Cu_2O 作用形成高压蒸气引起沿晶开裂，俗称氢病，因此，在纯铜退火热处理中，必须控制好炉内气氛。

在铜中加入一定量的锌就得到 Cu-Zn 二元合金的普通黄铜，如再加入铝、铅、锰等元素，则形成多种类型的特殊黄铜。航天常用的普通黄铜牌号有 H96、H80、H62、H68，铅黄铜 HPb63-3，锡黄铜 HSn70-1（又称海军黄铜），铝黄铜 HAl44-2 等。普通黄铜中锌的质量分数为 10%～50%，锌的质量分数在 47%～50%范围内为单相 β 组织，质量分数在 39%～47%范围内为 α+β 双相组织，如图 4-34 所示，质量分数在 39%以下为单相 α 组织。对于特殊黄铜，其金相组织可以通过锌当量折算。黄铜对应力腐蚀较敏感，特别是在含有氨和氨盐的潮湿大气中，故俗称季裂。通常采取去应力退火，以消除残余应力，降低应力腐蚀敏感性。如发动机散热管采用 H65 黄铜带钣金冷弯折工艺成形，未去应力退火，在南方梅雨季节环境下仅一个月就发生应力腐蚀开裂，如图 4 - 35 所示。

图 4 - 33　纯铜单相组织

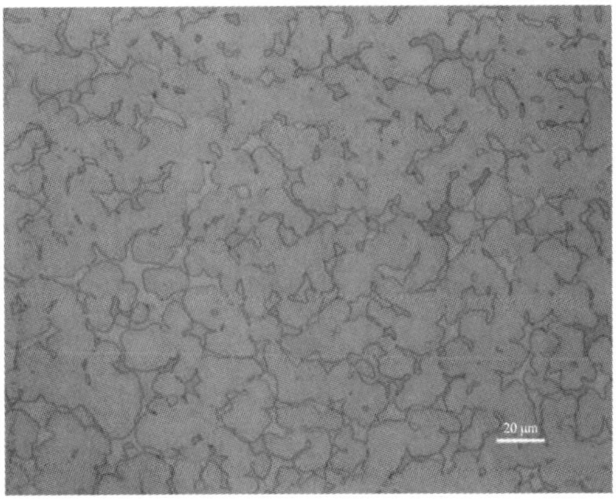

图 4 - 34　H62 黄铜双相组织

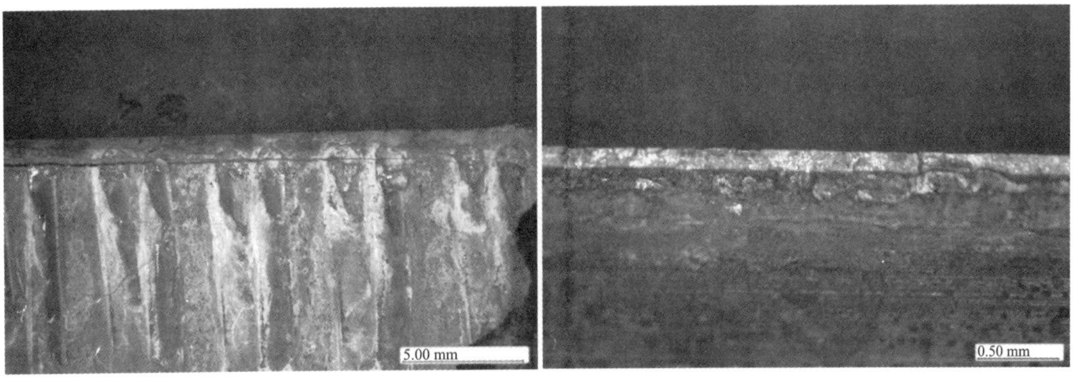

（a）外观及断口宏观形貌

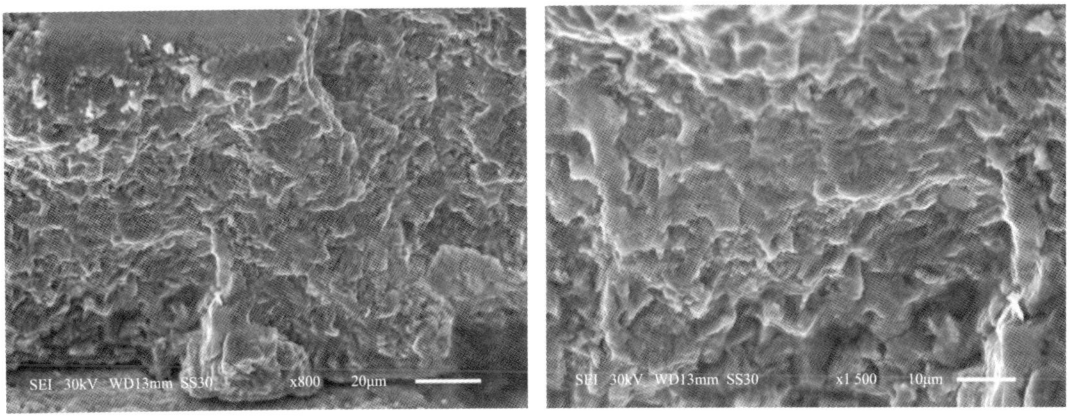

（b）断口微观脆性沿晶特征

图 4 - 35　H65 黄铜散热管季裂形貌特征

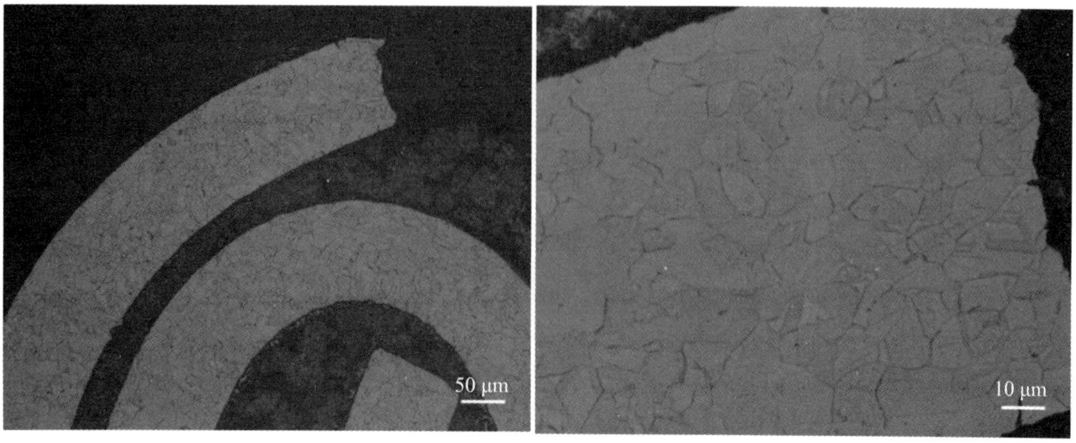

（c）断口侧面α+极少量的β组织

图 4-35　H65 黄铜散热管季裂形貌特征（续）

另外，双相黄铜在酸性或盐类溶液环境中易发生选择性脱锌腐蚀，在表面形成海绵状的纯铜，因此在运输、零件制造及使用中应关注环境条件。

4.7　航天用高温合金

高温合金按生产工艺不同也可分为变形合金和铸造合金。变形高温合金采用汉语拼音首字母“GH”表示，铸造高温合金采用“K”表示。按成分不同则分为铁基、镍基和钴基，铁基含有大量的铬、镍元素，也称 Fe-Ni-Cr 系。镍基主要有两个系列，即 Ni-Cr 基系和 Ni-Cr-Co 基系。钴基主要是 Co-Ni-Cr 系。高温合金金相组织一般均为奥氏体。高温合金的强化类型有三种，即固溶强化、时效强化和晶界强化。晶界在高温下会发生弱化，是组织中最薄弱的环节，在应力作用下裂纹往往会在晶界形核并扩展。因此晶界强化对高温合金意义重大。导致晶界弱化的主要原因是微量元素（B、稀土、碱土元素等）和杂质元素（Pb、Bi、Sn、As 等）沿晶界发生偏聚，生成低熔点共晶或造成晶界脆化。晶界强化最主要是通过加入微量的硼、锆以及稀土元素等，通过净化晶界或改善晶界化合物形态等来强化晶界。

4.7.1　固溶强化型高温合金

高温合金的固溶强化是将合金元素溶入基体，通过提高原子间结合力，产生晶格畸变，降低堆垛层错能，降低固溶体中元素的扩散能力，提高再结晶温度来强化合金。对于 Fe-Ni-Cr 基固溶强化型高温合金，除添加有大量的镍、铬元素外，同时还有钨、钼、铌和少量的铝、钛、氮等元素和微量的硼、铈、锆元素，使用温度可达 800～900 ℃，航天常用牌号为 GH1131，主要用于舵轴类零件。笔者所在单位的焊接重点实验室工程技术人员深入开展了 GH1131 与马氏体不锈钢异常材料的激光焊接研究取得工程应用，焊缝组织如图 4-36 所示。

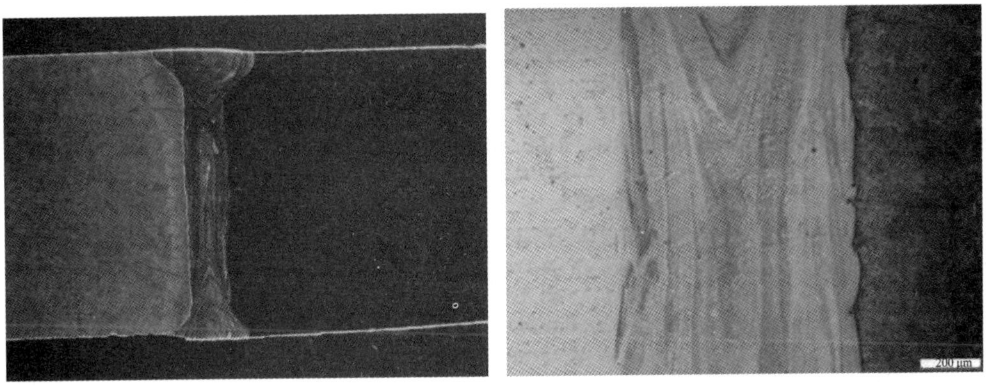

图 4－36　GH1131＋20Cr13 激光焊接焊缝宏观形貌及微观组织

镍基固溶强化型合金中添加大量的钨、铬、钼和少量的铝、钴、铌等元素和微量的硼、铈、锆元素，瞬时使用温度可达到 900 ℃。常用的材料牌号有 GH3625、GH3536、GH3128，其中 GH3625、GH3536 高温合金焊接性能好，常采用激光增材制造工艺成形高温服役的热端部件，如阀体、燃烧室壳体等。焊接重点实验室选用激光选区熔化（SLM）GH3536 合金的组织形貌如图 4－37 所示，常见缺陷主要是沿晶微裂纹。

（a）生长方向沉积态　　（b）扫描方向沉积态

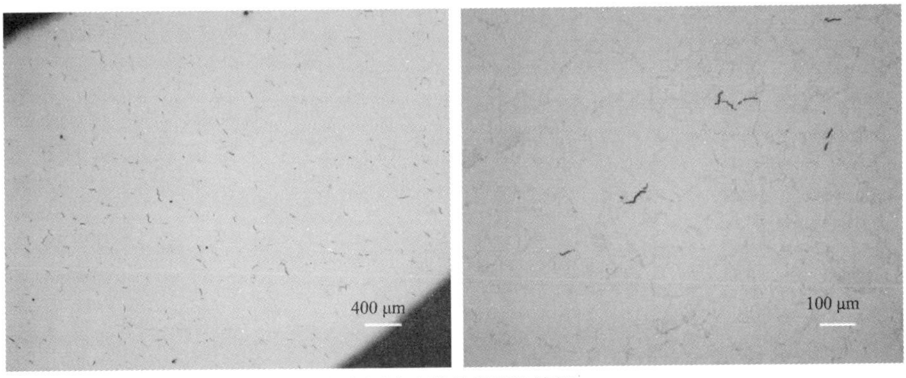

（c）固溶态沿晶微裂纹特征

图 4－37　激光选区熔化（SLM）GH3536 合金的组织形貌

4.7.2　时效强化型高温合金

高温合金的时效强化是利用从过饱和固溶体中脱溶析出弥散的第二相来强化合金。时效强化按第二相的类型分为碳化物时效强化和金属间化合物时效强化。碳化物时效强化是利用碳化物硬而脆、具有选择性析出的特点强化合金，这种强化手段主要用于铁基高温合金，其特点是，合金中添加较多的碳，并含有钨、钼、铌等强碳化物形成元素。金属间化合物时效强化机理与碳化物不同，它主要是利用金属化合物与基体形成共格关系来强化。其中以 γ相为最主要的强化相，其组成为 Ni_3Al，面心立方有序相，常见形态为方形（三角形、矩形）和球形（见图 4－38），钛元素有促进 γ相沉淀的作用。但当钛含量过高，钛与铝元素质量分数比满足 Ti/Al≥2.5 时，γ相不稳定并会向 η 相转变，η 相组成为 Ni_3Ti，密排六方有序相，η 相一般呈针状或片状，无硬化作用，同时消耗 γ'相，故合金强度会降低，因此 η 相应加以抑制。

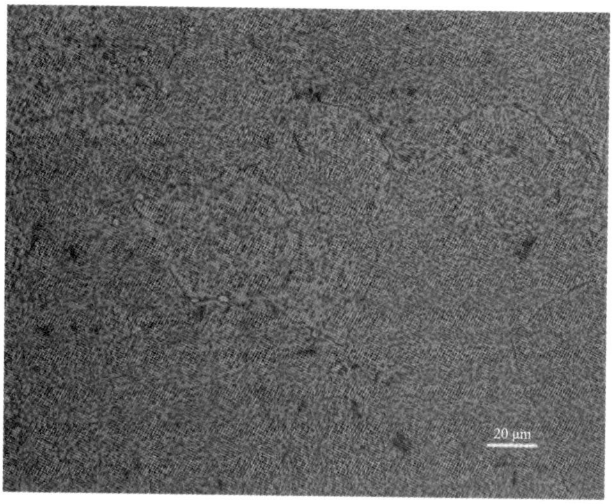

图 4－38　GH4169 高温合金组织

航天常用的时效强化型高温材料牌号有 GH4169、GH4049，这两种材料均属于镍基时效强化型高温合金，其中，GH4169 在 700 ℃以下具有良好的综合性能，在 650 ℃以下的屈服强度居变形高温合金的首位，同时还具有良好的加工性能、焊接性能和长期组织稳定性，主要用于燃烧室、喷管等零件。其中，GH4169 合金还常用于 SLM 成形复杂高温部件。

4.8　航天用伪合金

在航天常用材料中，有一类合金不同于传统的熔炼合金，而是由两相或多相组元经机械混合后粉末烧结制备，因此称为伪合金，主要用于航天产品极端高温部件，如发动机喉衬、燃气舵片等。常用合金有钨渗铜、钼渗铜，铜的质量分数一般为 10％～50％，典型牌号有 W－10Cu、Mo－10Cu，典型组织如图 4－39 和图 4－40 所示。钨（钼）的熔点极高，钨（钼）和铜熔点差异极大，高温环境下铜会吸收热量后液化蒸发，降低了材料表面温度，因此这类合金瞬时工作温度可达 2 500 ℃。这类合金硬度高，脆性较大，因此加工性能较差，切削时容易崩落。此外，钼金属化学活性较铜高，电极电位较铜低，虽经过渗铜处理，但在钼骨架中还会存有少量孔隙，因此在特定的环境条件下极易发生以钼金属为主的电化学腐蚀，加工完的零件需要做好防护。

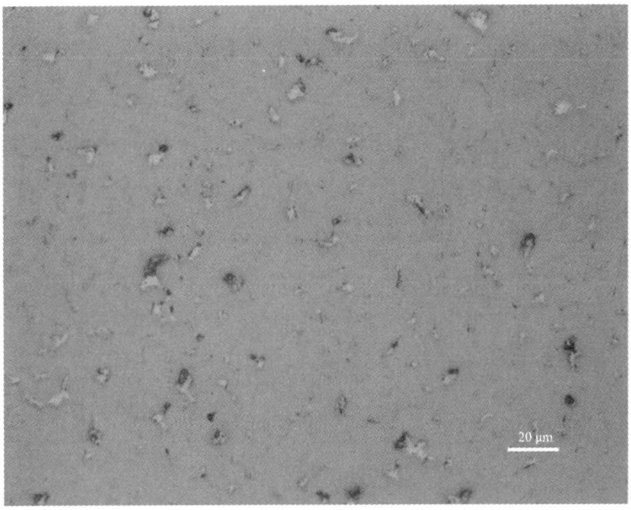

图 4－39　W－10Cu 合金组织

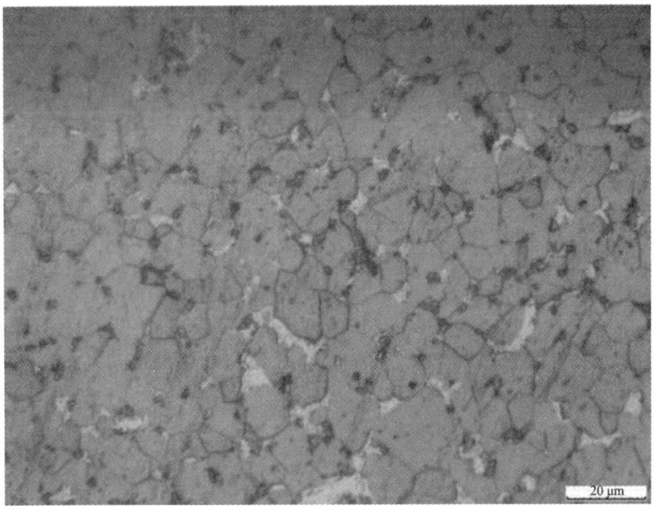

图 4－40　Mo－10Cu 合金组织

第 5 章　航天产品金属零部件常见失效形式及诊断

5.1　航天产品结构形式及特点

5.1.1　上面级产品简介

航天产品按功能来分，可分为上面级产品和地面级产品。上面级产品为满足特殊的战术指标，通常由弹体结构、控制系统、发动机系统和火工系统组成，较为先进的产品还有姿控动力系统。弹体由直属件、头部、控制舱、伺服舱、过渡段、尾段、分离机构以及燃气舵几部分组成。舱段的主要功能是维持完整的气动外形，承载和传递产品总体的外力，保护内部仪器设备和提供承放空间。金属零部件是舱段最小组成单元。金属零部件的设计贯穿舱段设计目标，最终要保证舱段具有足够强度和功能，同时在有一定安全系数下具有最小的结构重量。

5.1.2　地面级产品简介

地面级产品主要有各类吊具、安装架车和底盘产品。底盘产品是一种能够将特定设备、上面级产品运输至特定目的地的专用设备，其可通过山区公路、良好公路，也可通过耕地、泥泞地、沙滩、冰雪地面和沿海地区，跨越沟壑、障碍等，是地面级最复杂、最重要的产品，如图 5-1 所示。与上面级零部件设计环境相比，地面级零部件可靠性要求更高，腐蚀和疲劳是这种工况下最常见的失效模式。

图 5-1　底盘产品外形图

底盘以发动机为动力，发动机产生的动力通过传动系统传递到行驶系统，行驶系统接受传动系统传来的转矩，通过车轮与路面的附着作用，产生地面对底盘的驱动力，以保证底盘正常行驶；还可缓和路面对车身造成的冲击和振动，保证底盘平顺性，并与转向系统配合工作，以保证底盘操纵稳定性。转向系统通过转向传动机构将动力转向系统与各转向轮连接起来，并将动力转向系统传来的力传给各转向轮，使其偏转，改变或恢复汽车行驶方向。制动系统可使行驶中的车辆减低速度或停止行驶，使下长坡的车辆速度保持稳定，也可使已停止的车辆保持不动。驾驶室和仪表电气等其他系统为操作人员提供舒适的操作环境及必要的辅助功能。

5.1.2.1　底盘传动系统

传动系统主要包括变速器、分动器、传动轴、主减速器、轮边减速器等。发动机输出的动力通过自动变速器传递至分动器，分动器将动力分配到其前部和后部的主减速器，主减速器将输入的转矩增大并相应降低转速，并将动力传给各驱动轮，同时根据需要改变输出轴旋转方向。此外，根据车辆在各转速下的驱动需求，需要有变速器对动力进行转速调控，以便车辆在一定的范围内能有动力输出。

5.1.2.2　悬架系统

悬架主要由弹性元件、减振器、导向机构及连接件组成。弹性元件包括上扭杆、下扭杆及安装件。导向机构及连接件主要包括悬架臂、悬架壁管、扭杆固定支座等。

车辆在行驶过程中，尤其是行驶在越野路、凸凹不平路面时，会引起车轮上下跳动。悬架的作用是在传递车轮和车架之间的力的同时，通过悬架系统的弹性元件，减弱部分冲击和振动，以保证汽车能平顺地行驶。

5.2　航天产品金属零部件常见失效形式及特征

航天产品特殊的功能和可靠性设计要求，决定了零部件失效模式有着不同于其他行业的特点。第 1 章内容介绍了近些年来航天产品金属零部件常见的失效形式有开裂（裂纹）、过载断裂、腐蚀、机械疲劳，下面就每种失效特点分别介绍。在此重申一点，开裂（裂纹）损伤并不是一种独立的失效形式，这里所说的裂纹损伤特指由原材料原始缺陷在零件制造中诱发形成的工艺裂纹，其形貌特征和分析方法有别于其他失效形式，所以专门用一小节进行介绍。

5.2.1　裂纹

裂纹是指金属材料表面或内部发生局部性破裂，裂纹是断裂失效的前期表现，断裂是裂纹发展的最终结果。裂纹按来源不同，可分为工艺裂纹和使用裂纹。从生产实践统计的结果发现，零部件出现的裂纹多属于工艺裂纹，使用中出现裂纹的情况不多见，即便出现，也多是工艺微裂纹扩展形成的，而工艺裂纹的形成又多与材料原始情况有关。

5.2.1.1 裂纹分析方法

裂纹分析方法包括宏观检查和微观分析。表面裂纹的宏观检查首先是通过肉眼进行外观检查，必要时利用放大镜进行检查。对于铁磁性材料，进一步通过磁探检测方法检查；对于非铁磁性材料，则通过渗透探伤检查。内部裂纹往往先通过超声、X射线等无损检测方法检出后再剖切裂纹进行宏观检查。通过宏观检查，通常可以探明裂纹零件的数量，裂纹分布、形态等整体信息。

要进一步判断裂纹性质和查明形成原因，需要进行微观分析。分析方法主要包括光学金相和电子金相分析。其中光学金相分析简单、实用，往往是分析的首选方法，必要情况下再做电子金相分析。裂纹金相分析通常需要观察裂纹横剖面、纵剖面的形态组织特征。

5.2.1.2 裂纹分析内容

分析内容应包括：

1）裂纹形态特征。判断裂纹的扩展途径是穿晶还是沿晶，沿晶一般表明与高温作用有关；判断裂纹的线条形态、两侧形状的耦合情况及末端特征，如线条瘦直刚劲，棱角分明，凹凸耦合明显，末端尖细，则多为淬火裂纹，如线条柔顺、凹凸耦合不明显，末端圆钝，则多为拉痕、折叠裂纹以及经过变形的裂纹。拉痕、发纹的末端一般均呈圆秃状，折叠裂纹末端也是粗钝状。如某1Cr18Ni9Ti奥氏体不锈钢电缆罩试验后表面高温变色并有大量的网状裂纹，如图5-2（a）所示。在网状裂纹的内侧边缘，组织发生了完全的回复再结晶。裂纹沿晶扩展，在晶内可见少量的滑移线痕迹。外边缘与内边缘有所不同，同样发生了回复再结晶，结晶程度不如内边缘充分。晶内还可见大量的滑移线痕迹，如图5-2（b）所示。

又如在某2A70铝合金舱段机械精加工中发现，内部环向筋有一处径向线状裂纹。从宏观形态判断，裂纹从边缘向内侧扩展，金相检查裂纹末端均呈网状沿晶特征。分析认为属原材料锻造裂纹缺陷，与锻坯扩孔变形量过大有关，如图5-3所示。

2）主裂纹附近有无次裂纹，主裂纹与次裂纹的关系。主次裂纹的判断可通过“T”形法、“人”字法、变形法和氧化颜色法等。

3）裂纹处及附近的晶粒度特征，晶粒尺寸是否存在大小不一致及分布不均匀，晶粒是否存在变形，裂纹走向与晶粒变形方向的关系。如晶粒尺寸不均匀，材料变形加工中易因变形不协调诱发裂纹。

4）裂纹附近是否存在夹杂物或脆性相，以及它们的形态、大小、数量及分布情况；裂纹源是否产生于裂纹周围，裂纹扩展过程与夹杂物之间有无联系。脆性相以及夹杂物的存在会割裂材料组织的连续性并产生应力集中，其与基体的边界往往是裂纹形核中心。20Cr13转轴零件在调质热处理后表面出现大量裂纹，金相检查判定为淬火裂纹。在裂纹周边有大量积聚的碳化物带，如图5-4所示。

5）裂纹两侧组织状况，是否存在氧化和脱碳现象，有无氧化物和脱碳组织出现。对于热处理后开裂零件，如裂纹侧有脱碳组织，往往表明裂纹在零件热处理前已产生，多与材料存在原始缺陷有关。如某30CrMnSiA螺栓在粗加工后的调质热处理工序发现

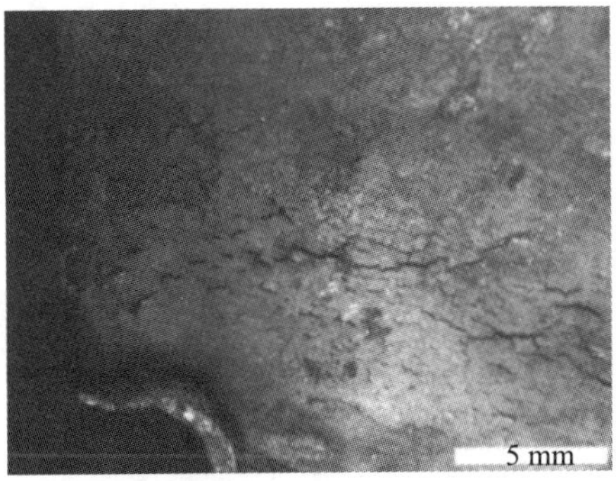

（a）宏观特征（沿变形线分布的网状裂纹）

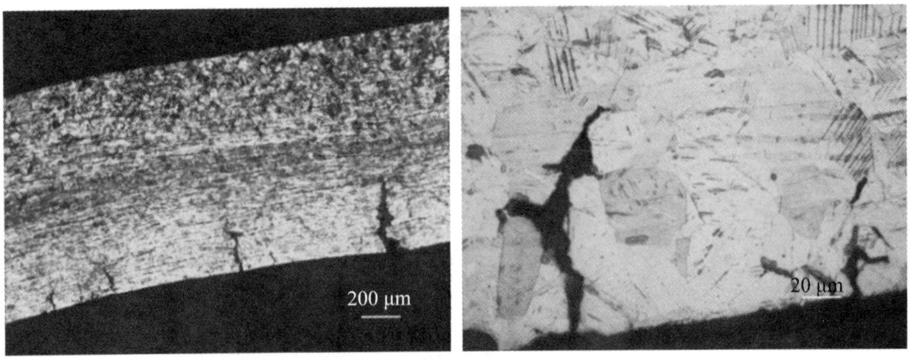

（b）微观沿晶特征

图 5－2　1Cr18Ni9Ti 奥氏体不锈钢电缆罩裂纹形貌

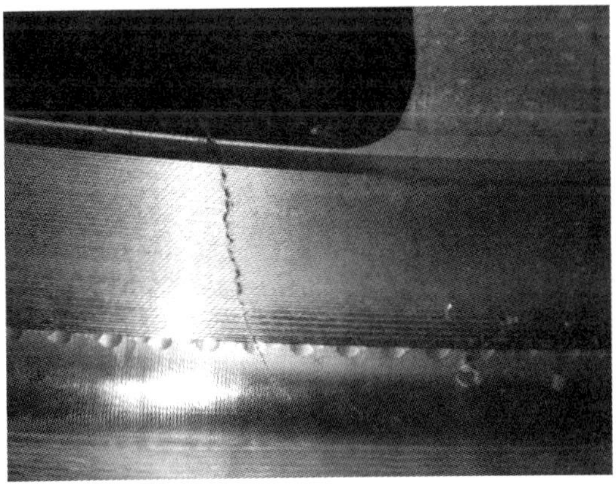

（a）宏观特征

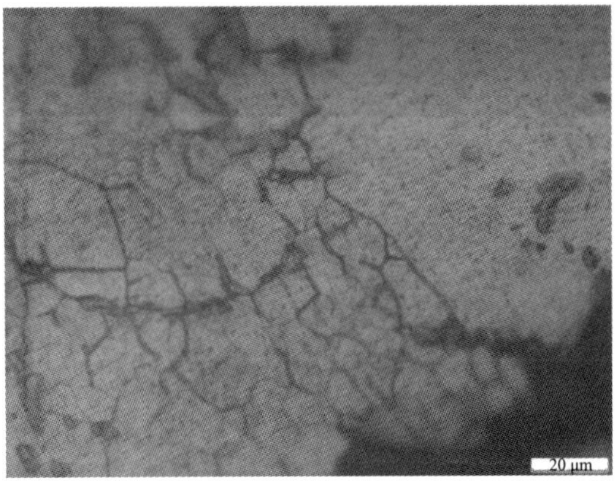

（b）微观沿晶特征

图 5－3　2A70 铝合金舱段裂纹形貌

大量肉眼可见的纵向线状裂纹，观察裂纹剖面发现，裂宽一致，裂纹线条柔顺，棱角圆钝，末端圆秃粗钝，裂纹两侧形状凹凸特征耦合不明显，两侧有明显的脱碳现象，并有脱碳组织出现，如图 5－5 所示。表明为原始材料有裂纹缺陷，在淬火应力作用下发生进一步扩展。

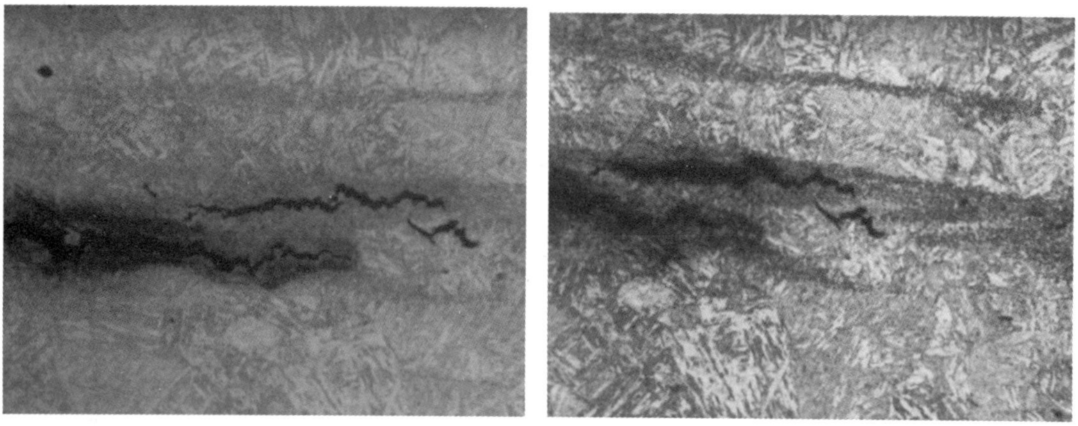

图 5－4　裂纹沿脆性相分布特征

（a）横剖面　　（b）纵剖面

图 5－5　裂纹形态及两侧的脱碳特征

6）裂纹表面是否存在加工硬化层或回火层。如由于磨削参数控制不当引起的磨削裂纹，在裂纹表面可观察到淬火马氏体组织。

7）裂纹萌生处及扩展路径周围是否有过热组织（魏氏组织）、过烧组织、带状组织等组织缺陷。如材料牌号为 20Cr13 护罩零件调质热处理后呈纵向直线裂纹，纵剖面有明显带状组织，裂纹沿边界扩展，贫碳索氏体组织区域带有明显的塑性硫化物夹杂；横剖面呈淬火裂纹特征，两侧未见氧化、脱碳等现象，主裂纹伴生有数量不等的细小次生裂纹，如图 5－6 所示。

5.2.1.3　裂纹萌生影响因素

裂纹分析首要任务是找到裂纹源，而裂纹的起源是材料强度和应力综合作用的结果，其形成主要与原材料缺陷、零件结构以及受力状态有关。

（1）原材料缺陷

原材料缺陷诱发的裂纹最常见，危害性也较大，必须加以严格控制。在材料相关标准中，对原材料缺陷的验收有很明确的规定。按缺陷存在的位置，可分为表面缺陷和内部缺

（a）裂纹及带状组织宏观形貌（纵剖面）

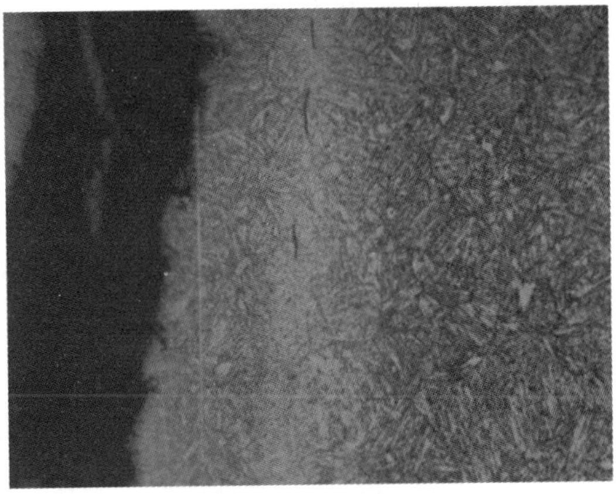

（b）贫碳带状区域中的塑性硫化物夹杂

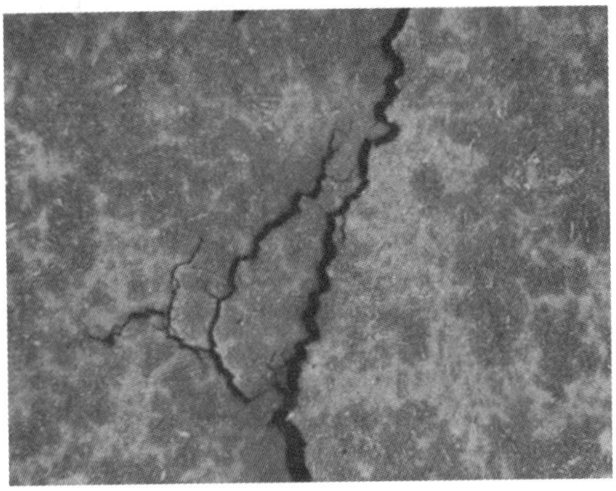

（c）裂纹横剖面末尾高倍形貌

图 5－6　裂纹沿带状组织边界扩展特征

陷两大类。原材料缺陷破坏了基体组织的连续性，在缺陷区承载能力下降，同时引起应力集中现象，导致零件在加工制造、使用中因强度不足形成裂纹。通过对由原材料缺陷引起的裂纹进行宏微观分析，必要时人工打开裂纹进行断口分析，通常可以找到缺陷，即可认定为裂纹源。例如，由碳化物积聚引起的裂纹可观察到积聚特征，如图 5－7 所示；由塑性夹杂物引起的裂纹可观察到裂纹于纵向分布的夹杂物，如图 5－8 所示。

（2）零件结构

大多数零件存在形状急剧变化、尺寸相差悬殊的过渡结构，如台阶、直角、沟槽等，这些部位将会造成应力集中现象。在零件热处理加工工艺以及工作中，应力集中部位会形成高于正常应力水平的应力峰值，当应力峰值超出材料强度时形成裂纹。应力集中程度可用应力集中系数来表示，应力集中系数与零件结构和材料自身韧脆特性有关。零件结构过渡越尖锐、急剧，材料脆性越大，应力集中系数则越大，启裂临界应力就越小。随着结构力学仿真技术的快速发展，借助仿真软件可以计算应力集中部位的应力峰值并加以改进、优化，大大提高了零件结构设计的合理性。

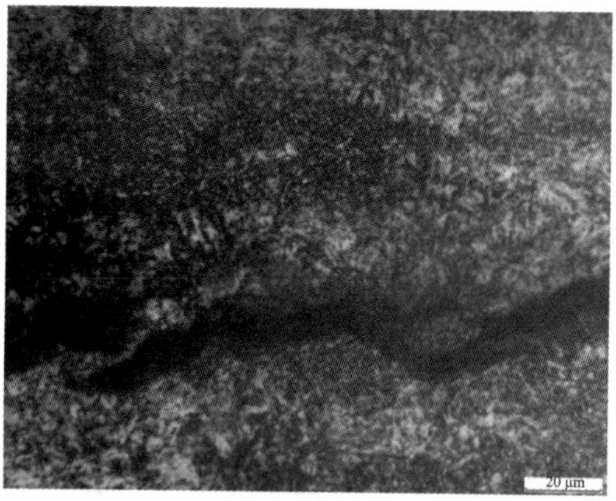

图 5-7　碳化物积聚引起的裂纹

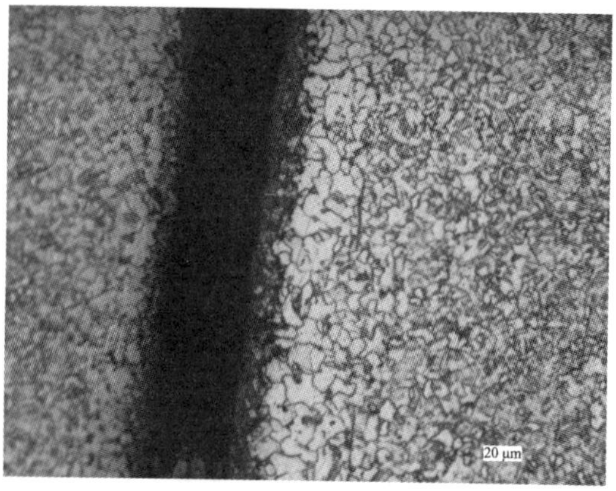

图 5-8　塑性夹杂物引起的裂纹

（3）受力状态

除零件原材料缺陷以及零件结构会影响裂纹的萌生位置外，零件的受力状态也对裂纹源的位置有影响。在材料质量合格、零件结构设计合理的条件下，裂纹将在应力最大处生核，如螺栓扭转裂纹一般起源于外周表面。

5.2.1.4　常见裂纹形貌及原因

裂纹按宏观形态来分，最常见的有网状和线状两类，其他还有环状、辐射状等，微观下按裂纹扩展路径来分，有穿晶、沿晶以及混合三类。统计发现，在航天金属零部件加工制造中以网状和线状裂纹最为常见，其形成原因除与原材料自身缺陷有关以外，还与加工工艺控制有关，仅对此做介绍。

（1）网状裂纹裂形成原因

网状裂纹裂深一般较浅，属表面裂纹缺陷，也称龟裂。从零件制造中出现的网状裂纹来看，主要有以下几种原因。

①热处理中表面防护不到位

网状裂纹多出现在表面脱碳高碳钢零件淬火工序，这时由于零件奥氏体化后存在碳浓度梯度，加剧了马氏体组织转变的不同时性和比容的不均匀性，造成淬火应力显著增加，在表面形成网状裂纹。此类裂纹在微观下多呈穿晶或混合特征。

②磨削工艺不当

淬火回火或渗碳零件磨削加工中有时会在表面形成大量网状裂纹或与磨削方向基本垂直的条状裂纹，此类裂纹需要经磁探才能显现，微观下通常呈沿晶特征。磨削裂纹的产生主要有两方面原因：一方面是由于磨削金属表面时因冷却不充分积累大量磨削热，热量促使磨削表面薄层快速重新奥氏体化，随后又再次淬火成为马氏体组织，这种组织应力和热应力的急剧变化会形成磨削裂纹；另一方面，零件在磨削工序前经淬火回火处理，组织中还可能存在残留奥氏体、网状碳化物或内应力，在磨削热影响作用下，组织继续转变或应力发生再分配，从而形成磨削裂纹。有研究表明，不同的原始组织（磨削前的）组成物本身的强度和形状不同，它们对磨削裂纹的倾向也各不相同。另外，磨削裂纹的形貌与零件材质和磨削条件有关，一般认为网状磨削裂纹的主导因素是材质，而条状裂纹的主导因素是磨削条件。

(2) 线状裂纹形成原因

这里所指的线状裂纹是近似线状，最常见的线状裂纹多半是材料存在原始表面缺陷、内部组织缺陷（如带状组织、脆性相积聚等），在后续零件机械加工、热处理工序中扩展而形成的裂纹。这类裂纹通常在原材料中已存在微裂纹，沿材料变形的纵向分布，如起源于表面，横剖面金相观察多呈楔状，纵剖面附近可找到组织缺陷。有一种情况必须要说明一下，细长杆类零件在淬火热处理工序中，虽然原材料质量符合技术条件，但在淬火中仍然会产生纵向直线裂纹，这类工件通常表面冷却均匀，心部也淬透。产生原因有两方面。一方面受淬火应力（包括组织应力和热应力）影响，工件在淬火过程中表面至心部冷却速率不同形成热应力，另外也造成马氏体组织转变的不同时形成组织应力，当两种应力在表面叠加形成的拉应力超出材料强度便会萌生裂纹。由于周向应力大于轴向应力，故裂纹按应力原则扩展形成纵向裂纹。另一方面与材料存在临界淬裂直径尺寸有关。当材料截面尺寸处于易裂尺寸范围时，表面的拉应力峰值最大。截面尺寸过小或过大的工件均不易淬裂。原因是截面尺寸过小的工件淬火时，心部很易淬硬，且心部和表面的马氏体形成在时间上几乎是同时进行的，组织应力小，不容易淬裂。截面尺寸过大的零件淬火时，不仅心部不能硬化，有时甚至连表层也得不到马氏体，而是贝氏体或索氏体。例如，45 钢临界淬裂直径尺寸范围为 $\phi5\sim\phi8$ mm，峰值直径尺寸为 $\phi7$ mm。

淬火裂纹由于形成的原因不同，既可以是沿晶的，也可以是穿晶的或混合的。一般情况下，过热或过烧引起的淬火裂纹是沿晶的，材料组织未发生热损伤，但因零件结构应力集中严重，也会出现淬火裂纹是沿晶的。如某 20Cr13 回转接管嘴零件淬火开裂，裂纹在应力集中严重的轴肩根部萌生并呈皿状扩展，金相检查组织正常，裂纹沿晶扩展，如图 5－9 所示。冷却速率过大或其他因素引起的应力集中产生的淬火裂纹则是穿晶的或混合的。

5.2.2　过载断裂

零部件在加工、装配、试验、服役过程中发生过载断裂的现象最为常见。据统计，其比例占到断裂失效案例的 70%～80%。过载断裂往往是突发性的，事先也难以预见，具有很大的危害性。过载断裂按载荷性质可分为静载断裂和疲劳断裂两种，这里所说的过载断裂是指静载断裂。

过载断裂是指零部件受到了较大的负载而造成的瞬时断裂，按变形特征可分为塑性过载断裂和脆性过载断裂。塑性断裂在断裂前可观察到明显的塑性变形，一般将拉伸试验伸长率大于 5%的材料发生的断裂归为塑性断裂。脆性断裂在断裂前几乎不发生明显的塑性变形，其材料伸长率小于 3%。所有的断裂分析主要都是以断口为分析对象，从断口的宏观、微观特征入手，研究断裂过程和形貌特征与材料性能、显微组织、零件受力状态及环境条件之间的关系，从而揭示断裂失效的原因和机理。

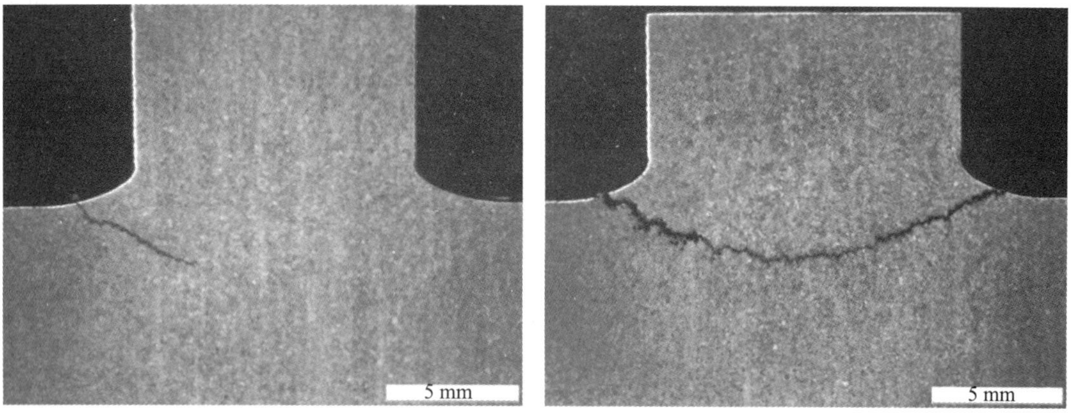

（a）横剖面裂纹宏观特征

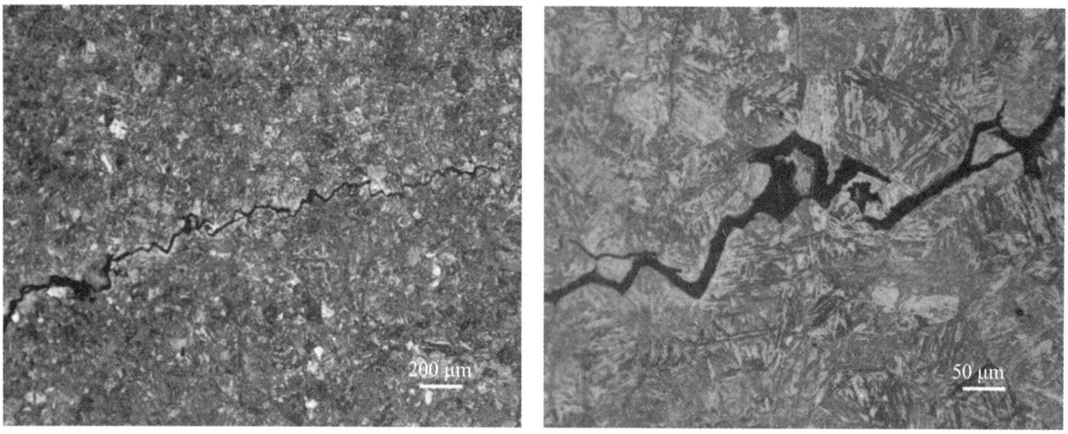

（b）裂纹微观沿晶特征

图 5－9　回转接管嘴淬火裂纹形貌

5.2.2.1　过载断口基本特征

分析过载断裂的断口宏观特征，可以先从光滑圆形试样室温拉伸断口入手。光滑圆形试样室温拉伸断口一般分为三个典型宏观特征区，分别是纤维区、放射区、剪切唇区，也称为过载断口宏观三要素，如图 5－10 所示。

纤维区一般位于断口中央，是材料处于平面应变状态下发生的断裂，呈粗糙的纤维状，属于正断断裂，是裂纹的形核区。纤维区的宏观平面与拉伸应力轴相垂直。通常情况下，裂纹源位于纤维状区的中心，因此找到纤维区就可以找到裂纹源。

放射区紧邻纤维区，是裂纹由缓慢扩展转化为快速不稳定扩展的标志，其特征是放射线花样。放射条纹的粗细取决于材料的性能、微观结构及试验温度等。通常情况下，放射线发散方向为裂纹扩展方向，其收敛方向指向裂纹源。因此，通过分析放射线花样特征，可以为裂纹源和最后断裂区的判别提供依据。

剪切唇区为断裂的最后阶段，表面较光滑，与拉伸应力轴成 45°，属于切断断裂。它

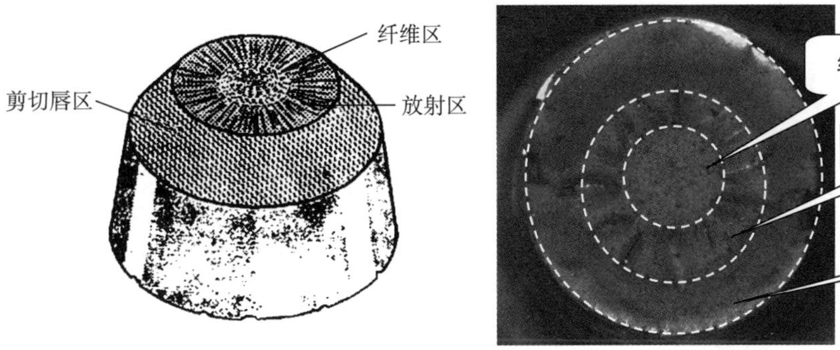

（a）示意图　（b）40Cr拉伸断口

图 5-10　断口三要素

是在平面应力状态下发生的快速不稳定扩展。在一般情况下，剪切唇大小与应力状态和材料性能有关。通常情况下，裂纹扩展是从纤维区指向剪切唇区，剪切唇区是最终断裂区，因此找到了剪切唇，也就找到了最终断裂位置。

在通常情况下，塑性较好的金属材料断口一般会同时出现三个特征区，三个特征区的位置、形状、大小及分布会有所不同。如带环形缺口的圆形拉伸试样，断口三个特征区的分布与光滑试样不同，裂纹源在缺口底部萌生成环状向心部扩展，裂纹扩展方向正好与光滑试样相反。这类断口全是放射区，基本没有剪切唇区。断口上只出现一种或两种断口形貌特征也是较为常见的，其与材质、环境、受力状态等因素的影响有关，如薄板拉伸断口全部为剪切唇。

5.2.2.2　塑性过载断口形貌特征

塑性断裂的前奏是塑性变形，而金属的塑性变形是位错在滑移面上增殖和挤出运动的结果。在塑性变形过程中，滑移面之间的原子仍保持键合关系，由于位错的积塞和交替作用形成微裂纹，裂纹的不断长大和连接最后导致断裂。材料塑性较好的零件在承受静拉应力、剪切应力、扭转应力等力学环境下的断裂通常是塑性断裂，断口宏观上通常会有明显的塑性变形痕迹。材料塑性的评估主要依据宏观断口上塑性变形量、断面色泽、纤维区和剪切唇的面积。一般来讲，塑性变形量越大，断面颜色越灰暗，纤维区和剪切唇面积越大，则表明材料塑性越好。

（1）断口宏观形貌

塑性过载断口宏观基本特征如下：

1）断口呈纤维状或鹅毛绒状；

2）断面较粗糙，色泽灰暗，多数有明显的剪切唇特征；

3）通常可见裂纹源区向外发散的扩展棱线，断口附近有宏观可见的塑性变形，如滑移痕迹、尺寸变化等；

4）断口可以呈平断特征，也可呈切断特征，如图 5-11 所示。

影响塑性过载断口宏观特征的主要因素有受力状态和材料塑性，其他因素还有组织状

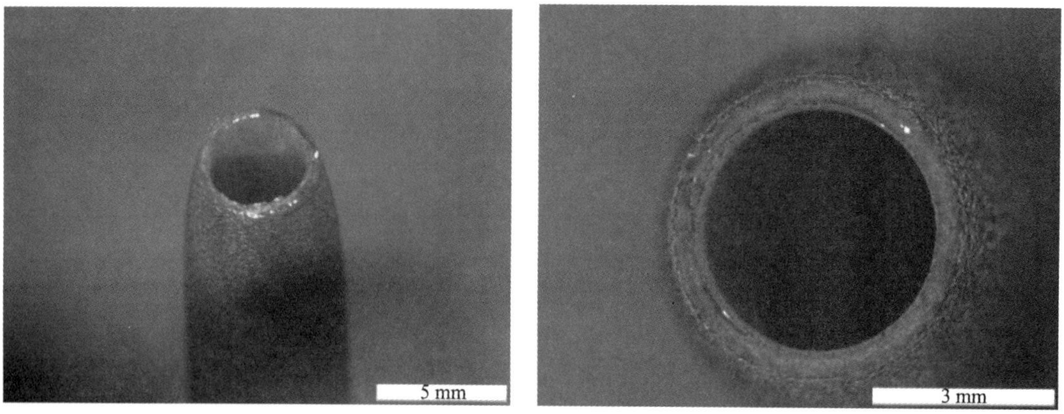

图 5 - 11　钢制供气导管塑性过载断口

态、环境等，不同受力状态下，宏观断口特征有所不同，通过断口外观、塑性变形方式和纤维形态可初步判定载荷类型。

塑性材料的拉伸断口通常呈杯状或切断外形，其以缩颈方式塑性变形，所以一旦出现以上特征，即可判断断裂是拉应力导致的。一般塑性材料剪切强度较抗拉强度低。扭转过载断裂主导应力是切应力，故可观察到断口外形呈漩涡状，纤维沿扭矩方向变形分布。如图 5 - 12 所示，某限位螺栓（45 钢，硬度 34～38 HRC）在拆卸分解操作中发生过载断裂，裂纹起源于退刀槽根部，呈塑性平断断口特征，断面呈暗灰色纤维状，局部断面上可见光亮的擦伤痕迹，擦伤区也可见到呈漩涡状塑性变形特征和犁痕，由此可以判断是扭转载荷下的切应力破坏。

再如，20Cr13 不锈钢直径 5 mm 撑杆零件在车削加工中因车刀钝化造成扭转过载断裂，裂纹起源于切应力最大圆周表面，在裂纹扩展中因反复挤压、摩擦形成一道亮环，如图 5 - 13 所示。在剪切载荷下（如铆钉、螺钉等）的剪切断口可见方向性明显的磨损特征，如图 5 - 14 所示。

（2）断口微观特征

在扫描电子显微镜下观察，韧窝是金属塑性断裂的主要微观特征。韧窝又称作迭波、孔坑、微孔、微坑等。韧窝是材料在微小范围内塑性变形产生的显微孔洞，经形核、长大、聚集，最后相互连接而导致断裂后在断口表面所留下的痕迹。需要注意的是，韧窝虽然是塑性断裂的微观特征，但不能因微观特征出现韧窝就判定为塑性断裂，因为塑性断裂与脆性断裂的区别在于断裂前是否有宏观可察觉的塑性变形。事实上很多脆性断裂微观下可出现大量的韧窝特征，因此，韧窝特征是发生塑性断裂的必要条件，但不是充分条件。

①韧窝形态及分类

韧窝的形状主要取决于所受的应力状态。最基本的韧窝形状有等轴韧窝、撕裂韧窝和剪切韧窝（剪切韧窝与撕裂韧窝都属于拉长韧窝）三种，如图 5 - 15 所示。等轴韧窝是在正应力下，即最大主应力方向垂直于断面，且应力均匀分布于整个断面，显微孔洞均匀长大形成的近似圆形的等轴微观特征。在匹配的断面上，韧窝形状完全相同。与等轴韧窝形

（a）整体外观对比

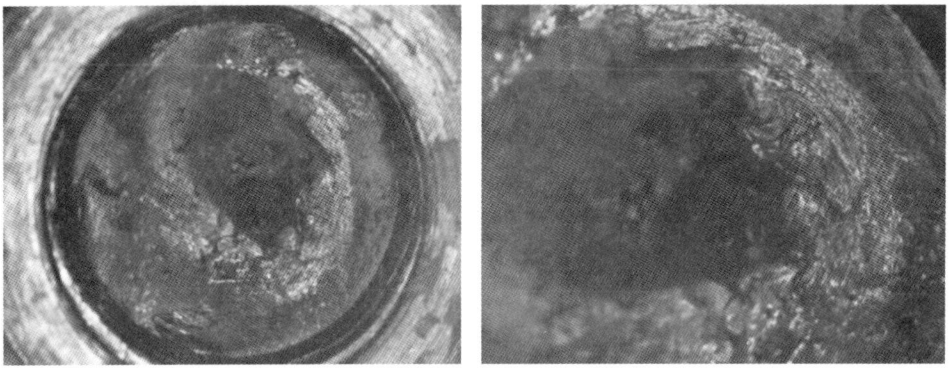

（b）断口宏观形貌

图 5 - 12　限位螺栓扭转过载断裂特征

成应力状态不同，剪切韧窝是在切应力作用下形成的，呈抛物线形貌，即韧窝在不均匀应力下被拉长，通常出现在最终断裂的剪切唇区，匹配的断面韧窝呈反抛物线方向。撕裂韧窝是在撕裂应力下形成的，韧窝的形貌同样呈抛物线状，通常出现在尖锐裂纹的应力场前端的撕裂断口上。与剪切韧窝不同，在匹配的断面上，撕裂韧窝形状相似，凸向也相同。另外，借助撕裂韧窝花样可以确定局部的裂纹扩展方向。

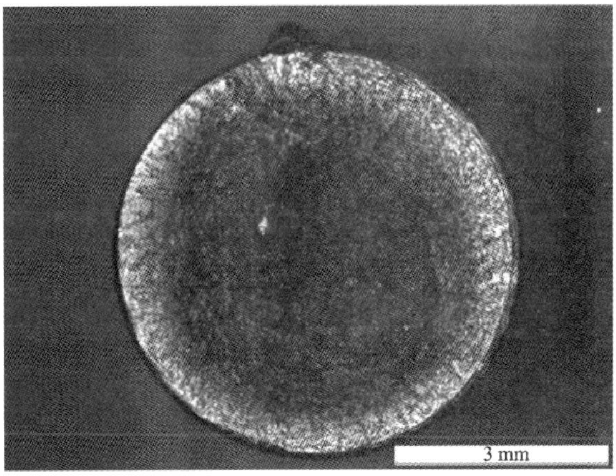

图 5 - 13　撑杆零件扭转断口形貌

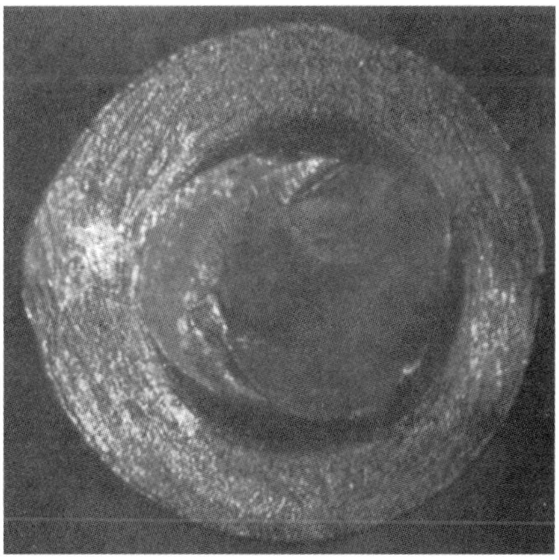

图 5 - 14　剪切断口形貌

剪切韧窝与撕裂韧窝的形成应力不一样，通过匹配断面韧窝形貌，可区分应力是撕裂应力还是剪切应力。

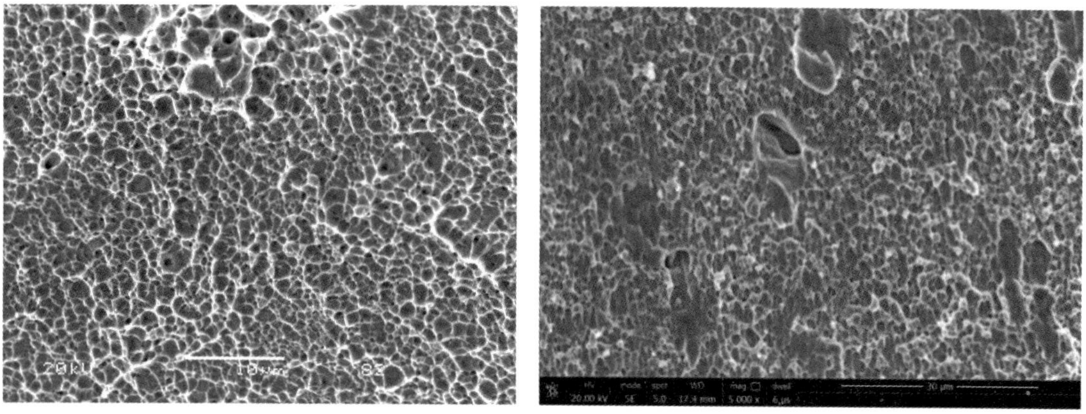

（a）等轴韧窝　　（b）拉长韧窝

图 5 - 15　韧窝形态

②韧窝大小

韧窝的大小用平均直径和深度来衡量，深度常以断面到韧窝底部的距离来衡量。影响韧窝大小的主要因素为第二相质点的大小、密度，基体的塑性变形能力，变形硬化指数，外加应力大小状态以及加载速度等。对于同一种材料，当断裂条件相同时，通常韧窝尺寸越大，表明材料的塑性越好。

5.2.2.3　脆性过载断口形貌特征

脆性过载断裂通常是低应力条件下的脆断，断裂具有突发性，断裂前无明显征兆，宏观无明显的塑性变形。与塑性断裂一样，脆性断裂的影响因素主要也是受力状态和材料塑性。在实际工程中，因材料塑性不足导致的脆性断裂最为常见，其裂纹多在材料组织缺陷、工艺缺陷、零件结构的应力集中部位起源。

（1）断口宏观形貌

脆性断口的宏观基本特征如下：

1）断面一般与主应力垂直，断面平坦，呈平断口特征，瞬断区没有或存在特征不太明显的剪切唇；

2）断面多呈瓷状，或无规则取向“小刻面”，或颗粒状脆性特征，脆性区面积占比高；

3）断口附近无明显塑性变形；

4）有时可观察到放射状撕裂棱线花样，如人字形花样、松枝状花样等，如图 5 - 16 所示。

同样，放射状撕裂棱线的取向是判断宏观断裂源和扩展走向的依据，与撕裂棱线正交的曲线族代表裂纹扩展的瞬时位置，如图 5 - 17（a）所示。板状零件的拉伸撕裂断口上通常可以观察到人字纹花样，人字纹的收敛方向指向裂纹源，反向指向扩展方向。由于中心比表面裂纹扩展速度快，故呈人字形，如图 5 - 17（b）所示。

如图 5 - 18 所示，某盖板零件（材料牌号 3Cr2W8V）在脱模时沿应力集中根部圆角

图 5-16　吊具拉索脆性过载断口

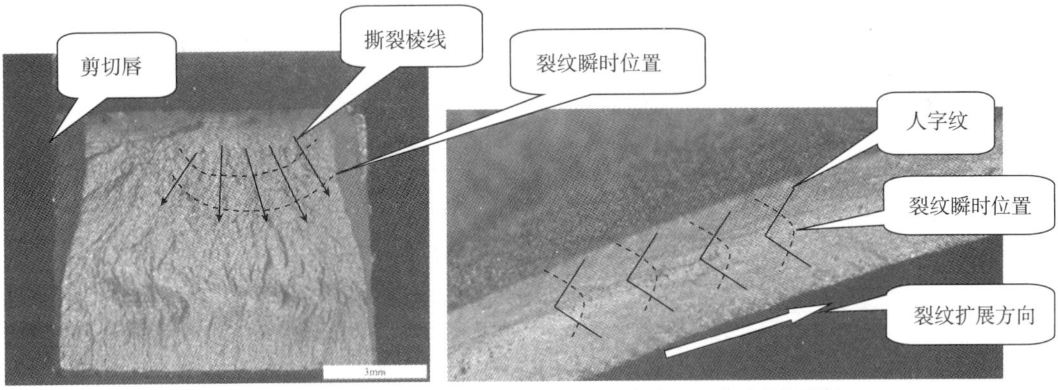

（a）35CrMnSiA冲击断口　　（b）TC4薄壁件撕裂断口

图 5-17　裂纹扩展方向及瞬时位置

发生断裂，四处断口均呈脆性断裂特征，断裂源位于上表面圆角根部，断面明显可见从上表面向下表面扩展的撕裂棱线，下表面的瞬断区可见少量剪切唇特征。

图 5-18　盖板零件断口宏观形貌

通过脆性断裂宏观断口上的撕裂棱线形态可以粗略估算材料性质和扩展速率。一般情况下，放射状的撕裂棱线是由裂纹急速扩展形成的。因此，当材料力学性能相同时，扩展速率越大，撕裂棱线越明显，而加载速率相同的情况下，材料脆性越大，断口上的撕裂棱线越明显、连续和细密。

在实际破断案例中，往往会碰到同一零件出现多处破断，那么就需要找出首断断口。脆性断裂首断断口的判断可以从断口上的撕裂棱线形态、断面粗糙程度、色泽等方面入手。

一般来讲，首断断口断面较为粗糙，撕裂棱线粗大、连续、明显，而次断口因应力状态的变化以及应力的重新分布，断口较为平坦、细密，撕裂棱线不明显。如图 5-19 所示，某重型车变速轴间分动箱体（ZL114A）因变质处理不足引起脆性过载断裂，断裂形成两处断口，首断断口断面较粗糙，可见到明显从内壁边缘向外发散的撕裂棱线。

图 5-19　轴间分动箱体断裂外观

(2) 断口微观形貌

脆性过载断裂按裂纹扩展途径可分为穿晶和沿晶两种。穿晶断裂又可分为解理和准解理两种断裂机制。

①解理断裂基本特征

解理断裂是金属零件在正应力作用下，快速沿特定的结晶学平面分离而发生的断裂。这个结晶学平面称为解理面，解理面通常是面间距较大、键合较弱而易开裂的低指数面，也是能量最小的晶面。如在体心立方金属中，解理面通常是 {100} 晶面，密排六方金属的解理面为 {0001}。在低温、高应变及结构上存在较大的应力集中条件下易发生解理断裂。

解理裂纹形核的位置大都萌生于有界面存在的地方及位错塞积的地方，如晶界、杂质及第二相界面处。解理裂纹的萌生理论较多，并没有统一，典型的理论有位错积塞、位错交叉滑移、刃型位错合并等，它们都是在解理生核前存在变形现象。解理断口微观形貌主要有以下重要特征：

1）解理台阶：解理裂纹沿着一族相互平行、不同高度的解理面扩展形成台阶。

2）河流花样：解理裂纹扩展中，台阶不断地相互汇集形成“河流花样”。河流花样是解理断裂重要的微观形貌，如图 5－20 所示。

3）解理舌状花样：解理舌状花样也是解理断裂的典型微观特征之一。它是解理裂纹沿形变孪晶-基体界面扩展时形成的。除此之外，解理断口还有鱼骨状花样、扇形花样等。

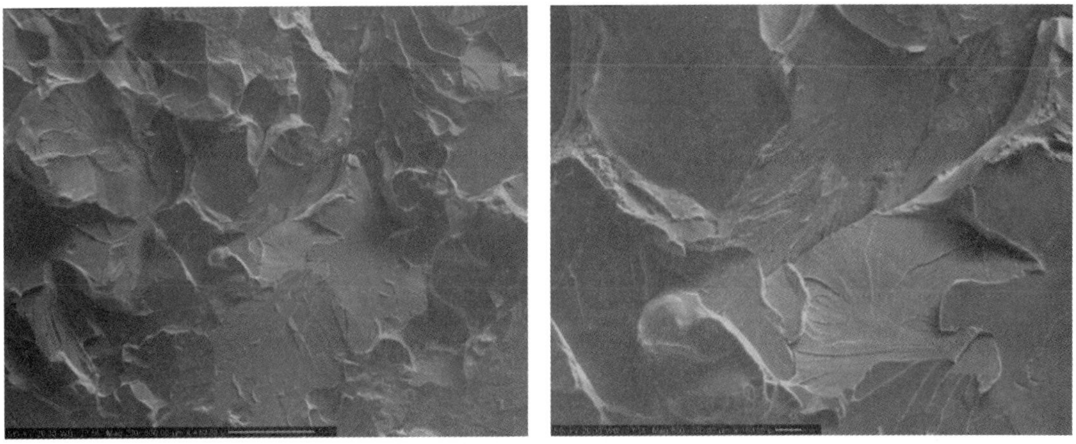

图 5－20　钨渗铜合金解理断裂特征

影响解理断裂的因素主要有环境温度、介质、加载速率、材料的晶体结构、显微组织、应力大小与状态等。面心立方晶体材料（如铝合金、镍基高温合金材料）一般不发生解理断裂，而发生准解理断裂，其特征很容易与解理特征混淆，如图 5－21 所示。

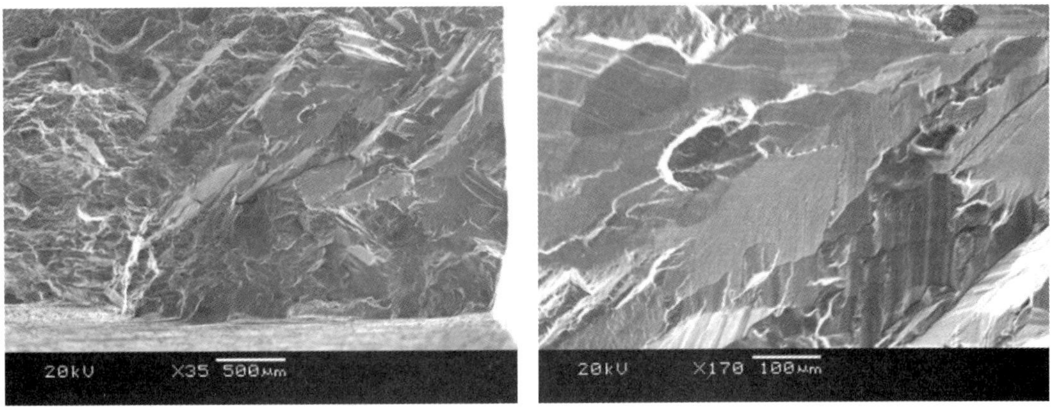

图 5－21　5A06 铝合金准解理断裂特征

在实际中也发现，塑性较好的材料在室温环境、简单应力状态下会发生解理断裂。如某 45 钢挂钩零件，正火处理，在板牙加工螺纹时多件拉伸过载断裂，平断口，整体呈暗灰色纤维状，心部有一道刻面光亮带，电子显微镜微观下呈解理断裂特征，纤维区呈拉伸韧窝特征，如图 5－22 所示。

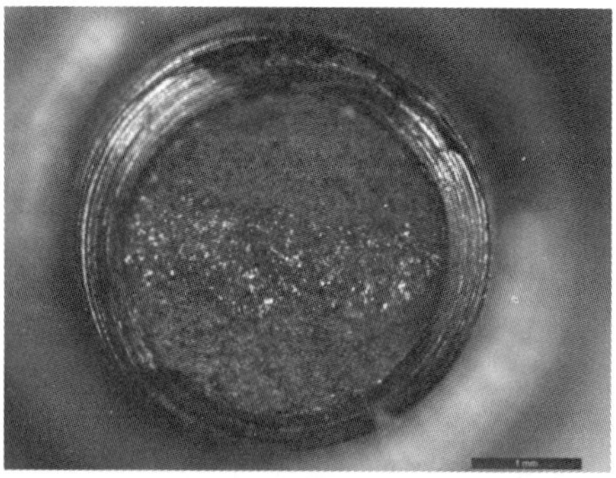

（a）断口宏观形貌

（b）光亮带微观解理特征

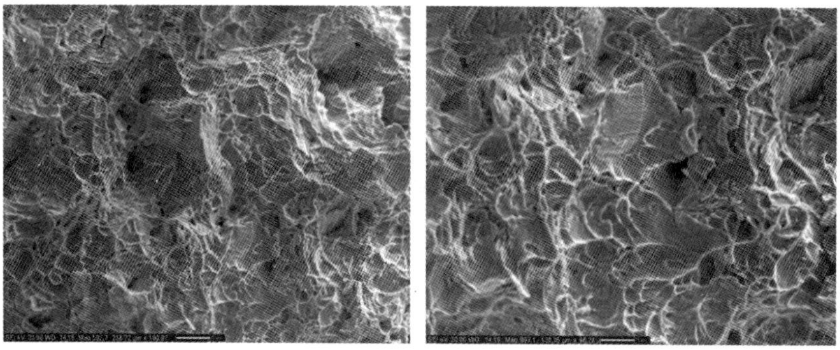

（c）纤维区微观拉伸韧窝特征

图 5－22　45 钢断口宏微观形貌

②准解理断裂基本特征

准解理断裂是介于解理断裂和韧窝断裂之间的一种过渡断裂形式。首先在不同部位（如回火钢的第二相粒子处）生成许多解理裂纹核，然后按解理方式扩展成解理小刻面，最后以塑性方式撕裂，与相邻的解理小刻面相连形成撕裂棱。其典型微观形貌有解理台阶和河流花样，此外还有韧窝和撕裂棱线，如图 5－23 所示。

（3）沿晶断裂基本特征

沿晶断裂又称为晶间断裂，它是多晶体沿晶粒界面分离，即沿晶界发生的断裂现象。沿晶断裂通常可分为两类：沿晶韧窝断裂和沿晶脆性断裂。沿晶韧窝断裂是由晶界沉淀的

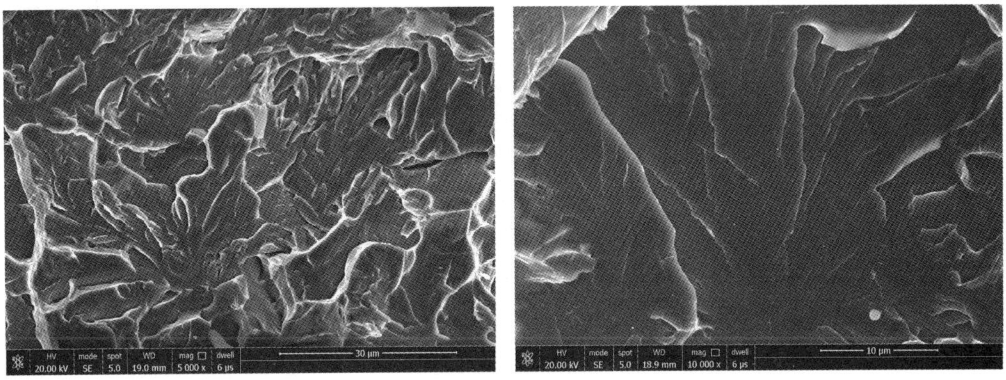

图 5－23　TC4 钛合金气瓶的氢致准解理断裂特征

分散颗粒作为裂纹核，然后沿剪切方向形成孔洞，最后孔洞连接形成细小的韧窝而分离，如图 5－24（a）所示。沿晶脆性断裂断口沿晶分离面平滑、干净，无微观塑性变形特征，往往呈冰糖状，如图 5－24（b）所示。

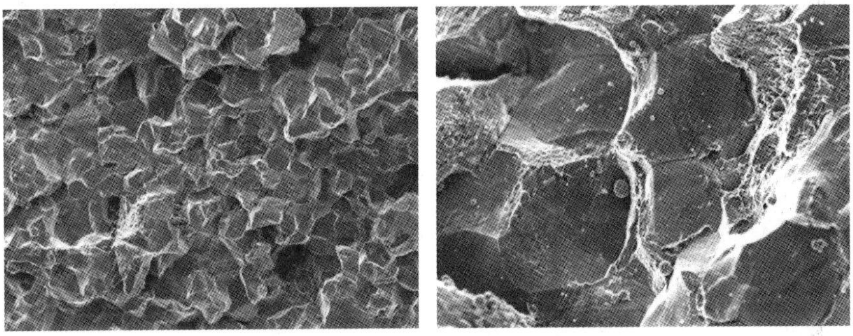

（a）20Cr13舵框组织过热引起的沿晶韧窝特征

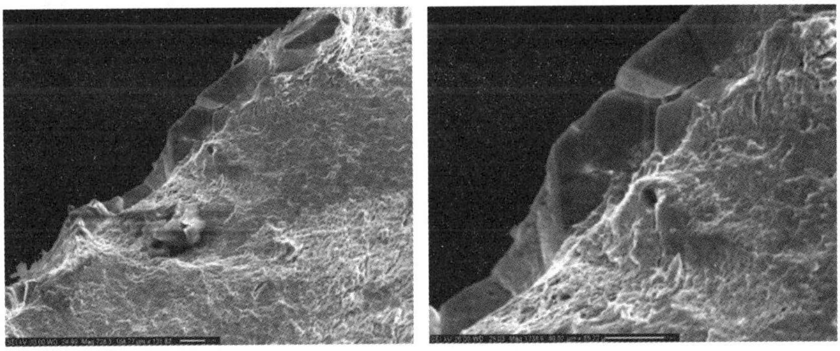

（b）30CrMnSiA紧固螺栓表层氢致沿晶脆性特征

图 5－24　沿晶断裂特征

造成沿晶脆性过载断裂的因素主要有以下四点：

1）晶界上存在有害杂质元素富集，如 P、S、As、Se、Sb、Sn 元素等，形成低熔点相在热环境下的复熔。

2）有第一、二类回火脆性温度经历或温度环境。其第一类回火脆性（200～400 ℃）机理与马氏体边界、晶界析出的碳化物膜有关，无法消除且不可逆；第二类回火脆性（450～550 ℃）机理与杂质元素 Sb、Sn、P 等沿晶界分布有关，与第一类回火脆性相比，第二类回火脆性可避免并具有可逆的特点。由于多数合金结构钢都是在调质状态下使用的，故第二类回火脆性更危险，也最为常见。

3）有过热、过烧组织热损伤的温度经历和温度环境，其机理与沿晶析出相的复熔有关，微观下可观察到晶界分离面上有氧化膜、熔化孔洞等特征，金相组织可观察到晶粒粗大，有过热组织出现。

4）存在其他导致晶界弱化的环境条件。如某纯钼加热体长期在高温真空下工作，由于腔体密封性下降，真空度不足，外界氧元素侵入并向晶界处扩散、迁移，与基体钼反应生成氧化钼，引起晶界脆化，导致材料热应力作用发生沿晶脆断。断口微观下全部为脆性沿晶特征，而未投入使用的新加热体人工断口为解理断裂特征，如图 5 - 25 所示。

（a）失效件脆性沿晶特征

（b）新加热体人工断口解理特征

图 5 - 25　钼加热体断裂微观形貌

5.2.3　氢致断裂

由于氢渗入金属内部导致损伤，从而使金属零件在低于材料屈服极限的静应力作用下导致的开裂或断裂失效称为氢致失效，俗称氢脆。氢脆多为突发的脆性断裂，断裂前没有明显预兆，裂纹扩展速率极快，从裂纹萌生到断裂时间极短，难以通过检测手段来预测或判断断裂是否会发生，而且氢脆大多具有“批次性”的特点，故氢脆的破坏性极强，危害性极大。在型号产品的设计制造中，采用大量的镀锌标准件，对于高强度的钢制结构件，通常酸洗后进行发蓝处理，这些环节中都有可能引入氢，从而造成氢脆失效。

5.2.3.1　氢的来源

通常根据氢的来源分为内部氢脆（金属内部原有）和环境氢脆（环境渗入）。内部氢脆主要通过以下两个途径产生：

1）金属冶炼、焊接及热处理等工艺过程中渗入氢。氢在金属材料中的溶解度随着温度降低而下降，当温度降低或组织发生转变时，过饱和氢来不及逸出，存留在金属材料基体内，如白点缺陷就是这样形成的。不同材料氢溶解度不同，氢脆的敏感度也不同，如型号产品中常用的钛合金材料就具有较强的吸氢能力和较大的氢溶解度，过饱和氢会与基体形成氢化物引起氢脆，在焊接中需要采取惰性气体保护，热处理应在真空环境下完成。而高强度钢中含氢量（指质量分数，下同）达到 10^{-6} 级就足以引起氢脆。

2）在电镀、酸洗环境中渗入氢。这类氢通常是在化学或电化学处理中渗入的，因此要尽量采取氢脆性较小的电镀液并在镀后进行除氢处理，或采用无氢脆的达克罗工艺等来减少氢的渗入。酸洗是利用酸溶液去除零件表面氧化、锈蚀和轻微擦伤的一种方法，其间化学反应产生的氢部分以分子态氢逸出，还有部分氢以原子态进入金属内部。因此，高强度钢和氢脆敏感材料原则上不允许酸洗，否则酸洗后应尽快除氢处理。

环境氢脆是指在特定使用环境下渗入氢并在静拉应力作用下发生的氢致损伤，其来源于氢蚀环境。环境氢脆失效在航天产品中极少出现，内部氢脆则较为常见。

5.2.3.2　氢脆机理

关于氢脆机理有多种观点，还没有统一的认识，如氢压理论、位错运动理论、氢吸附理论和晶格脆化理论，四种理论是彼此独立又相互联系的。位错理论能较好解释氢脆形变速率敏感性和在一定环境温度发生的现象，因此在这里做简单介绍。

我们知道，金属塑性变形方式主要是滑移，而滑移实际上是晶体位错的增殖和移动的结果。位错运动理论认为，含氢的合金在形变过程中会在位错周围形成特征氢气团，氢气团会随着位错一起运动，因此对位错有钉扎作用，使位错运动困难，并引起局部硬化，受外力作用。当位错运动到晶界等障碍物，位错运动被终止并在该处不断塞积，产生应力集中，氢也在此处不断富集，最终引起脆性开裂，所以可逆性氢脆常沿晶破坏。如温度过高或过低，都会因无法形成氢气团而使得氢脆现象消失。同样，形变速率大，氢气团因无法跟随位错运动速率，也就不会发生氢脆现象。

根据应变速率与氢致损伤敏感性不同，氢脆可分为第一类氢脆和第二类氢脆。第一类氢脆随着应变速度增加，氢脆敏感性也增加。这类氢致损伤往往都是金属内部含氢量过高造成的，而且工作前已经存在因氢导致的损伤，属于不可逆氢脆。常见的缺陷有发裂、白点、氢致鼓泡等，氢蚀、氢化物氢脆也均属于此类。

和第一类氢脆有所不同，第二类氢脆的特点是随着应变速率增加，氢脆敏感性降低。这类氢脆有的可逆，有的不可逆。其裂纹源萌生与应力有关，是应力和氢交互作用下逐步形成的，加载之前并不存在裂纹源。此类氢致损伤具有“延迟”的基本特点，即脆性断裂存在潜伏期（也称为孕育期），其延迟断裂行为与应力大小有密切关系。当应力水平低于氢致断裂临界应力时，零件长期服役也不会失效。当应力水平远高于临界应力时，也不会出现延迟断裂，而是发生瞬时过载断裂。只有当应力大小达到氢致断裂临界应力并处于一定范围时，才会发生延迟断裂。第二类氢脆是工程实践中最常见的一种失效形式，在实际断裂失效分析中，通常利用第二类氢脆应变速率敏感性来制备人工冲击断口，观察断口微观是否有沿晶特征来初步判断是否为氢脆。

5.2.3.3 氢脆断口形貌特征

氢脆断口特征与其他失效模式断口比较，有着较明显的特点。通过对断口宏微观特征进行判断，可以初步确定失效性质是否属于氢脆。

（1）断口宏观形貌

其断口宏观特征主要有：

1）断口附近无宏观塑性变形痕迹，呈正断，断裂位置一般有明显应力集中。

2）断面平坦，有放射花样，其收敛方向即为裂纹源。

3）断口往往分为氢脆区和非氢脆区。氢脆区一般呈光亮结晶状特征，断面较粗糙，色泽光鲜，断面平坦、干净，无腐蚀产物；非氢脆区呈暗灰色纤维状或细瓷状，有时还伴有剪切唇特征。图 5－26 所示为 30CrMnSiA 钢制螺栓氢脆断口宏观形貌。

4）原材料因含氢量过高而引起的氢脆在剖面可见到白点。

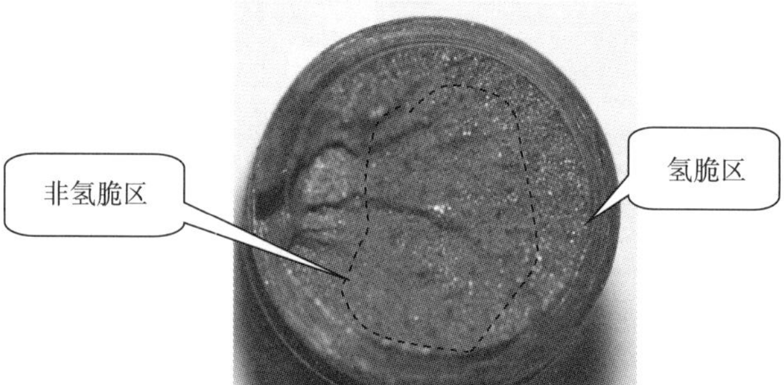

图 5－26　30CrMnSiA 钢制螺栓氢脆断口宏观形貌

（2）断口微观形貌

1）一般呈沿晶与穿晶的混合断裂特征，有时也会出现全部是冰糖状的沿晶脆性断裂特征；晶粒轮廓鲜明，撕裂棱或韧窝较多；有时可见白亮的、不规则的细亮条，一般可见二次裂纹特征，高强度钢典型特征在晶面上伴有撕裂棱（鸡爪痕），如图5-27所示。

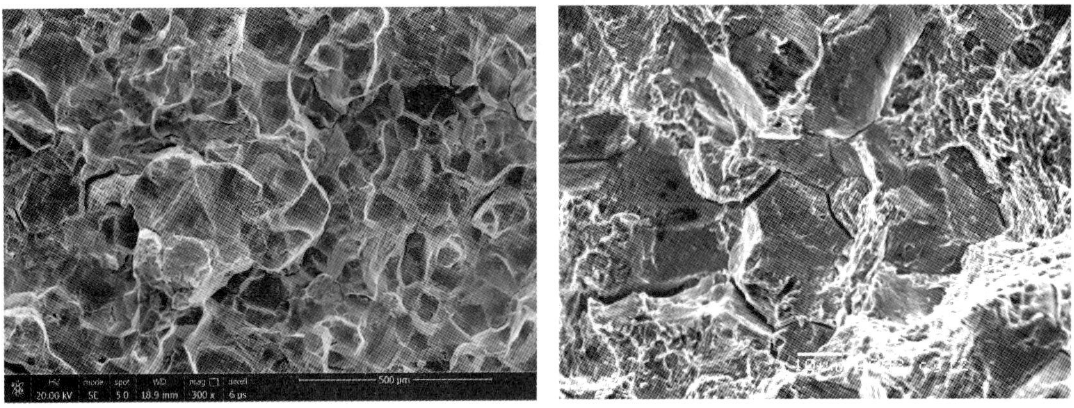

（a）40Cr转轴冰糖状沿晶特征　　（b）45CrNiMoVA扭杆沿晶+少量韧窝+撕裂棱特征

图5-27 氢脆沿晶断口特征

2）结构钢氢致断口上通常会表现出从一种断裂机制过渡到另一种断裂机制，在断口上呈现出多种断裂特征。如某65Mn弹簧挡圈发生氢致断裂，断口源区及扩展前期呈沿晶+少量韧窝断裂形貌，在扩展中期过渡到准解理+韧窝形貌，在扩展后期（瞬断区）过渡到全部韧窝形貌，如图5-28所示。有研究表明，氢致断口上出现这种多样性的断裂特征与裂纹尖端的应力强度因子 K 值有关，当 K 值较小时，呈沿晶特征；当 K 值中等时，呈准解理或解理断口，或准解理与韧窝混合特征；当 K 值较大时，呈穿晶韧窝特征。

3）钛合金氢致断裂机理与钢有所不同，属氢化物引起的第一类氢脆，其微观形貌特征一般呈解理或准解理特征。图5-29所示为某TC4激光焊接翼片发生环境吸氢引起的氢脆断裂，断口微观为针状马氏体基体上的准解理特征。

氢脆断裂源萌生的位置与应力分布有关，一般在三向应力最大的次表面，如图5-30所示。当表面存在尖角或截面突变等应力集中时，断裂源产生于表面。

5.2.3.4 氢脆性质的判断

氢脆性质主要从断裂时间、断口形貌、应力状态、材料强度、含氢量等方面来综合判断，具体如下：

1）工程中的氢脆多属于第二类氢脆，因此氢脆断裂一般具有延迟特点；

2）工作应力状态一般是静拉应力，包括外部工作应力和内部残余应力；

3）氢致断裂临界应力极限随着材料强度的升高而急剧下降，一般硬度低于22 HRC时不发生氢致断裂，而是产生鼓泡；

4）一般钢中的含氢量在 $5\times10^{-6}\sim10\times10^{-6}$ 以上就有可能产生氢脆，但对于高强度钢，即使钢中含氢量小于 1×10^{-6} 也可能会发生氢脆。

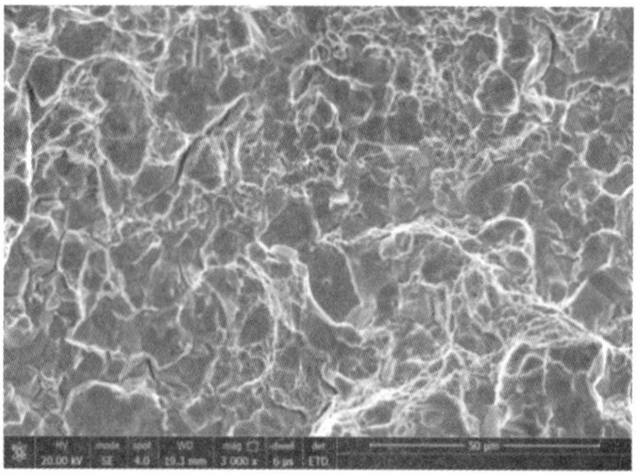

（a）断口源区及扩展前期的沿晶+少量韧窝特征

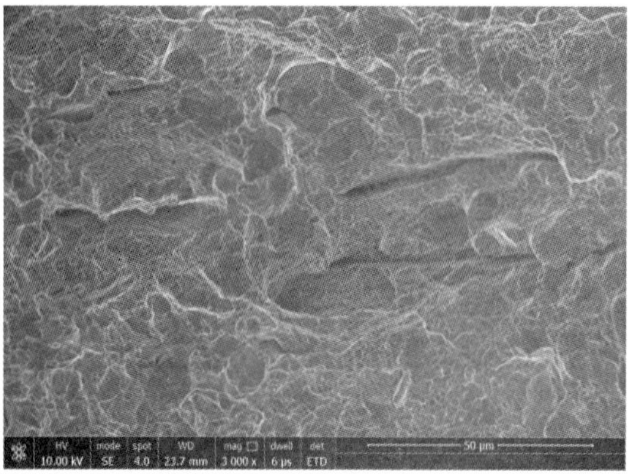

（b）扩展中期的准解理+韧窝特征

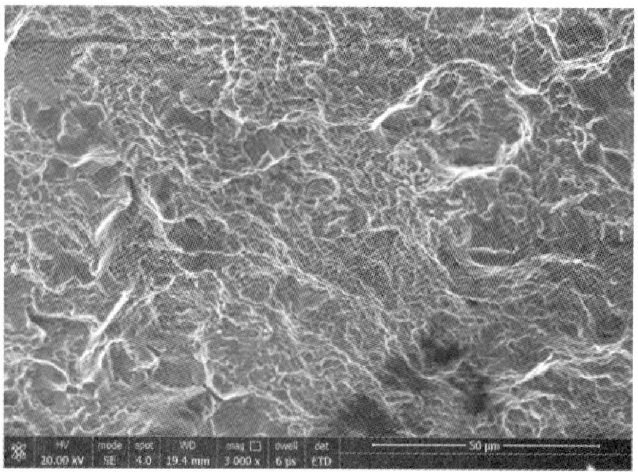

（c）扩展后期（瞬断区）的韧窝特征

图 5－28　65Mn 弹簧挡圈氢致断裂微观形貌

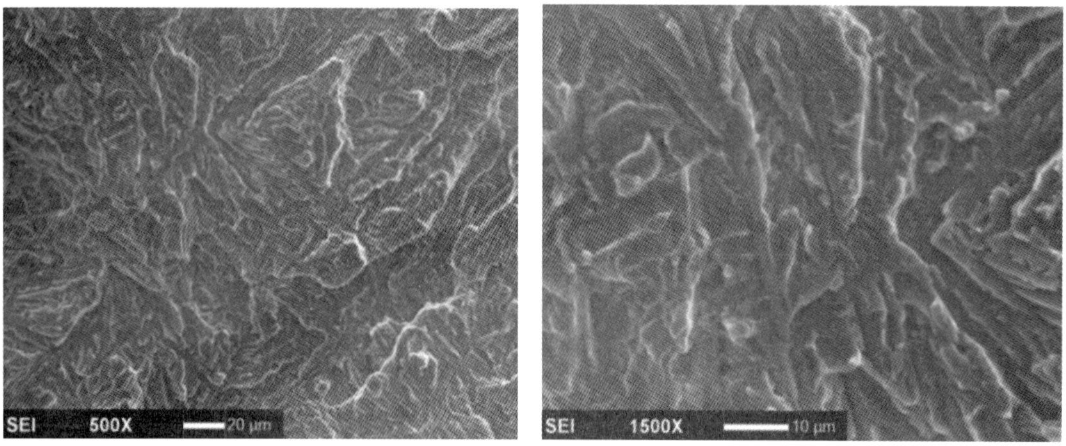

图 5－29　钛合金氢脆断口

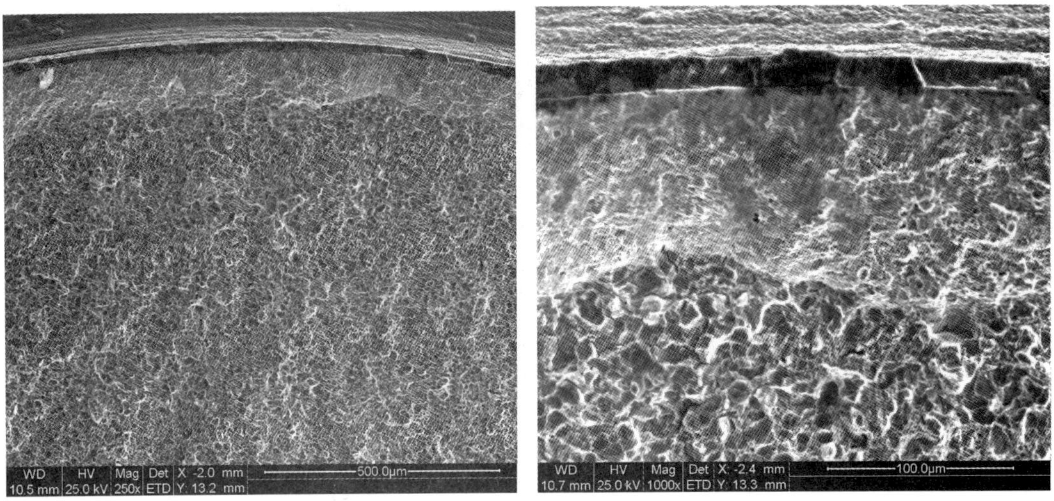

图 5－30　次表面起源的氢脆断口

5.2.3.5　氢脆的几点新认识

近几年来，笔者从接触的氢脆失效案例中发现了一些新现象和新认识，归纳起来主要有四点：

1）氢脆发生的应力条件不仅是静拉应力，在疲劳应力下也会出现氢脆，其作用是加快疲劳裂纹扩展速率，导致零件发生早期疲劳失效。如某 45CrNiMoVA 扭杆扭转疲劳与氢脆交织，在疲劳源区附近呈沿晶特征，扩展前期过渡为准解理特征并出现疲劳条带特征，如图 5－31 所示。本案例将在第 7 章中进行详细介绍。

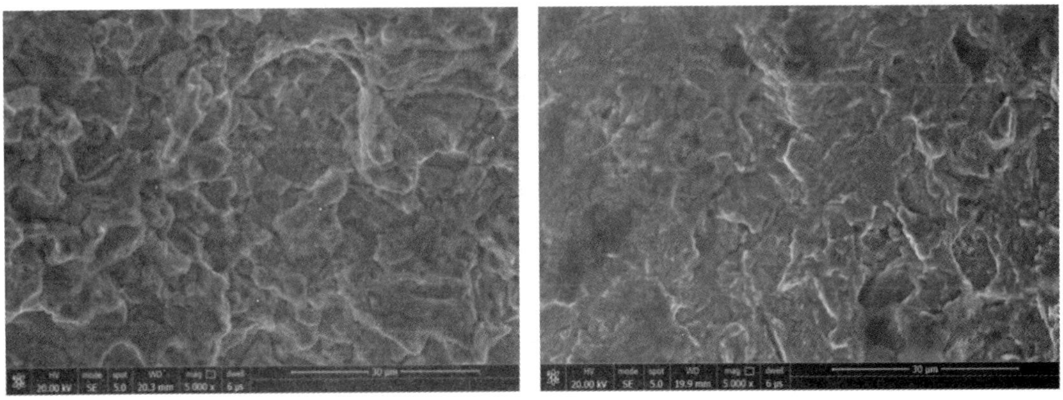

（a）疲劳源区附近的沿晶特征　　（b）扩展前期的准解理+疲劳条带特征

图 5－31　扭杆疲劳断裂断口微观形貌

2）当零件存在回火脆化时，能显著促进氢脆发生，降低氢脆发生的含氢量临界值。如某 65Mn 卡簧发生氢脆，人工冲击断口表明还存在一定程度的第一类回火脆性，如图 5－32 所示，含氢量远低于 1×10^{-6}。本案例将在第 7 章中进行详细介绍。

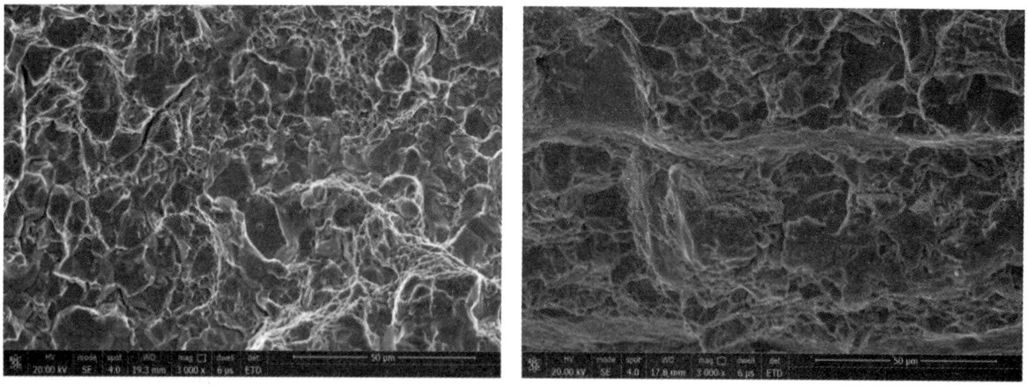

（a）原始断口的沿晶+少量韧窝特征　　（b）人工断口的沿晶+少量韧窝特征

图 5 - 32　65Mn 卡簧氢脆断口与人工断口微观形貌

3）超高强度钢撕裂棱（鸡爪痕）特征是氢致断口上的典型特征，它是一种在晶面上韧性撕裂的标记，但并不是所有的断口都能观察到。沿晶分离、晶面干净伴有少量韧窝特征的断口更多见。

4）零件含氢量不高，金相组织检查有大量塑性夹杂物，这种情况也会出现氢脆。其原因是塑性夹杂物具有较强捕获氢的能力，引起氢浓度分布不均，因局部含氢量偏高造成氢脆。

5.2.3.6　氢脆影响因素

影响零件发生氢脆的主要因素有含氢量、材料强度、金相组织、应力水平，这些因素的共同作用反映出对氢脆敏感性的影响，具体如下：

（1）含氢量的影响

氢的含量与氢在材料中的溶解度有关，材料不同，氢的溶解度也不同，同种材料塑性应变程度不同，溶解度也不同。另外，氢的溶解度还与材料晶体结构、显微组织有关。如氢在 γ - Fe 中的溶解度比在 α - Fe 和 δ - Fe 中大得多。含氢量对氢脆影响的共性规律是，含氢量越高，氢脆敏感性越大。

（2）材料强度也对氢脆有明显的影响

材料强度越高，开裂的临界含氢量越低，临界应力越低，氢脆敏感性越高。因此，对于高强度的黑色金属零件，其含氢量往往控制在 1×10^{-6} 以下；对于超高强度钢，氢脆敏感性更高，故通常不允许电镀处理。

（3）氢脆敏感性与材料金相组织也有显著关系

有研究表明，对于钢件而言，不同显微组织的氢脆敏感性程度不同。对于中低碳钢而言，马氏体或贝氏体组织抗氢脆性能最好，珠光体组织抗氢脆能力随珠光体的层间距减小而提高，高碳马氏体组织有较高的氢脆敏感性，回火马氏体组织则不明显。另外，钢材中夹杂物、成分偏析以及微观组织上的不均匀性都会成为氢捕获陷阱，从而诱发氢脆。

(4) 应力水平是导致氢脆的重要因素

应力包括工作应力和残余应力，应力梯度和浓度梯度都是氢迁移、聚集的驱动力，应力水平越高，微裂纹形核率越大，裂纹扩展速率也越大，延迟断裂的孕育期就越短。特别是当零件存在结构上的应力集中时，应力诱导下的氢脆敏感性将进一步增大。

5.2.4 疲劳断裂

疲劳断裂也是较常见的一种失效机制，它是材料在受到低于静强度的交变应力反复作用下缓慢发生并最终急速破坏的一种方式。疲劳断裂是经历一个由疲劳裂纹萌生再到稳定扩展最后到失稳扩展的过程。疲劳断裂属于低应力脆断，断裂前无明显变形，不使用特殊探伤设备无法察觉到损伤迹象，故危害性极大。

疲劳断裂按应力来源、环境条件不同主要分为三类，即机械疲劳、热疲劳和环境疲劳。

疲劳按循环周次可分为低周疲劳和高周疲劳。低周疲劳又称大应力或大应变、短寿命疲劳，是指零件在较高的交变应力作用下发生断裂的疲劳过程，其循环周次较低（一般$N_f \leqslant 10^4$）。高周疲劳又称低应力疲劳或长寿命疲劳，是指零件在较低的交变应力作用下发生断裂的疲劳过程，其循环周次较高（一般$N_f > 10^4$）。有时将N_f大于10^4而小于10^6称为中周疲劳。高周疲劳应力水平较低，但频率较高，多与激振有关。航天地面级底盘产品是按高周疲劳寿命来设计的，但实际苛刻的工况决定了多以大应力下的低周疲劳失效为主，上面级产品疲劳失效也多为大应力下的低周疲劳，以振动试验环境较常见，5.2.4.2节做重点介绍。环境疲劳、热疲劳这两类失效不常见，有兴趣的读者可以查阅相关文献。

5.2.4.1 疲劳断裂过程

疲劳断裂按其发展机理，可分为疲劳裂纹形核、裂纹稳定扩展和失稳扩展断裂三个阶段。裂纹稳定扩展按机理和特征不同又分为第一阶段和第二阶段。

(1) 疲劳裂纹形核

在交变载荷作用下，材料首先发生局部滑移，应力循环次数增加，逐渐形成滑移带，部分滑移带成为驻留滑移带，循环次数进一步增加，在驻留滑移带上形成挤入槽、挤出槽，裂纹在此形核。零件表面及内部缺陷引起的应力集中对裂纹的形核起到了促进作用。

(2) 裂纹稳定扩展第一阶段

裂纹形核后在交变载荷作用下沿滑移带主滑移面向金属内部扩散。此滑移面的晶向大致与正应力成45°，这时裂纹主要扩展应力是切应力。大多数变形金属材料裂纹扩展的第一阶段深度很浅，在2～5个晶粒之内。这个阶段的微观特征通常与材料类型、应力状态以及环境介质等因素有关，加上断面之间的相互摩擦和挤压，通常很难分辨出来。

(3) 裂纹稳定扩展第二阶段

疲劳裂纹在切应力作用下扩展一段距离后受正应力主导，开始沿着与正应力垂直方向扩展，这就是裂纹稳定扩展的第二阶段。在这个阶段，典型宏观特征有疲劳弧线，微观特征有疲劳条带。疲劳弧线与疲劳条带形成机理相同，形成时期有所不同，主要与应力大小有关。在裂纹扩展初期，应力很小，扩展速率也较小，形成了微观上的疲劳条带特征，在裂纹扩展中后期，应力变大，扩展速率也变大，形成了宏观上的疲劳弧线特征。关于疲劳条带的形成观点有很多，但还没有统一，目前较为主流的观点有以下三种：

1）疲劳裂纹尖端在一次循环中的压缩阶段，裂纹的两个面紧靠在一起，裂纹尖端表面产生塑性变形，接着在下半个拉伸循环中，裂纹角度张开，并使裂纹扩展向前产生一个增量，形成一个条带。

2）疲劳裂纹尖端存在显微空穴，当空穴长大到一定尺寸时，便与主裂纹连接，使裂纹向前扩展形成一个条带。

3）疲劳裂纹扩展过程中，裂纹尖端首先沿解理面断裂成一小段距离，然后因裂纹前端塑性变形而停止扩展。当下一周期开始时，又做解理断裂，如此往复即形成脆性解理疲劳条带。这种解理疲劳断裂特征在工程案例中较为常见。

（4）裂纹失稳扩展断裂

当裂纹前端应力场强度因子增加至断裂韧度后就发生失稳快速断裂，称为瞬时断裂，断口对应区域称为瞬断区。

5.2.4.2　疲劳断口形貌特征

（1）断口宏观形貌

典型断口宏观形貌包括疲劳源区、疲劳扩展区和瞬断区。按断面取向以及应力不同可分为切向疲劳断口和正向疲劳断口，其中在正应力作用下发生的疲劳断裂较为常见，其断面与正应力大致垂直。

宏观疲劳源区一般位于零件表面或次表面应力集中部位，由于裂纹扩展速率缓慢，源区暴露在介质环境中时间较长，氧化及污染较重。另外，裂纹面受反复张开和闭合挤压、摩擦痕迹较重。具体来讲，宏观特征主要有：

1）断面颜色较其他区域颜色深，如在一定腐蚀工作环境，还可见氧化或腐蚀痕迹，经历时间越长，痕迹越重。

2）断面平坦、光滑、细密，有磨损痕迹。当裂纹以沿晶、准解理或解理特征扩展时，断口上会出现小刻面特征。

3）当疲劳源呈点源特征时，通常可见到从源区向外辐射的疲劳台阶（放射棱线）。当疲劳源呈线状特征时，疲劳台阶呈线状分布，如图5－33所示。

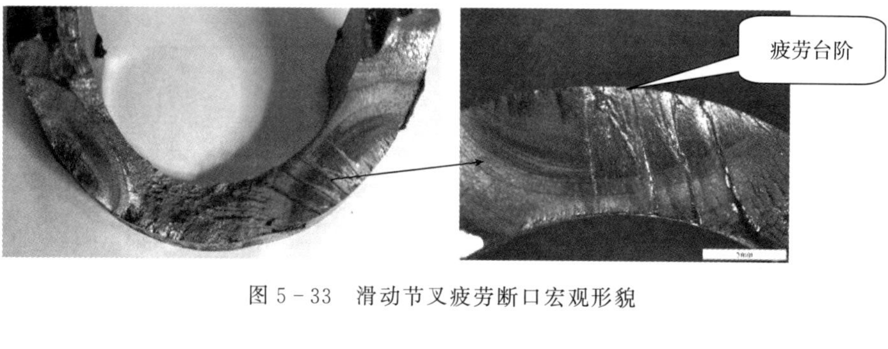

图5－33　滑动节叉疲劳断口宏观形貌

以上三点是疲劳断裂源区的一般特征，受材料、应力状态和环境等因素的影响，这些特征并不都会出现，也并不典型，通常需要借助体视显微镜来观察、判断。当存在多个疲劳源时，需要找出主源，可能还需要结合疲劳扩展区的宏观特征来判断。

疲劳扩展区断面较平坦，与主应力相垂直，颜色介于源区与瞬断区之间，疲劳断裂扩展阶段留在断口上最基本的宏观特征是疲劳弧线，又称海滩花样或贝壳花样。疲劳弧线是载幅发生较大突变或局部材料性能发生改变引起裂纹扩展速率变化，或因高温氧化而在断口上留下的痕迹，也形象地称为疲劳裂纹“休止线”，其形状通常是由源区发出的一道道圆弧。疲劳弧线是宏观上判断疲劳失效的主要依据，但并不是所有的疲劳断口上疲劳弧线都清晰可见，疲劳弧线的清晰度以及形貌特征与多种因素有关，具体如下：

1）疲劳弧线的清晰度与载荷稳定性、材料性质及工作环境等因素有关。当交变载荷幅度未发生大的突变或恒应力条件下疲劳弧线不出现或很不明显，在高温或腐蚀环境下，断口上的疲劳弧线较为清晰，如高温疲劳断口、应力腐蚀疲劳断口。塑性材料比脆性材料在疲劳裂纹扩展中更容易产生“停歇”现象，因此疲劳弧线更清晰。

2）疲劳弧线的密度（数量和间距）与载荷循环次数和载幅变化有关。循环次数越多，弧线数量越多，疲劳扩展区面积占比越大，表明疲劳扩展越充分；载幅越大则间距越大。疲劳弧线间距的规则性反映出载荷的规则性。若疲劳弧线密度越大，则表征材料塑性较好或疲劳裂纹扩展较缓慢。

3）疲劳弧线的形状与疲劳裂纹在零件材料外周及内部扩展速率有关。如缺口敏感性大的材料，疲劳裂纹沿外周扩展速率较内部扩展速率快，所以疲劳弧线由疲劳源起始较为平坦向前扩展，当扩展到一定程度时，即以反弧度向前扩展直到断裂。对缺口不敏感或敏感性较小的材料，疲劳裂纹沿外周扩展速率较内部扩展慢，故疲劳弧线围绕疲劳源呈同心圆形状向前扩展。

瞬断区是最后断裂的区域，对于塑性较好的材料，有时会出现剪切唇特征。在通常情况下，瞬断区的面积可用来评估疲劳载荷水平以及材料的性质，瞬断区面积较大，则表明载荷较大或材料较脆；相反，瞬断区面积较小，则表示承受载荷减小或材料塑性较好。如发动机连杆（材料牌号 42CrMo）工作中发生疲劳断裂，断口上明显可见疲劳三个区域，疲劳源呈点源特征，疲劳扩展较充分，疲劳弧线清晰，密度大，约占断面面积的 1/2，在瞬断区出现了剪切唇特征，如图 5－34 所示。

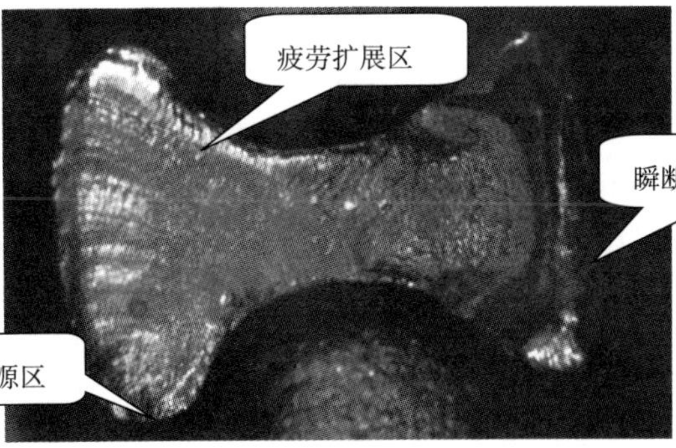

图 5－34　连杆拉压疲劳断口宏观形貌

（2）断口微观形貌

疲劳断口上典型的微观特征就是疲劳条带，又称疲劳辉纹，它主要出现在疲劳裂纹扩展的第二阶段。它的形成机理与疲劳弧线相同，是载幅在微观尺度上突变留下的痕迹。疲劳条带由一系列基本相互平行、略呈弯曲（凹向指向疲劳源）的众多条纹组成（见图 5 - 35），与裂纹局部扩展方向垂直。理论上每一条疲劳条带代表了裂纹前沿在每个应力循环中的位置，也被形象地称为裂纹前沿“休止线”。但在工程实际中并非完全对应，如图 5 - 35 所示。与断口上出现疲劳弧线特征一样，疲劳条带也是判断疲劳断裂的充分但不必要条件。

（a）42CrMo钢拉压疲劳

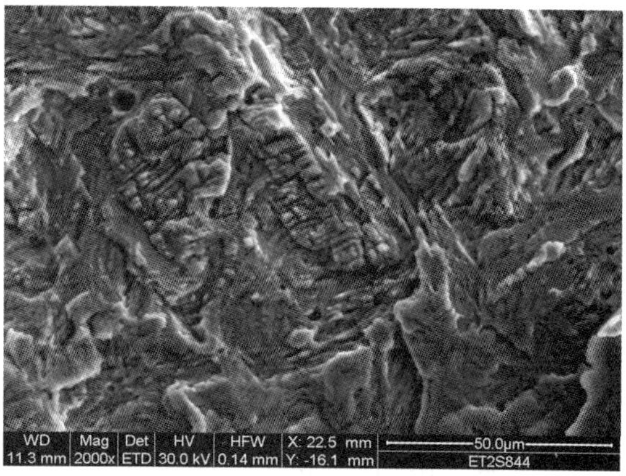

（b）0Cr17Ni4Cu4Nb钢旋转疲劳

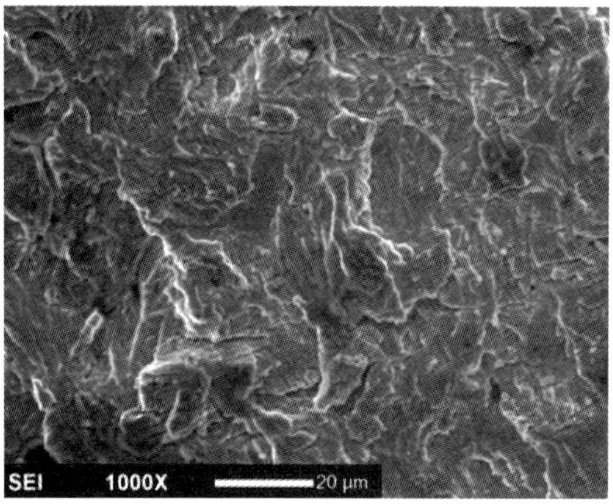

（c）30CrMnSiA钢弯曲疲劳

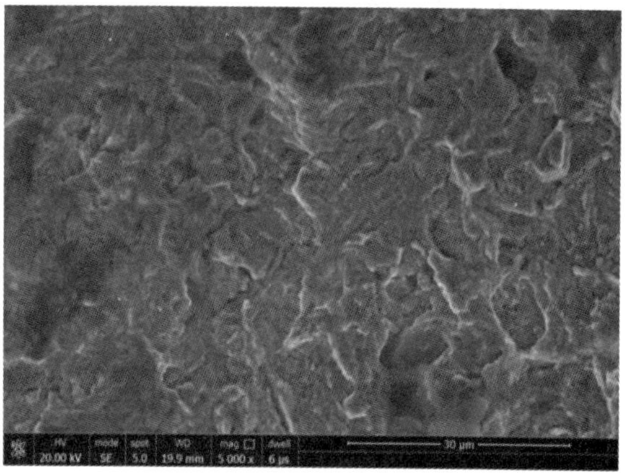

（d）45CrNiMoVA钢扭转疲劳

图 5 - 35　常见疲劳条带特征

疲劳条带通常分为延性疲劳条带和脆性疲劳条带。延性疲劳条带因裂纹扩展，尖端发生了较大的塑性变形，因此在微观形态上连续地向一个方向弯曲，图 5 - 36（a）所示为某拉杆零件拉-压疲劳断口微观特征，延性疲劳条带发生在延性材料疲劳断口上。脆性疲劳条带是裂纹沿解理平面扩展，尖端塑性变形小，故也称为解理条带。图 5 - 36 所示为某螺栓弯曲疲劳断口微观上的疲劳条带特征。脆性疲劳条带的主要特征是条纹被放射棱线分割成许多小块，每个小块上的条纹平行连续，与相邻小块上的条纹不连续。脆性疲劳条带发生在脆性材料疲劳或一定腐蚀环境下延性材料的疲劳断口上。

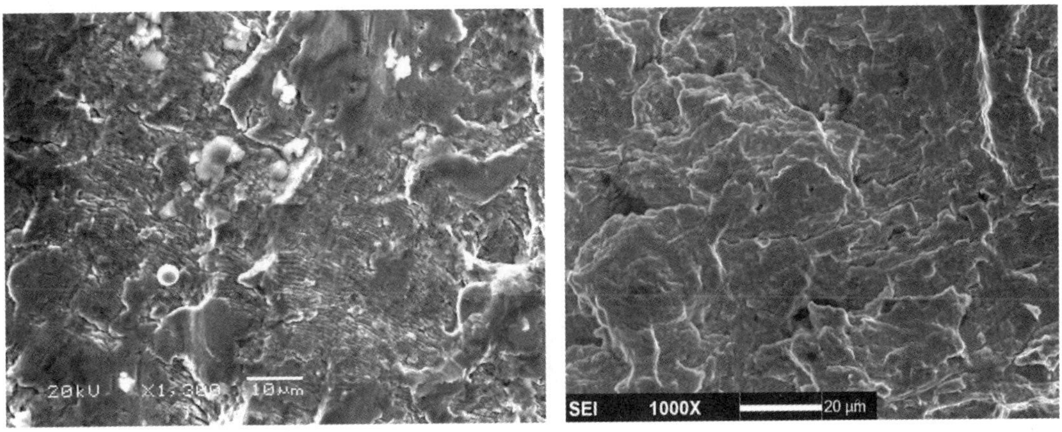

（a）延性疲劳条带　　（b）脆性疲劳条带

图 5 - 36　某螺栓弯曲疲劳断口微观上的疲劳条带特征

疲劳条带是疲劳断口上典型的微观特征，但在疲劳断口上并不都清晰可见，影响疲劳条带清晰度的因素主要有应力状态、材料性质以及环境条件等。疲劳条带只有在疲劳裂纹前端的应力状态处于张开型平面应变的条件下才会出现。塑性材料因滑移系较多，故比脆性材料易于出现疲劳条带。有时当疲劳断口局部受到摩擦、挤压等损伤或氧化腐蚀后也难以观察到。

疲劳条带也不总是出现在疲劳源附近，如某 20Cr13 马氏体不锈钢支架拉压疲劳断裂，断口源区受到轻微腐蚀，隐约可见准解理和韧窝混合特征。在裂纹扩展中后期局部才可见到疲劳条带，条带数量较少，需要细致观察，如图 5 - 37 所示。

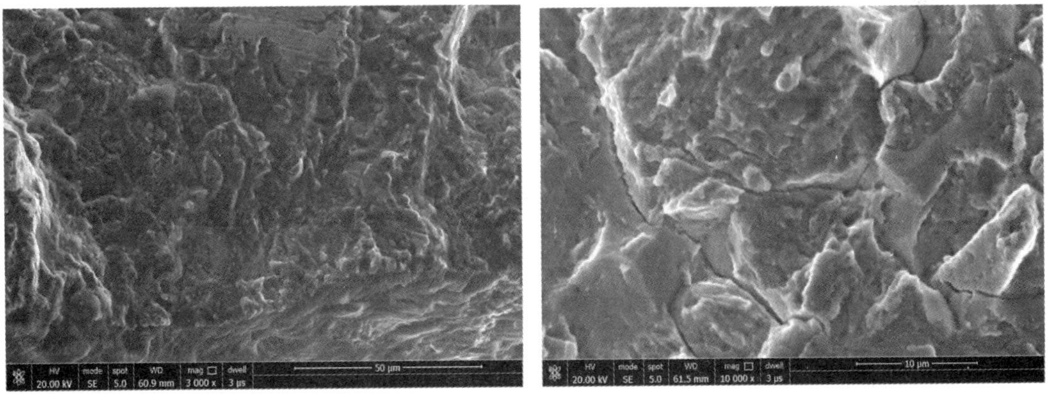

（a）源区准解理及韧窝特征　　（b）扩展中后期韧窝和准解理断裂特征

图 5 - 37　20Cr13 支架零件拉压疲劳断口微观特征

5.2.4.3　疲劳性质的判断

对于疲劳性质的判断，主要从断口宏微观特征以及受载情况两方面综合判断，具体情况如下：

1）疲劳断口宏观按特征一般分为两个分区，即平坦细密区和粗糙区。平坦细密区为疲劳区，典型特征有疲劳弧线，有时可见从疲劳源向外辐射的疲劳台阶。粗糙区为瞬断区，有时在该区域也可见到从疲劳区向外辐射的扩展棱线，如图 5－38 所示。对于塑性较好的材料，有时在瞬断区边缘可见剪切唇特征，如图 5－39 所示。

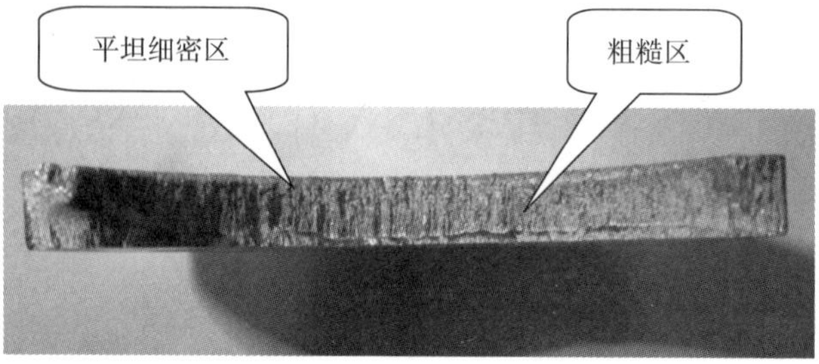

图 5－38　2A12 缸体振动疲劳断口

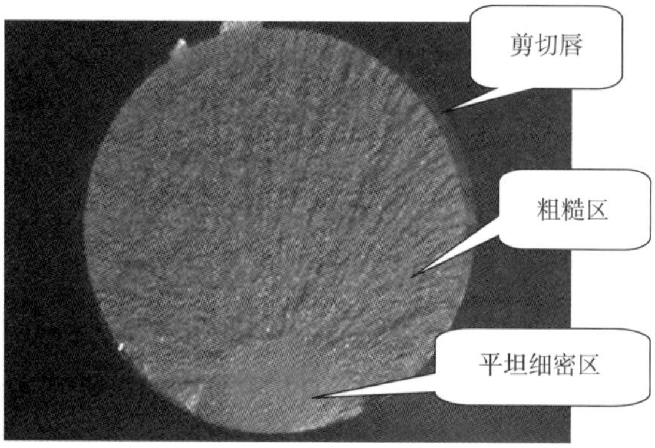

图 5－39　H13 钢拉伸疲劳试验断口

2）疲劳断口微观特征是疲劳条带。通常疲劳弧线与疲劳条带会同时出现，但两者不同时出现的情况也存在，甚至两者都不出现的情况也有，特别是当疲劳机制与其他机制交织复合作用时，就需要结合零件的工作应力来分析。

5.2.4.4　疲劳源的判断

疲劳源主要从以下两方面来确定。首先从零件结构、状态来确定：疲劳源往往都在应力集中或强度薄弱部位的表面或亚表面，如结构上的转角、沟槽和尖角，原材料缺陷，机械加工产生的切削刀痕，电火花加工热损伤处等。另外从断口宏观形貌特征，即从断面粗糙程度、光泽度，疲劳弧线形状，扩展棱线的起源位置等几方面来综合判断，具体如下：

1）如在断口疲劳区有明显的疲劳台阶，台阶的收敛处为疲劳源区。如某特种车辆螺栓单向弯曲疲劳断裂，断口腐蚀较重，疲劳源位于一侧牙底边缘，源呈线性特征，有明显的疲劳台阶，疲劳扩展区平坦，疲劳弧线平直，瞬断区位于疲劳源对侧，断面较粗糙，呈暗灰色纤维状切断断口特征，如图 5－40 所示。

2）有些疲劳断口上宏观未见疲劳弧线，微观未见疲劳条带，但从受力状态上仍可判

图 5－40　40Cr 紧固螺栓疲劳断口宏观形貌

断是疲劳断裂，宏观断口上出现类似过载断裂的三要素，即纤维区、放射区和剪切唇区，则纤维区的中心即为疲劳源区。如 6061 铝合金 MIG 焊缝经 2 万次拉伸疲劳断裂，宏观下疲劳区呈光亮小刻面特征，有明显的疲劳台阶，未见疲劳弧线，电子显微镜微观下观察疲劳区呈准解理特征，也未见疲劳条带特征，如图 5－41 所示。

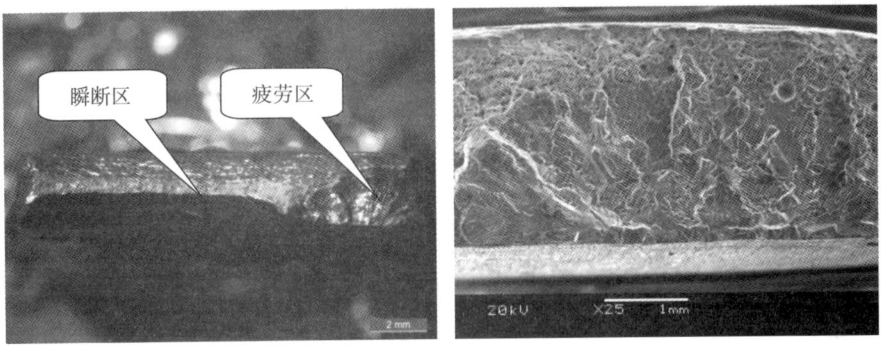

（a）断口宏观形貌　　（b）疲劳区微观形貌

图 5－41　6061 铝合金 MIG 焊缝拉伸疲劳断口形貌

3）如宏观断口明显分为疲劳区和瞬断区，在疲劳区有明显的疲劳弧线特征，则曲率最小弧线的中心即为疲劳源，如图 5－42 所示。有时受到材料缺口敏感性的影响，疲劳弧线不呈弧线特征而呈直线特征，如图 5－41 所示。

图 5－42　5A06 铝合金气筒疲劳断口宏观形貌

4）对于多源疲劳，需要根据断口上疲劳弧线的密度、疲劳源区的光泽度和疲劳台阶来综合判断主源。具体来讲，主源起源最早，应力小，裂纹扩展速率慢，经历时间长，故疲劳弧线密度大，一般没有疲劳台阶，源区最光滑、光亮。若存在特定工作环境，则腐蚀或氧化最重。

5）如果零件工作在氧化或腐蚀环境，则疲劳断口上颜色最重部位为疲劳源，新鲜、光亮部位为瞬断区。

5.2.4.5 常见交变载荷疲劳典型断口形貌

开展疲劳断裂失效分析的主要工作内容包括判断疲劳载荷类型、评估疲劳名义应力水平、识别疲劳起源和名义应力集中程度，这些信息的获取通常都是从分析疲劳断口宏观形貌特征入手的。在机械疲劳失效中，常见的交变载荷类型有拉-拉或拉-压、单向或双向弯曲、旋转弯曲、扭转等几类，研究光滑、带缺口（表示应力集中大小）轴类零件疲劳断口特征有较高的借鉴意义，如图 5-43 所示。

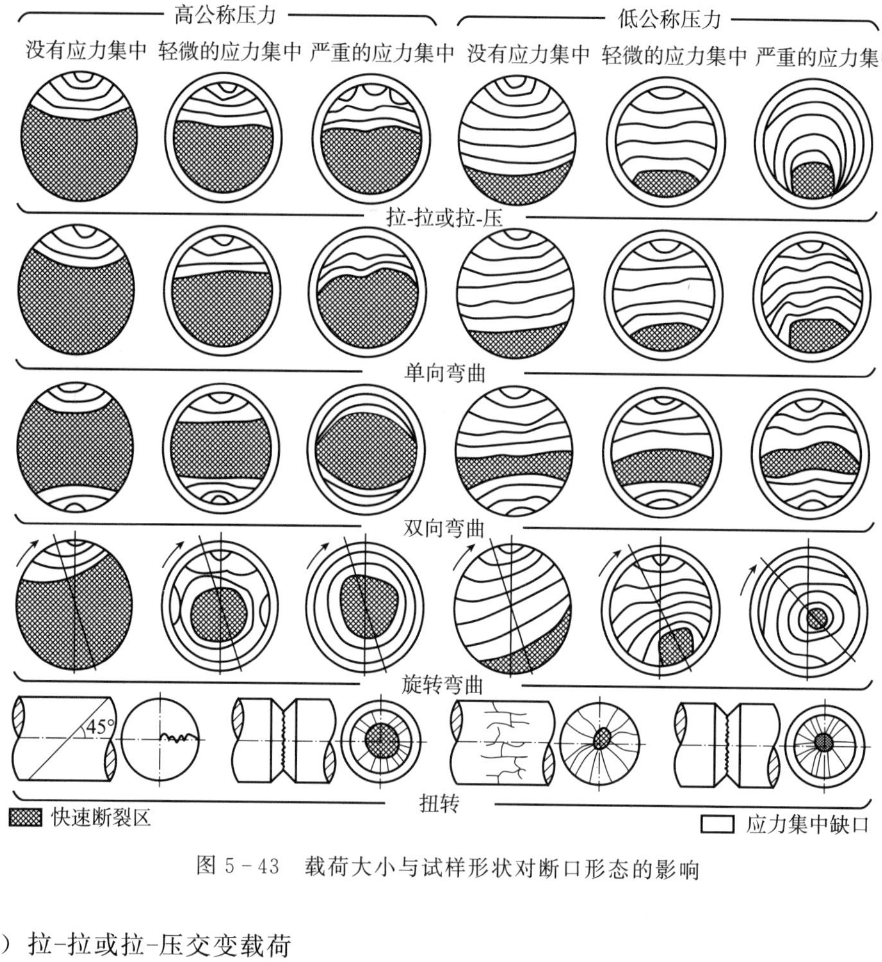

图 5-43 载荷大小与试样形状对断口形态的影响

（1）拉-拉或拉-压交变载荷

在拉-拉或拉-压交变载荷下，应力沿着整个零件横截面均匀分布，疲劳源的位置主要取决于缺陷在零件中的分布位置。当应力水平较高，没有明显应力集中的条件下，裂纹单点起源，位于外表层，呈凹形疲劳弧线向对侧扩展，瞬断区占比较大，疲劳扩展区较小。当应力水平不变情况下，随着应力集中程度的增大，两侧裂纹扩展速率较中心快，疲劳弧线变得扁平。当应力集中较严重时，裂纹多点起源。当应力水平较低时，疲劳裂纹扩展较为充分，故瞬断区占比较小，疲劳扩展区较大，同时，随着应力集中增大，疲劳弧线由正弧度逐渐变化为反弧度向对侧扩展。

（2）单向弯曲交变载荷

零件承受弯曲载荷时，单侧表面正拉应力最大，裂纹在最大正拉应力表面形核，然后沿着与最大正应力相垂直的方向扩展，弯曲疲劳断口一般与其轴线成 90°。断口宏观特征与拉-拉或拉-压疲劳断口类似。

（3）双向弯曲交变载荷

在双向弯曲交变载荷作用下，裂纹从相对两侧表面起源，同时向内扩展。当存在应力集中时，裂纹在两侧扩展速度较中心快，疲劳弧线趋向扁平并向反弧度过渡。如某产品连接螺栓运输振动双向弯曲疲劳断裂，断口宏观形貌如图 5 - 44 所示。

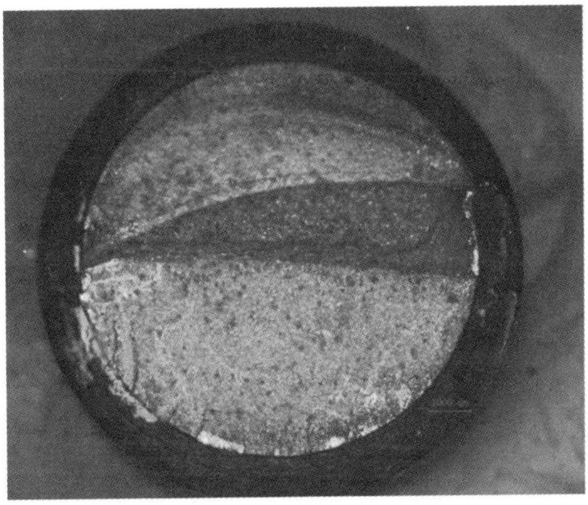

图 5 - 44　连接螺栓双向弯曲疲劳断口宏观形貌

（4）旋转弯曲交变载荷

旋转弯曲疲劳时，疲劳源在应力最大的两侧表面，且裂纹发展的速度较快，中心较慢，其疲劳弧线较扁平。

在旋转弯曲交变载荷条件下，名义应力以及应力集中大小的变化对断口瞬断区的位置有影响。在无明显应力集中情况下，名义应力的变化主要影响断口瞬断区与疲劳区的面积占比，公称应力大，瞬断区面积较大，反之，瞬断区面积小。

应力集中大小对旋转弯曲疲劳断口的影响如图 5 - 45 所示。当应力集中小（根部圆角过渡），名义应力也小时，疲劳源仅在一处形核，瞬断区发生在外周；当应力集中小，而名义应力大时，外周疲劳源点增多，形成大量的沿径向分布的疲劳台阶，瞬断区出现在轴中心；当应力集中大，名义应力小时，周界上裂纹扩展速率加大，瞬断区向中心偏移；当名义应力与应力集中均大时，外周疲劳源点急剧增多，瞬断区面积大且基本分布在中心。如某转轴在肩根部发生旋转弯曲疲劳断裂，断口特征如图 5 - 46 所示，可以看出，瞬断区大致位于轴中心，呈纤维状暗灰色，疲劳弧线呈同心圆特征。

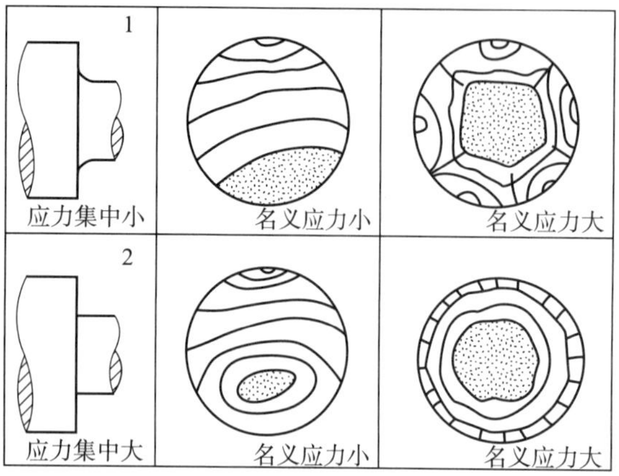

图 5－45　应力集中大小对旋转弯曲疲劳断口的影响

图 5－46　旋转弯曲疲劳断口

疲劳裂纹扩展因受到轴旋转的影响，故瞬断区相对疲劳源区形成一个反向的偏转角度。因此，可以通过疲劳源区与瞬断区的相对位置推断出轴的旋转方向。偏转现象随着材料的缺口敏感性的增加而增加，应力越大，轴的转速越慢，周围介质的腐蚀性越大，则偏转现象越严重。如某重型底盘联轴器连接螺栓发生旋转弯曲疲劳断裂，断裂部位位于内螺纹连接端面，螺栓螺纹杆根部一侧有较重的螺牙挤压变形痕迹，断口观察疲劳源位于一侧边缘，疲劳扩展较充分，疲劳弧线较平直，瞬断区发生偏转，根据偏转方向推断出螺栓的旋转方向，进一步分析旋转方向正是螺栓松脱方向，如图 5－47 所示。

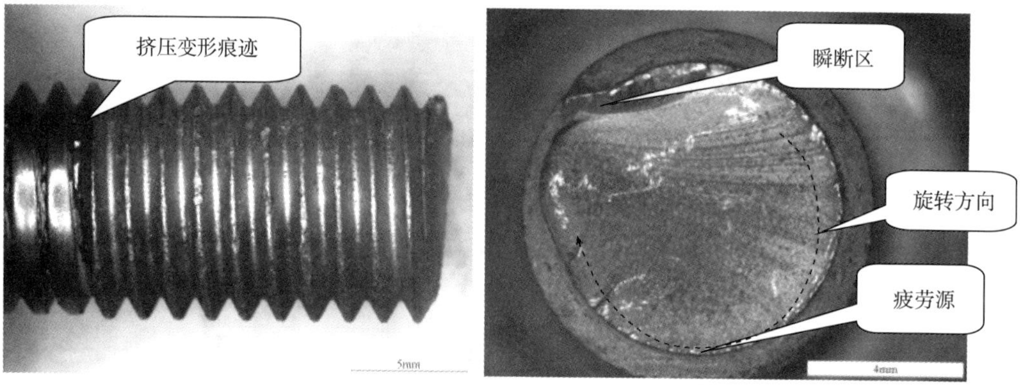

图 5－47　重型底盘联轴器连接螺栓疲劳断口

当弯曲轴截面发生显著变化（如轴颈、轴肩），产生应力集中时，因裂纹扩展方向会垂直正拉应力，故断口会呈皿状形貌。如某重型底盘连接螺栓双向弯曲断裂，断裂部位位于螺栓头与杆部交汇根部，断口形貌如图 5－48 所示。

（5）扭转交变载荷

扭转疲劳断口的基本形态见表 5－1，其断口类型基本分为三类，即正断型、剪断型和复合型，每种类型断口还存在一定变异型。脆性材料一般会形成沿 45°方向的正断型旋涡

图5-48　皿状断口

状断口。如断裂位置存在轴肩、轴颈结构的应力集中，在双向交变扭转载荷下，一般从表面多点起源的裂纹会沿着±45°两个方向扩展，相邻裂纹交汇后形成正断型锯齿状断口，而在单向交变扭转载荷作用下，只沿45°方向扩展，最后连接部分破断而形成正断型棘轮状断口。塑性材料交变扭转载荷一般是剪切型的平断口。

表5-1　扭转疲劳断口的基本形态

扭转断裂的类型	基本型	变异型	
		1	2
正断型	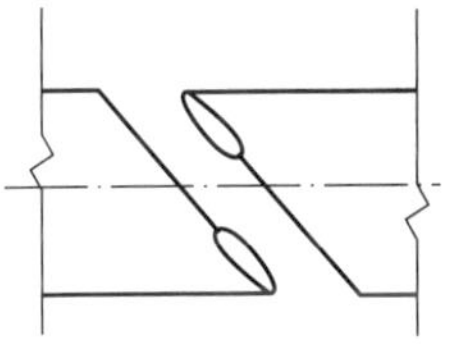	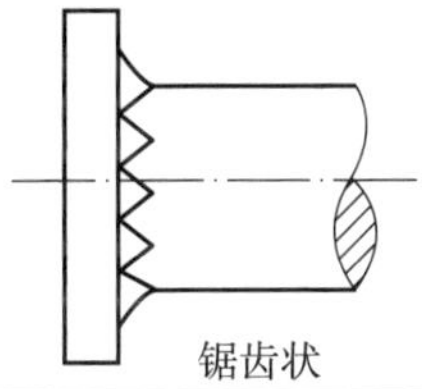 锯齿状	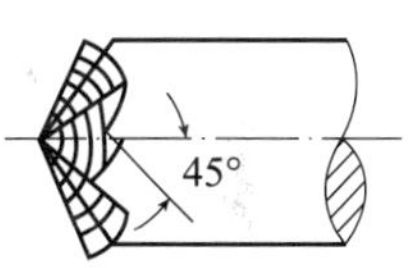 星型
剪断型	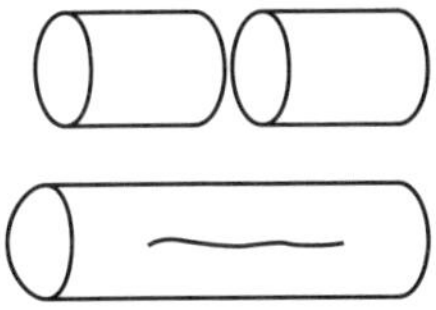	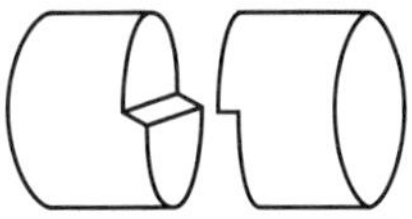 小台阶	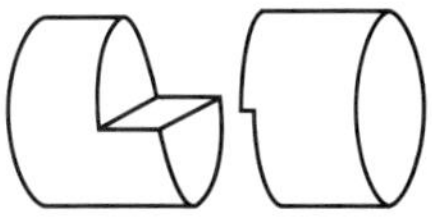 大台阶
复合型	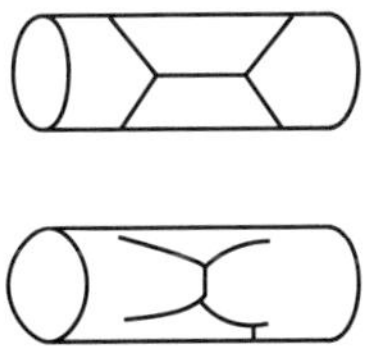	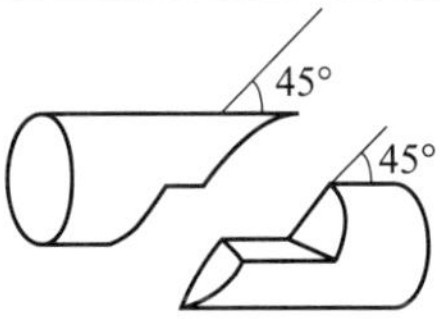	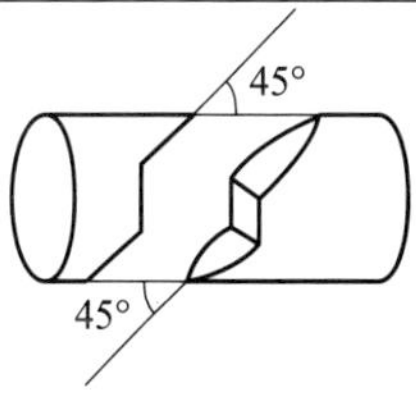

如果在轴上开有轴向缺口，如轴上的键槽和花键，则在凹槽的尖角处产生应力集中，裂纹在此形核并沿着与最大拉伸正应力相垂直的方向扩展。如有多个凹槽尖角，将会出现多个疲劳源点，如花键轴，裂纹同时扩展最后在轴中央汇合，形成星型断口。

5.2.4.6 影响疲劳断裂的因素

总体来看，导致零件疲劳断裂的原因大致分两种情况，外载过大或自身抗力不足。具体包括：

(1) 设计问题的影响

设计问题多与产品设计人员认识不足、分析不透、计算不准确有关。如工作载荷计算错误引起的外载过大、未考虑结构上的应力集中或结构本身设计不合理引起的安全系数过小，引起的零件过早疲劳失效。如图 5-49 所示，某开罩分离系统经振动模拟试验后发现 1 枚导管发生疲劳断裂，断裂位置为管体与接头的焊接焊趾处。分析发现，零件装配后呈悬臂结构，刚性较弱，另外，振动试验量值过大，前后两次振动，第二次振动试验时控制方式采取后 2 点最大值控制，导管安装部位能量放大近 5 倍。

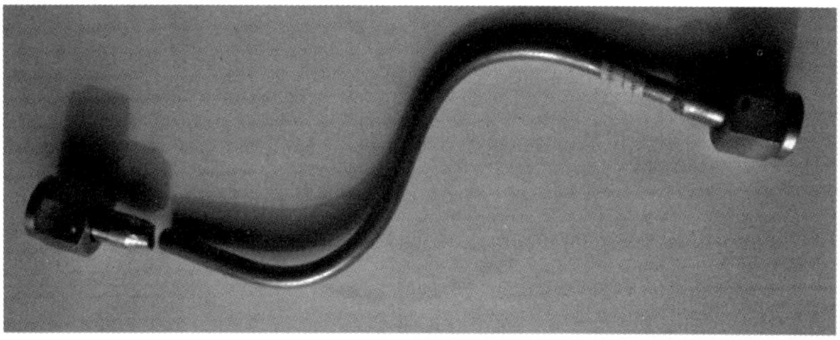

图 5-49 振动疲劳失效导管外观

再或者是选材不合理，工作应力状态与材料主要性能指标不适应造成承载不足引发失效。如型号产品多数是受应变控制的低周疲劳，周次少，应力大，因此在满足强度的前提下应尽量选择高塑性、高循环应变硬化系数的材料。

(2) 偶然因素的影响

偶然因素多与管理失控有关，如对运用部件装配不到位产生附加的疲劳应力，或是没严格执行焊接工艺或工艺细化不够，热输入过大，冷却条件不足等引起焊缝性能脆化，疲劳强度下降等。

(3) 材料质量的影响

材料冶金缺陷超标（如裂纹、夹渣、气孔等内部缺陷以及脱碳、氧化等表面缺陷），组织缺陷（如锻造流线分布不均、组织过热、非金属夹杂等），表面损伤（划痕、磕伤、加工刀痕）等会显著降低零件的疲劳强度，因此应采用必要的检测分析手段加强原材料和零件制造中的质量控制。

(4) 环境的影响

在异常高温条件或腐蚀介质环境下，都会引起疲劳性能下降。

(5) 表面残余应力的影响

表面残余应力分为压应力和拉应力。压应力是以抑制疲劳裂纹萌生扩展、延长疲劳寿命为目的，通过喷丸、滚压等表面强化手段获得的有益残余应力，而残余拉应力会与外载荷叠加，加速疲劳扩展，属于有害的残余应力，在焊接件中较为常见，需要引起注意。采用合理的焊接工艺和焊接后进行去应力热处理可显著降低零件的残余应力。

5.2.5 腐蚀破断

腐蚀是金属零部件较为常见的一种失效模式，它是指金属材料与周围介质发生化学及电化学作用而导致的损伤。腐蚀与断裂、磨损并称为机电装备三大失效模式。腐蚀失效虽然不如断裂失效破坏力巨大，但对于型号产品而言，也不可小视。如气路管件腐蚀会导致各类阀门卡滞，从而引起气控部件功能失效；在电控系统中金属部件发生腐蚀形成多余物引起控制信号故障等。

5.2.5.1 腐蚀分类

按腐蚀机理可分为两大类，即化学腐蚀和电化学腐蚀。两者的差别在于前者是金属表面与介质发生化学反应，而在腐蚀进程中无电流产生。相对电化学腐蚀而言，发生纯化学腐蚀情况较少，主要分为气体腐蚀和非电解质溶液腐蚀。

气体腐蚀是金属在干燥气体中（表面没有湿气冷凝）发生的腐蚀。气体腐蚀一般情况下为金属在高温时的氧化与腐蚀，如在无防护条件下热处理引起的零件表面氧化。

非电解质溶液腐蚀一般指金属在不导电的溶液中发生的腐蚀，如金属在非极性有机溶剂中的腐蚀。

电化学腐蚀在腐蚀的过程中有电流产生，组成阴、阳两极原电池，在阳极和阴极两处位置同时发生氧化反应和还原反应，其基本特点是金属不断遭到腐蚀溶解。电化学腐蚀的发生存在两个基本条件，分别是异种金属之间或同种金属的不同区域或相之间存在电极电位差和存在电解质（腐蚀）溶液环境。

电化学腐蚀是一种选择性腐蚀，金属局部变形状态不同、表面膜层的不均匀性以及腐蚀介质内部浓度差等也会引起电化学腐蚀。如加强接头零件由 7A04 合金锻件加工制造，由于坯料锻造变形度不一致，结果阳极氧化处理后表面出现穿透性的马尾状腐蚀黑线，金相检查黑线区呈纤维特征，晶粒沿形变拉长，部分晶粒发生了再结晶，呈等轴晶，正常区则未见纤维组织，大部分晶粒发生了再结晶，形成细小的等轴晶粒，如图 5 - 50 所示。

5.2.5.2 常见腐蚀类型

从接触的环境来看，其中最常见的腐蚀形式有大气腐蚀、气氛腐蚀、接触腐蚀、缝隙腐蚀、应力腐蚀。

（1）大气腐蚀

暴露在潮湿环境中的金属零部件，表面往往会凝聚一层厚度约 30 个分子的极薄湿气膜。湿气膜的形成可以是水分的直接沉积，也可以是大气温湿度变化或其他原因引起的凝聚，它也是诱发腐蚀的电解液膜。当材料本身的电化学性存在差异时，就会形成微原电池，腐蚀由此发生。大气腐蚀案例较为常见，在南方夏季高温高湿天气，金属零件机械加工完毕后防护不到位就易发生大气腐蚀。气路导管及阀门等封闭件在含水量较高的压缩气

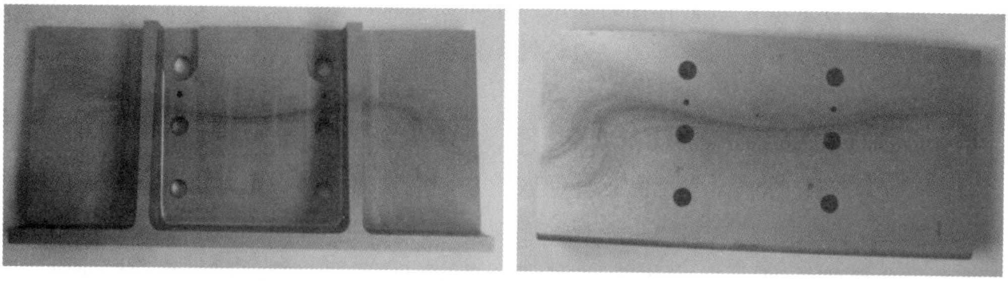

(a) 腐蚀黑线区宏观特征

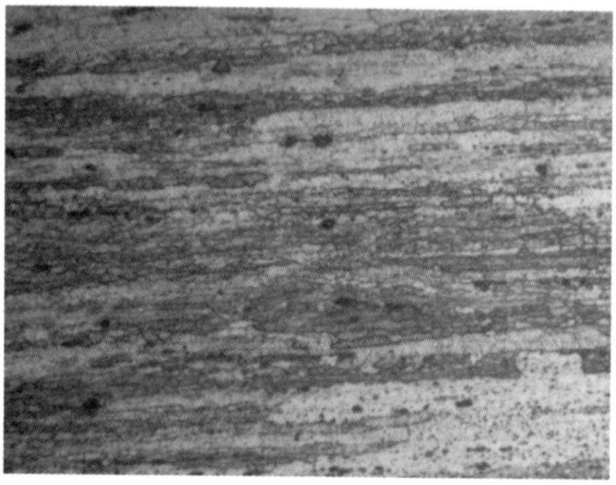

(b) 腐蚀区金相组织

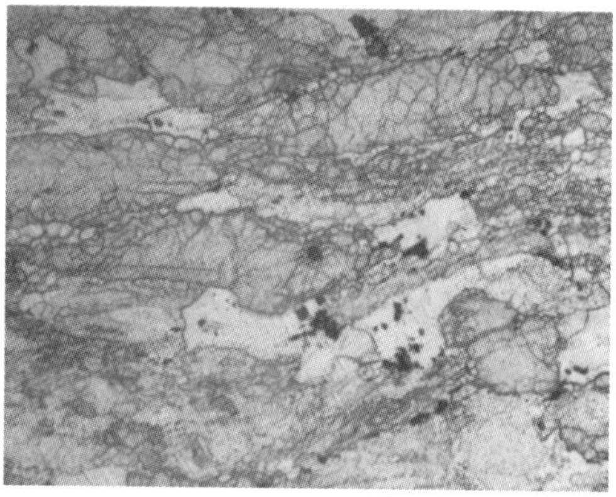

(c) 正常区组织

图 5-50　7A04 加强接头零件阳极氧化处理后表面宏观特征

体中也常会发生大气腐蚀。如图 5-51 所示，某钢制压力表采用水介质检定后未能充分干燥，残留水分诱发封闭管道的腐蚀。

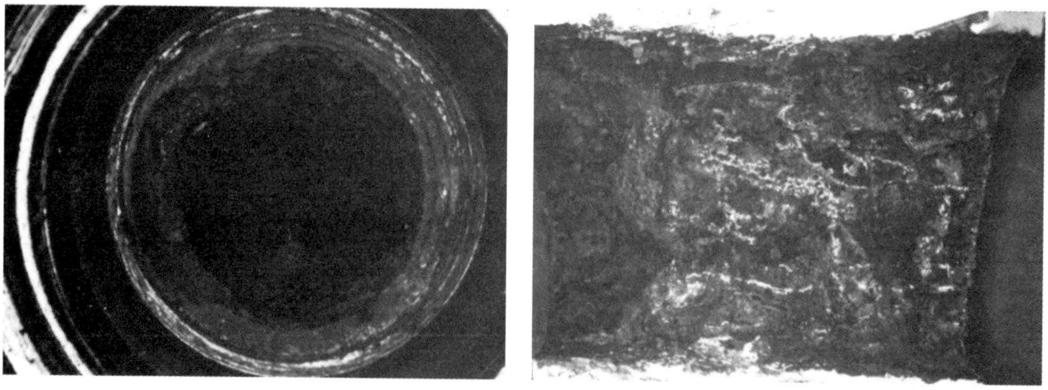

图 5-51　压力管道内壁腐蚀外观

(2) 气氛腐蚀

处于封闭状态的金属零件，在特定有机、无机气体氛围内易发生气氛腐蚀，如镀锌件在丙酮、乙醇等环境下发生的腐蚀，镀锌件在氨酚醛树脂固化中因挥发有机气体引发的腐蚀，如图 5-52 所示。

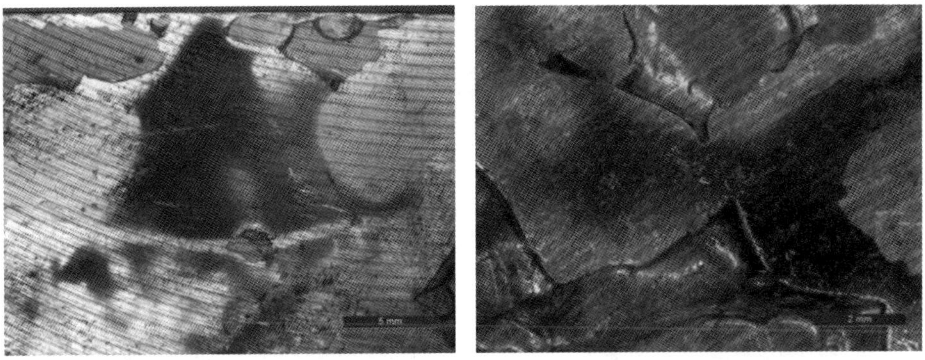

图 5－52　镀锌件气氛腐蚀形貌

（3）接触腐蚀

接触腐蚀是指两种电极电位不同的金属（或金属与非金属之间）互相接触时发生的腐蚀。由于两者电极电位不同，组成一对电偶，因此也称为电偶腐蚀。接触腐蚀在工程实践中随着人们认识的提高已不多见，但也有发生，如异种金属材料焊接后发生的腐蚀，螺钉与配合的垫片之间发生的腐蚀。避免接触腐蚀的方法是，选择电位差小的接触金属材料，在接触面增加绝缘垫等措施。

（4）缝隙腐蚀

缝隙腐蚀是指腐蚀介质进入零件缝隙处滞留下来产生的腐蚀。缝隙腐蚀与缝隙大小密切相关。缝隙太窄，腐蚀介质不易进入；缝隙太宽，腐蚀介质不会滞留。有研究表明，当缝隙宽度在几微米至百微米级范围才发生缝隙腐蚀。缝隙腐蚀发生的进程还与材质状态、环境条件等因素有关。缝隙腐蚀也较为常见，如库房存放的金属板材因表面防护不到位，相互叠放在潮湿环境中就会发生缝隙腐蚀。

（5）应力腐蚀

在拉应力和特定腐蚀介质的共同作用下发生的腐蚀称为应力腐蚀。与单纯的腐蚀相比，应力腐蚀更为复杂和严重，危险性也更大。航天构件中铝合金材料运用广泛，一般铝合金中含有 Cu、Mg、Si 和 Zn 等可溶性合金元素后即容易产生应力腐蚀，而且随着合金化程度的提高，应力敏感性增加。强度越高的铝合金系列，应力腐蚀的敏感性越大，如常用的 7 系铝合金 7A09、7A04 等。

5.2.5.3　腐蚀形貌特征

按腐蚀后表面形貌特征来分，一般分为均匀腐蚀（全面腐蚀）和局部腐蚀。

（1）均匀腐蚀

均匀腐蚀作用在整个金属表面上，这种腐蚀速率大致相同，腐蚀面积大，易于察觉，所以易于控制，故危害性也较小。如 Mo－7Cu 钼渗铜外套螺母加工完成后，在转运存储中因淋雨而发生均匀腐蚀，如图 5－53 所示。

（2）局部腐蚀

局部腐蚀是其腐蚀作用仅限于一定的区域内，不易察觉，故控制难度较大，所以危害

图 5-53　Mo-7Cu 钼渗铜外套螺母腐蚀形貌

性也最大。近些年航天产品腐蚀案例统计发现，局部腐蚀中以点蚀和晶间腐蚀最为常见，其危害性也最大，需要引起关注。

①点蚀

点蚀多发生在表面生成钝化膜的金属材料，如航天构件常用的铝及铝合金材料、不锈钢材料。点蚀典型的形貌特征是腐蚀表面呈点坑状，腐蚀点数量多，往往被腐蚀产物覆盖不易察觉。点蚀在发展前期通常较浅，由于点蚀具有自催化特性，即腐蚀引起的金属离子水解后酸化会进一步加剧腐蚀，后期则会形成腐蚀穿孔。如某 7071 铝合金散热管发生氯离子点蚀，整体看腐蚀较轻微，可见大量密集的白色针状点坑，局部腐蚀严重，造成数量不等的直径约为 1 mm 的腐蚀穿孔，如图 5-54 所示。又如某止动块零件在镀锌处理局部区域可见密集的黑斑特征，材料牌号为 20 钢，用体视显微镜观察发现为密集的点蚀坑，分析判断是原材料表面腐蚀，在机械加工中未能完全清除，宏观观察难以察觉，在表面处理后因无法形成钝化膜而显露出来，如图 5-55 所示。

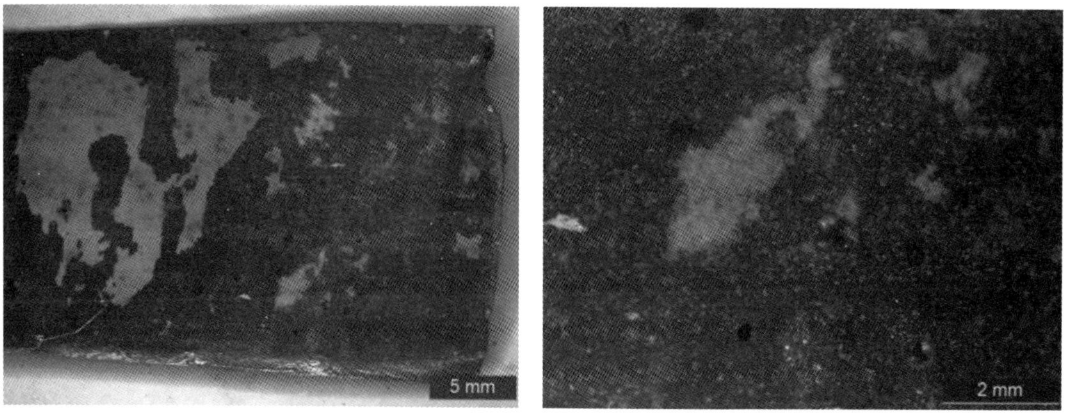

图 5-54　铝合金散热管点蚀宏观形貌

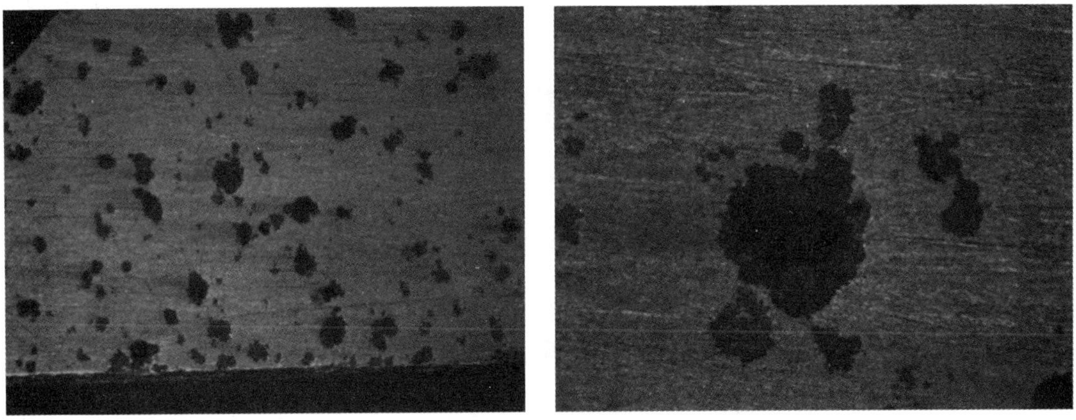

图 5 - 55　止动块零件点蚀宏观形貌

点蚀形貌与材料性质、状态和腐蚀产物在腐蚀坑及周围介质之间的交换条件有关，ASTM G46 标准中给出了几种典型的点蚀坑剖面特征，如图 5 - 56 所示。

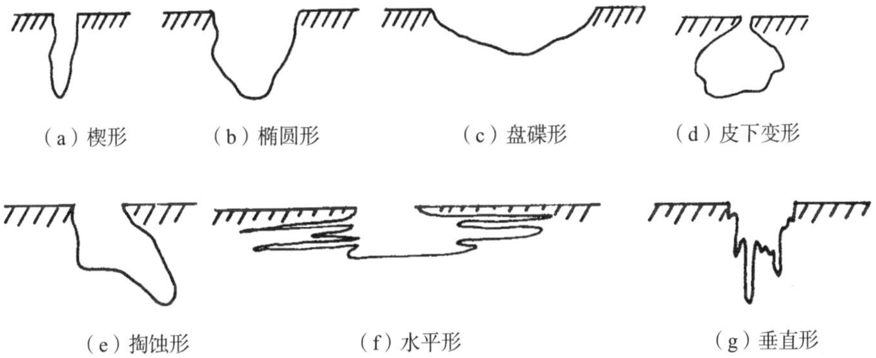

图 5 - 56　点蚀坑剖面特征

在实际腐蚀案例中，楔形、盘碟形、掏蚀形、皮下变形（巢穴）点蚀形貌最为常见。如上例复合铝合金管点蚀剖面形貌如图 5 - 57 所示。

点蚀扩展路径可以是沿晶，也可以是穿晶，受材料性质和腐蚀介质影响。但受腐蚀产物堆积在坑底影响，点蚀扩展路径一般难以观察到。如某奥氏体不锈钢 1Cr18Ni9Ti 导管发生氯离子引起的点蚀，在电子显微镜下观察，蚀坑外小内大，呈巢穴状，坑口表面以及坑底表面可见腐蚀产物龟裂后形成的泥纹花样，如图 5 - 58 所示。应该注意，泥纹花样并不是沿晶扩展形成的。又如某 2Cr13 止回阀阀体发生氯离子腐蚀，在电子显微镜下观察到大量的点蚀坑，部分点蚀坑不断长大并相互连接形成更大的坑，坑底有大量腐蚀物堆积，如图 5 - 59 所示。

从以上案例不难看出，点蚀失效的发生大多数是由氯离子引起的，且氯离子浓度越高，点蚀倾向越大。氯离子腐蚀对表面具有自钝化的合金尤为敏感，如不锈钢、铝合金。目前关于氯离子点蚀机理还没有统一认识，但有两种主流理论：成相膜理论认为，氯离子

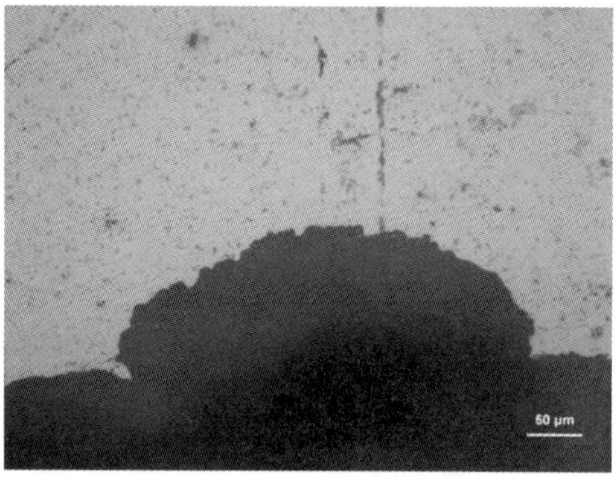

（a）盘碟形

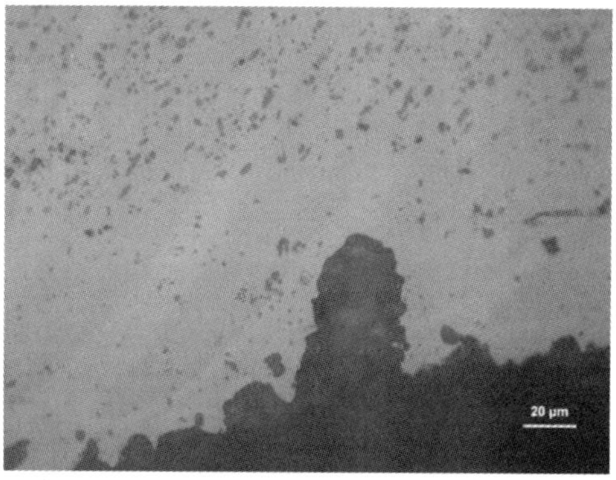

（b）掏蚀形

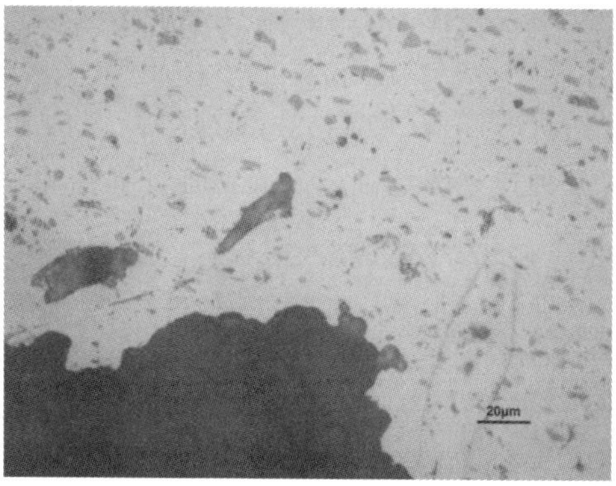

（c）椭圆形

图 5－57　7071 铝合金管点蚀剖面形貌

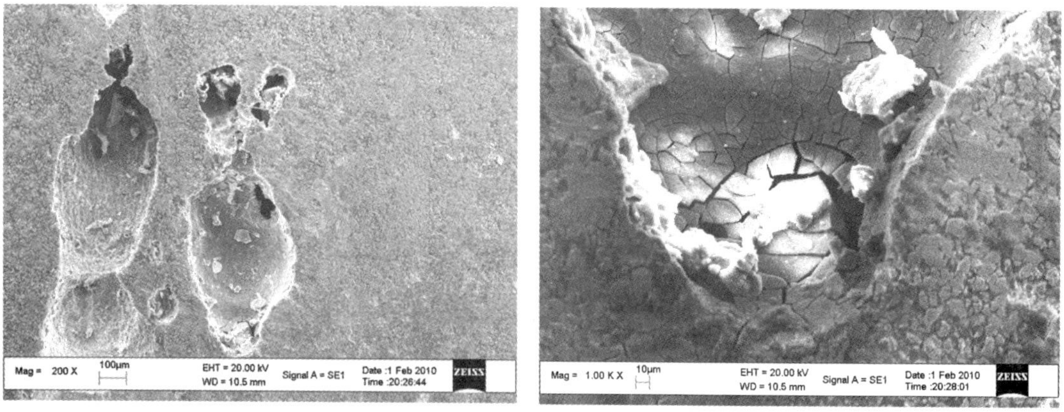

图 5－58　1Cr18Ni9Ti 钢导管点蚀微观形貌

半径小，穿透性强，故易于穿透膜层微孔到基体表面；吸附理论则认为，氯离子具有极强的吸附能力，能在膜层表面形成众多的吸附点（蚀核）并排挤掉膜层中的氧。两者均与基体生成水解酸化的氯化物，原有的钝化状态向活化状态转变，点蚀由此发生。

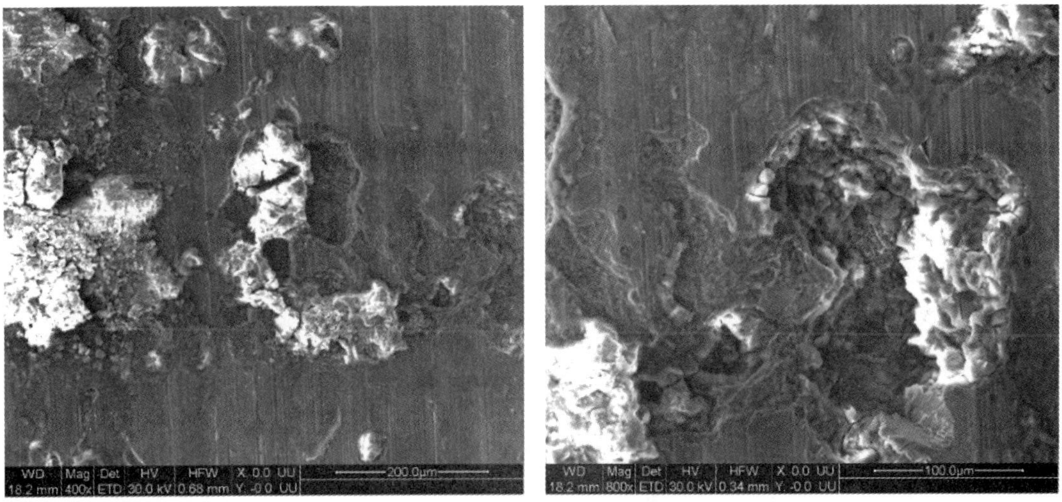

图 5－59　2Cr13 止回阀阀体点蚀微观形貌

②晶间腐蚀

晶间腐蚀是航天产品中常见的另一种腐蚀形式。它是指腐蚀在晶界处生核并沿晶扩展引起的构件损伤。晶界腐蚀发生后，金属晶粒间结合力大大削弱，严重降低合金力学性能，而且外观难以察觉，很容易发生腐蚀脆断。大多数合金发生晶界腐蚀与合金组织中第二相沿晶界分布而引起的电化学不均匀有关。

在晶间腐蚀发生初期，腐蚀特征不明显，外形尺寸也无明显变化，宏观难以察觉。在发展到后期较严重时会显现出腐蚀斑点或细小网络特征。如图 5－60 所示，某 2A12 铝合金底盖板零件经表面阳极氧化处理后发现多件端面局部黑斑特征，解剖金相检查，表面黑斑沿晶界网络状扩展，腐蚀的晶界分布有大量的块状难溶相，而正常未发生腐蚀区域晶界未见块状难溶相。

晶间腐蚀还有一种特殊的形式是剥落腐蚀，简称剥蚀，也称层状腐蚀。具有层状扁平晶粒取向特征的材料，对晶间腐蚀较为敏感的才具有剥蚀倾向，如铝合金板材制造的零件。

腐蚀会与其他失效模式耦合在一起，表现出多种失效形式，如与应力作用会出现应力腐蚀、腐蚀疲劳、脆性过载断裂等。对腐蚀失效模式的判断相对较容易，从腐蚀表面来看，会有腐蚀产物生成并堆积，有时腐蚀产物会呈泥纹花样，对于腐蚀断裂断口，在晶面上可见腐蚀凹坑或核桃纹。对腐蚀介质类型的初步判断一般可以通过电子探针、扫描电子显微镜能谱仪进行微区分析测定，必要情况运用 X 射线衍射仪确定腐蚀化合物类型，有时对于液体介质引起的腐蚀，仅从零件腐蚀产物中还难以查找到来源，这种情况下需要运用高效液相色谱分析液体介质来确定，如前例中的复合铝散热管腐蚀问题，蚀坑周围 EDS 分析未能发现腐蚀元素存在，提取管内残存冷却液，经目视、嗅觉和酸碱度分析表明已发生变质，离子交换液相色谱分离后经紫外光谱分析发现残液中含有大量氯离子，据此才判断是氯离子引起的点蚀。

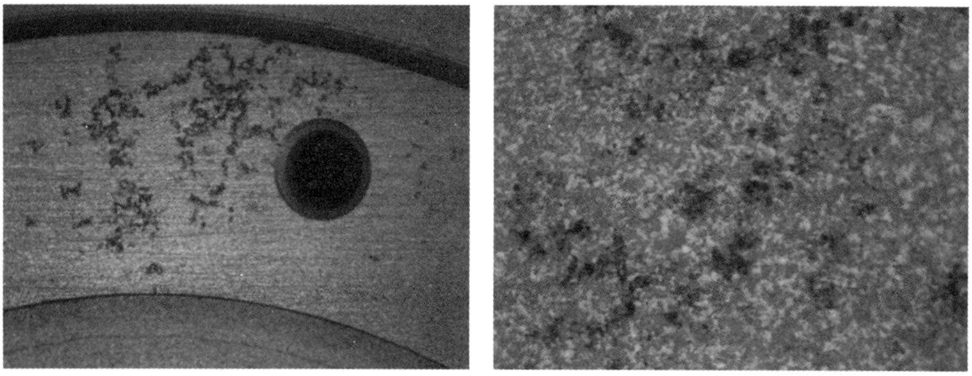

（a）宏观黑斑形貌

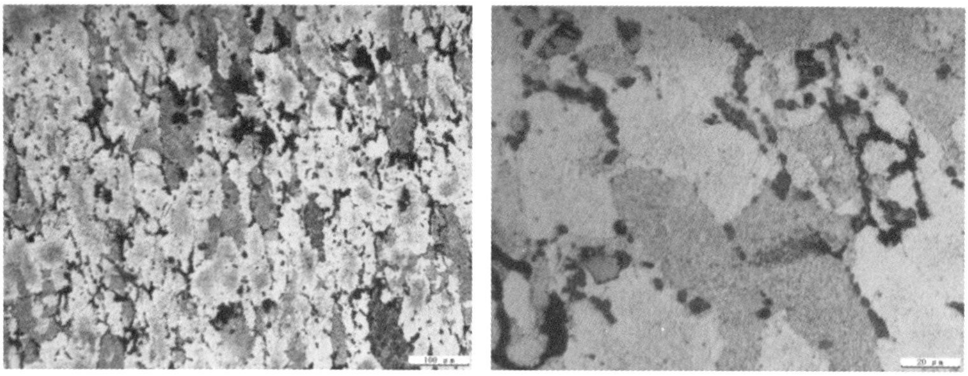

（b）晶间腐蚀特征

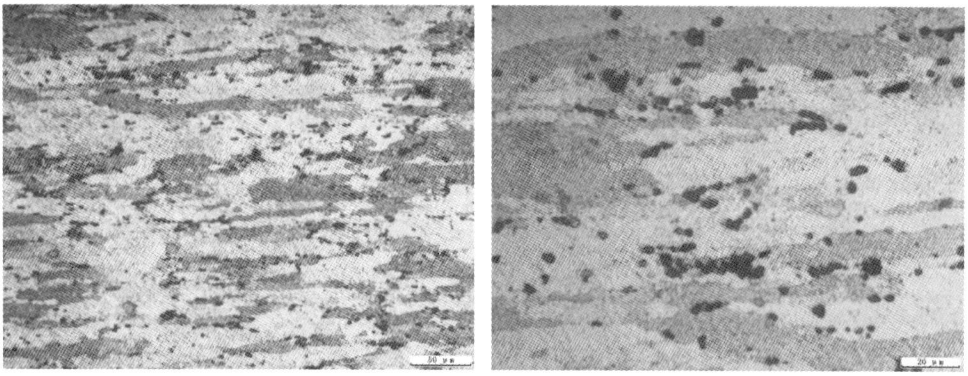

（c）正常区金相组织

图 5－60　2A12 铝合金底盖板零件晶间腐蚀形貌

5.2.5.4　腐蚀影响因素

腐蚀发生的形式很多，但影响腐蚀的因素归结起来有环境因素和材料状态因素。

（1）环境因素

从零件制造到使用经历的环节，环境因素大致可以分为加工环境、存放环境和使用环境。型号产品中大量使用轻质高强度的大规格铝合金、钛合金和不锈钢材料，这些零件结构复杂，加工路线长，单工序工步多，加工中使用切削液必不可少。通常的切削液类型是水基乳化液，若使用中维护管理不善，切削液会发生污染、变质现象，如极压剂中含氯、含硫受热分解形成氯离子，微生物滋生导致液体酸化，引起加工零件腐蚀，如某1Cr18Ni9Ti 舵隔片加工中发生以点蚀为主的局部腐蚀，如图 5－61 所示。存放环境诱发的腐蚀不多见，多数是环境异常变化引起的，如温度、湿度或存在特殊的有机、无机气体介质等。不同材料对环境腐蚀敏感性不同，使用环境导致的腐蚀通常与设计人员认识不足有关，往往工作载荷确定后仅考虑材料的力学性能，未考虑外界环境、腐蚀介质和温度变化等问题。

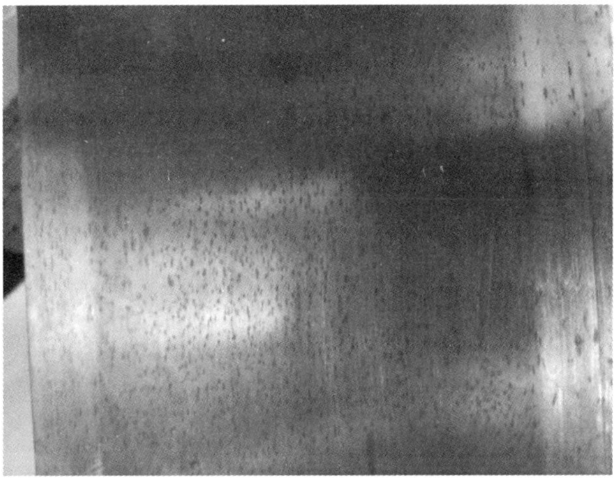

图 5－61 1Cr18Ni9Ti 舵隔片点蚀形貌

（2）材料状态因素

材料状态主要包括冶金状态和热处理工艺状态。对于多数合金钢来讲，夹杂物是点蚀萌生最敏感的部位。另外组织的不均匀性，如存在粗大积聚的脆性相，也会有利于点蚀的发生。材料的不同热处理状态耐蚀性是不一样的，如奥氏体不锈钢退火状态远不及固溶处理的耐蚀性，7 系铝合金经过时效处理后具有较高的抗应力腐蚀能力等。

第6章　航天产品金属零部件失效预防措施

随着航天产品结构和功能日趋复杂，在设计、制造、装配、试验、使用等寿命环节发生的失效事例也越来越多，影响也越来越大。而且失效又往往呈现出多因素耦合叠加的特点，一方面增加了失效分析的难度，另一方面也反映出失效技术预防的紧迫性和重要性。虽然航天产品金属零部件按功能分种类繁多，制造、试验和使用环境也千差万别，技术预防措施难以详尽枚举，但是失效模式背后暴露出的原因，却有一定的普遍性，这恰恰为技术预防失效提供了基础。作者通过长期技术实践和统计分析，运用产品失效致因理论，总结出了预防航天产品失效的技术预防措施。

6.1　预防航天金属零部件失效通用措施

产品失效致因理论观点认为，产品失效可以归结为材料失效，而材料失效表现为原始缺陷或复杂环境下的累积损伤和性能退化行为。因此，预防失效应从控制原始缺陷和环境条件两方面采取措施。原始缺陷是设计、制造过程中在材料上留下的固有缺陷，也是失效内因。航天产品零部件制造和使用工艺流程应重点控制以下五类缺陷，即原材料冶金缺陷、机械加工工艺缺陷、热处理工艺缺陷、结构工艺缺陷和设计缺陷。

（1）预防和控制原材料冶金缺陷

原材料冶金缺陷按位置可分为表面缺陷和内部缺陷，其中表面缺陷包括裂纹、发纹、结疤、折叠、拉痕、夹杂、麻点等，这些表面缺陷如在后续机械加工中不能去除而保留下来，不仅降低了该部位的强度，还造成应力集中，将会降低材料抗力造成过载开裂，对承受疲劳载荷的零件也极为不利，往往是疲劳源的萌生地，引起早期失效。如1Cr18Ni9Ti导管强度试验发生低压爆破，检查发现存在较严重的拉痕缺陷，缺陷深度达到管厚的30%，如图6-1所示。

还有很重要的一点，表面缺陷会破坏钝化膜层的生成，所以常常也是造成局部腐蚀的根源，如点蚀。材料表面缺陷的检查，可选择的方法有目视检测（必要时借助10倍放大镜）、磁粉检测、涡流检测、荧光检测，如需要可补充金相检查，以进一步判断缺陷种类、严重程度。

原材料内部缺陷种类往往和材料成形工艺密切相关，内部缺陷按材料成形工艺不同大体可分为锻造工艺缺陷、铸造工艺缺陷、挤压工艺缺陷、轧制工艺缺陷等，具体细分又分为分层、偏析、夹杂、气孔、疏松、缩孔等。内部缺陷不如表面缺陷直观，受检测方法和零件尺寸的局限性，检出难度大，危险性和破坏性也就更大。如某解锁气缸采用1Cr18Ni9Ti不锈钢钢棒机械加工，在气密试验时发生泄漏，金相检查发现泄漏点有显微疏松缺陷存在，如图6-2所示。

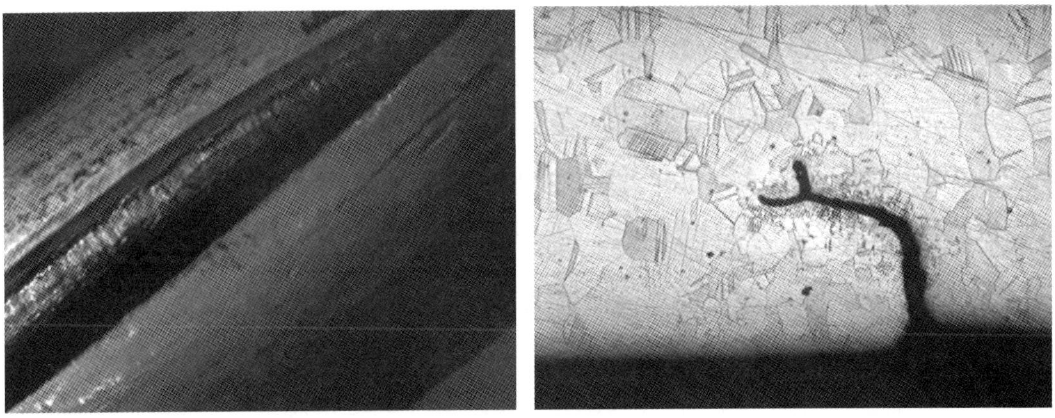

（a）外观　　（b）横剖面裂纹及组织

图 6－1　导管拉痕特征

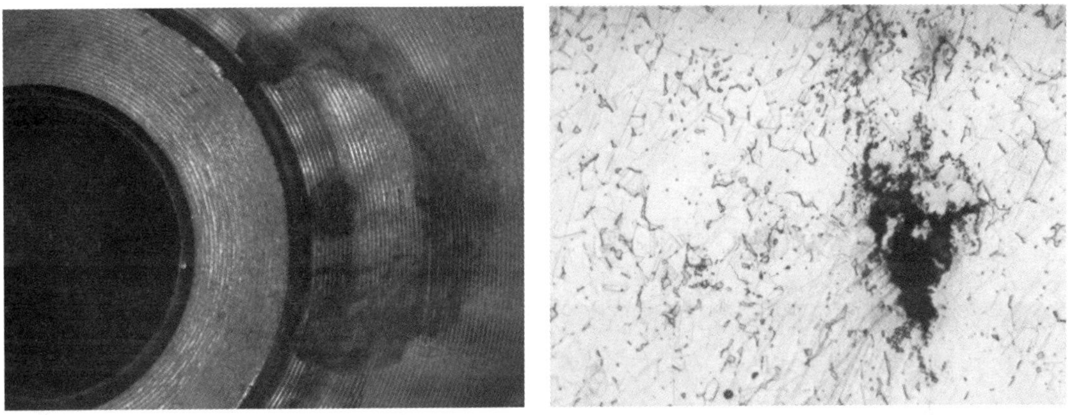

图 6－2　显微疏松引起的泄漏失效

对于内部缺陷的检测，目前通行的方法有金相高、低倍检查，超声横、纵波检测，X 射线检测。在这些常用的检测方法中，金相检查采取的是抽样检查组织缺陷，取样部位必须要有代表性，而 X 射线检测对体积型缺陷有较高的鉴别能力，所以常常用于铸件、焊接件气孔、疏松类缺陷的识别。但 X 射线检测工序较复杂，检测成本高，且对人体易造成伤害。相比而言，超声检测不存在这些问题，对裂纹类平面缺陷的识别度较高，检测航天大尺寸锻件优势更明显。但超声检测对近表面裂纹存在盲区，另外受零件表面粗糙度、形状以及缺陷取向影响较大。因此选用超声检测时，特别是大型锻件，应尽可能选择纵波＋横波方式检测，增加内部裂纹缺陷的检出率。

为了加强航天产品原材料的质量控制，指导制造企业开展原材料复验，发布了强制性航天标准 QJ 1386A—1995《金属材料复验规定》。考虑到标准紧固件作为一类特殊、关键的连接元件，发布了强制性航天标准 QJ 3112A—2008《航天产品用标准紧固件入厂（所）复验规定》。两项标准是开展材料复验的重要依据，应严格执行。材料复验是切断失效起因链的一个重要环节。

（2）预防机械加工工艺缺陷

航天零部件常用的机械加工工艺方法有车削、铣削、磨削、钻削和电火花等，每种加工方法不良均会引起缺陷。容易引起失效的缺陷主要有尺寸和公差超差，加工痕迹，啃伤、毛刺、组织热损伤等。这些缺陷往往会改变零件的受载面积，造成局部应力集中，降低疲劳强度，引入额外负载，是过载断裂和早期疲劳破坏的祸根。随着航天产品技术指标不断提升，零部件受到的应力和环境条件更加苛刻，而零件表面的完整性对其性能的影响更加显著。对近些年的失效案例统计发现，形状尺寸、毛刺缺陷、加工热损伤导致的失效问题较为突出，应重点加强控制和预防。

①几何尺寸

零部件几何尺寸和工作表面状态是根据使用要求而精心设计并明确规定的关键要素。预防转角尺寸 R、螺纹大径尺寸、主承载结构尺寸和表面粗糙度超差，主要从加工过程中的控制和加工后的检验两方面采取措施，严格执行加工工艺和零件的检验规程。

②毛刺

机械加工时，材料受到挤压变形，在边缘会形成毛刺，特别是切削刃不锐利，且以较低或中等速度切削塑性材料时，毛刺现象更为严重。从案例统计结果看，螺纹连接件的毛刺问题需高度关注。航天产品很多部件或分系统之间采用螺纹紧固连接，期间还存在多次拆装工作，螺纹副毛刺在预紧和松脱操作中易发生剪切撕脱形成磨粒，造成螺纹副磨损卡滞，甚至咬死现象。如某爆炸螺栓连接副因加工毛刺未能去除，导致拆卸困难，螺牙有严重的犁削损伤痕迹，提取磨屑分析发现有较完整的螺牙毛刺存在，如图 6－3 所示。

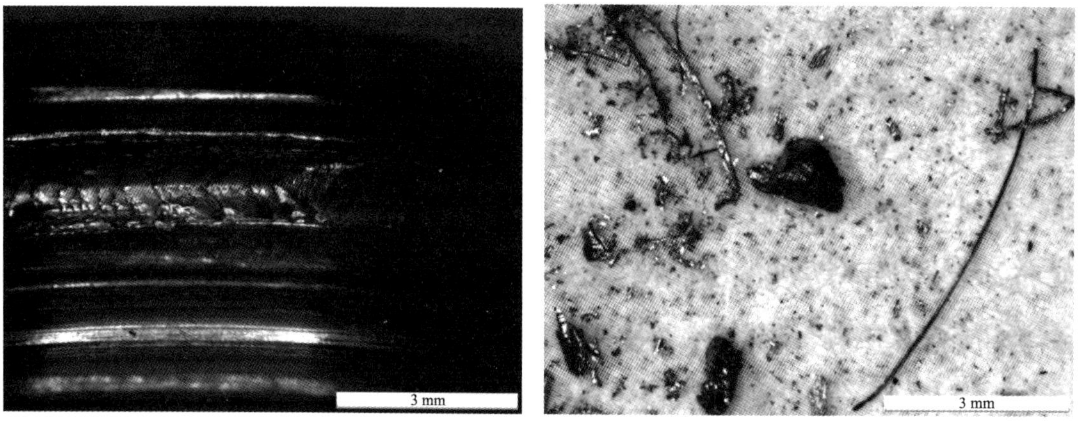

图 6－3　爆炸螺栓螺纹损伤以及磨粒形貌

控制加工毛刺，应根据材料特性合理选择刀具和切削参数（转速、进给量等），建立刀具切削寿命管理，加工完成后加强毛刺的检验，如采用放大镜观察或绸布刮丝等方法。

③加工热损伤

热损伤的产生多见于热切割下料形成的残留热影响区，或在磨削工艺中参数不合理、冷却条件不足导致表层组织发生改变，或电火花加热电流密度、电压过大引起的电蚀坑等，对于精度要求高、承载载荷大、工作条件较为复杂的航天零部件来说，未能去除加工后的表面缺陷，就会缩短零件的寿命，增加脆性过载断裂的风险。如某 7A09 支架零件采用等离子切割下料，由于切割热影响区未去除干净，在阳极氧化处理后发现膜层呈暗黑色，正常区域则呈灰色，金相检查发现异常区有大量沿晶裂纹并有强化相大量回溶特征，正常区域则完全不同，如图 6-4 所示。对于这一类缺陷的预防，采取的措施包括科学、合理地选择刀具和切削参数，优化切削路线，加强过程监测。

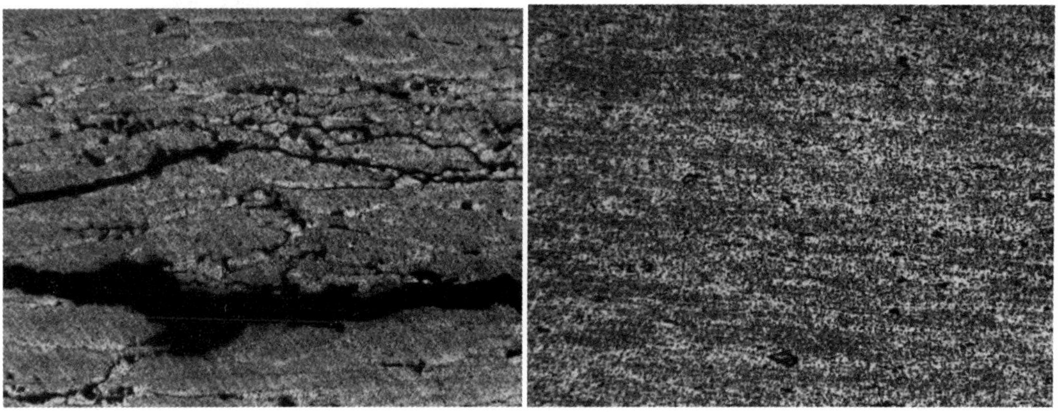

图 6-4　支架切割热影响区残留组织特征

④加工应力集中

结构不合理会造成应力集中，机械加工方法不合理会引起截面尺寸急剧变化，同样也会造成应力集中，称为加工应力集中。一旦材料残余内应力较高，应力集中部位就会成为应力释放的突破，过载裂纹由此产生。当零件呈封闭结构时，过载开裂的敏感性会大大提高。如某 2A70 铝合金后裙锥段零件的车削粗加工，车削方案不合理，产生 V 形槽造成应力集中，在内应力作用下开裂报废，如图 6-5 所示。

(3) 预防热处理工艺缺陷

航天产品金属零部件在制造工序间几乎都需要进行热处理强化，以达到设计力学性能指标要求。在热处理工艺环节，应严格按零件的热处理工艺规程操作，淬火油液、炉温精度和均匀性等应定期检测。重点预防淬火裂纹、组织过烧和氢脆这类缺陷。

①淬火裂纹

在热处理工艺中，结构钢件以淬火缺陷最为常见，如硬度不足、软点、变形甚至开裂。

淬火裂纹形成原因较为复杂，通常与材料组织缺陷、表面缺陷、零件结构以及热处理超温、淬火介质不稳定、淬火方式等因素有关。预防淬火裂纹，首先应去除原材料缺陷，其次是控制好淬火温度，避免温度偏高引起奥氏体晶粒粗大形成粗大马氏体；再次是合理设计零件结构，避免应力集中等。如某外缸零件经调质热处理，在后续的机械加工中发现众多纵向裂纹，金相检查有明显的带状组织，裂纹沿带状组织边界扩展，表明其性质为带状组织引起的淬火裂纹，如图 6-6 所示。

如预防软点，应从防止零件表面脱碳，提高至合适加热温度和淬火冷却速度等方面采取措施。

（a）裂纹外观

（b）断口外观

图 6－5　后裙锥段过载裂纹局部形貌

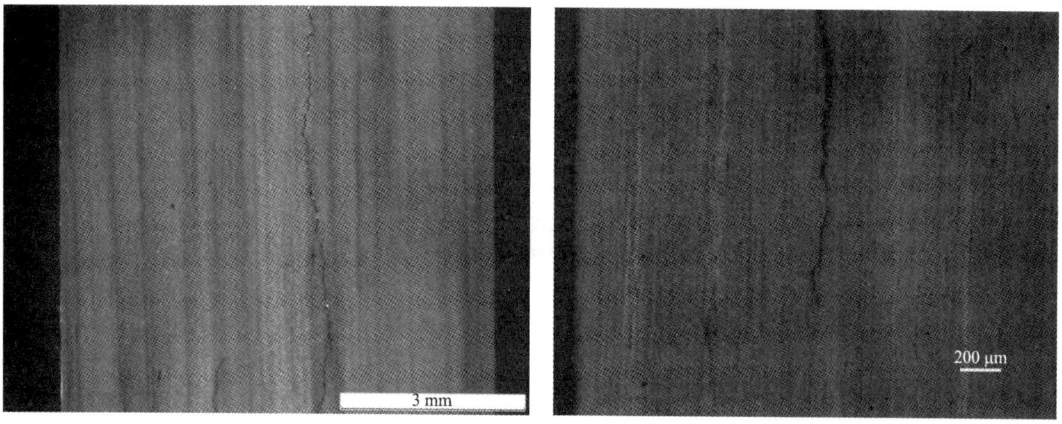

图 6－6　带状组织引起的淬火裂纹形貌

②组织过烧

铝合金、钛合金、铜合金、高温合金材料在航天产品零部件制造中大量使用。铝合金零件应重点控制好固溶温度，预防加热温度过高引起过烧，加热温度过低引起固溶不足，特别像 2A12 铝合金零件，固溶温度区间极窄，不足 10 ℃，控温要求尤为关键。

③氢脆

钛合金、高温合金、铜合金零件一般采取真空热处理措施。如在气氛保护炉中热处理，应加强气体保护气氛的控制和检查，防止钛合金表面形成脆性富氧 α 层，防止纯铜在还原性气氛中产生氢病。

（4）预防结构工艺缺陷

从航天产品特点来看，预防结构工艺缺陷，应重点控制好焊接结构工艺缺陷。焊接与铆接、螺纹连接等其他结构相比较，具有结构设计灵活性大且不受几何形状和尺寸的限制的优点，另外强度高，刚性好，密封性优良，可以对异种材料进行组合等，在航天领域常常用于制造各类管路、舵翼、吊具类组件。但是焊接结构又存在不能回避的四大难题，即焊接缺陷、焊缝强度、几何尺寸和残余应力问题。预防焊接结构工艺缺陷，可以采取以下措施：

1）在设计方面，应正确设计接头形式，合理布局焊缝位置，适当降低焊接件的刚度。

①正确设计接头形式

在各种接头形式中，对接结构应力集中最小，应作为结构的首选，其次是角接，再次是搭接。

②合理布局焊缝位置

确定焊接结构形式后，还需进一步细化设计焊缝相关形式和尺寸。在设计焊接件时，应极力避免焊缝布置在结构截面尺寸突变的位置，防止加剧应力集中程度，此外还应避免密集布置，以减小残余应力和变形。如某测压转接嘴组件由于焊缝布置在过渡圆角处，布置不合理，在振动试验后发生疲劳开裂，如图 6－7 所示。

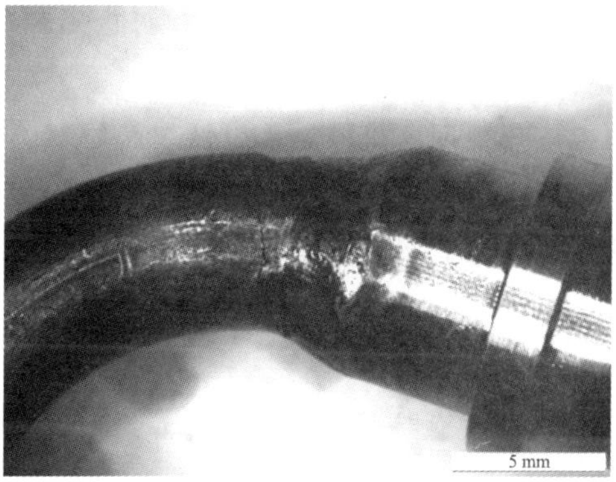

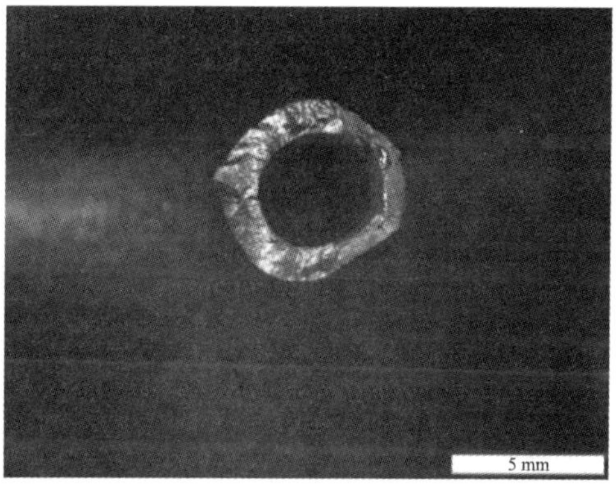

图 6－7　测压转接嘴疲劳开裂外观及断口

③适当降低焊接件的刚度

在满足焊接使用性能的条件下，应尽量减小焊接件刚度，特别是应避免采用封闭式焊缝。通过降低拘束度和局部残余应力，可以降低材料脆性过载断裂和应力腐蚀的风险。

2）在焊接选材方面，应从防止裂纹和控制焊缝与母材强韧匹配性出发。

①防止裂纹缺陷

工程实践表明，焊缝的成分与母材并不相同，对预防冷、热裂纹是有好处的，因此，不能一味追求焊缝成分与母材成分相同。

②优选焊缝母材低强组配

除非必要，焊缝与母材强韧匹配应优选等强组配或低强组配。超强组配虽然可以为焊缝带来高强度，但会牺牲韧性，因此抗动载荷能力较差，而且也会因此将接头承载应变向薄弱的热影响区转移，导致热影响区提早萌生裂纹，增加焊接件失效风险。采用低强组配的好处是抗载荷能力强。此外对调整焊缝残余应力和抑制冷、热裂纹萌生都是有利的，有效保证了焊接件的可靠性。

3）在焊接工艺方面，应重点控制焊接热输入，控制氢（保护气）扩散和选择合适的预热温度。

①控制焊接热输入

焊接热输入是单位长度的输入能量，主要由焊接电流和焊接速度决定。对于激光、电子束等高能焊接，则主要由焊接功率和焊接速度决定。控制好热输入，采用低热输入，一方面可以改善焊缝熔池的结晶状态和方式，减少粗大枝晶形成，避免凝固裂纹产生，另一方面也能降低热影响区过热度，对防止晶粒粗化和产生液化裂纹有利，从而改善热影响区的力学性能。此外还能减少气孔的形成。

②控制氢（保护气）扩散

气孔是焊缝中最常见的缺陷，危害性不言而喻。研究发现，气孔绝大多数是未浮出熔池表面的氢气气泡或保护气体气泡。控制氢扩散的主要方法有彻底清洗干净焊接件表面污染物，焊前采取烘干处理，控制保护气扩散的主要方法则是选择合理的流量。

③选择合适的预热温度

研究表明，预热对降低接头冷却速度、改善焊缝组织、减小残余应力和防止热脆性是十分有效的手段。预热温度可根据材料利用经验公式计算获取。

4）焊后处理方面，可采用的方法有重熔改善、热处理、机械处理以及表面处理。

①重熔改善

采用 TIG 焊接重熔焊缝，可以改善焊缝表面质量，减小应力集中现象，是提高接头疲劳性能的一种有利工艺措施。

②热处理

焊后热处理主要是指去应力退火，可以消除焊接残余应力，改善组织，防止焊缝脆性，是预防脆断、疲劳断裂和应力腐蚀破坏的有效工艺措施。

③机械处理

对焊缝余高进行打磨，锤击焊缝表面或采用超声波冲击时效和振动时效，对改善接头的应力状态，减小残余应力，降低缺口敏感性都有较好的效果，对预防疲劳、脆断和应力腐蚀效果显著。

④表面处理

表面处理主要是为防止腐蚀或应力腐蚀而采取的焊缝表面防护措施，如喷漆、镀覆等。

（5）预防设计缺陷

设计是产品质量控制的源头，是产品可靠性的重要基础。预防设计缺陷需要将可靠性设计思路贯穿整个零部件、系统级的设计过程，把握可靠性设计的基本原则。设计缺陷（错误）有以下几方面：

1）载荷计算错误；

2）选材错误，未结合工作环境，综合考虑强度、韧性、耐蚀性等因素的影响，追求单一的高性能；

3）零件工艺方法选择不当；

4）采用不合理的标准和规范；

5）图样绘制错误；

6）细节设计出错，没有考虑系统装配后内部小环境等，如零部件间的相对位置、接触状态、相互作用力、配合情况等；

7）未进行必要的可靠性试验；

8）未进行必要的应力分析，如残余应力、装配应力、应力集中等；

9）寿命估算、评估失误；

10）防差错设计考虑不足；

11）未考虑到可维修性设计。

可以看出，设计缺陷纯属人为因素，与设计人员的素质和经验水平有很大关系，同时与设计管理部门密不可分。人为因素的本质是管理问题，预防设计缺陷需要从管理制度上加强对设计人员的培训、教育、考核，设计方案的评审，计算分析报告的评审，图样的校对等。

6.2　预防航天金属零部件过载断裂的措施

第 5 章介绍过，过载断裂按变形特征可分为塑性过载断裂和脆性过载断裂。航天产品零部件过载断裂以脆性断裂最为常见，塑性断裂不多见。塑性与脆性过载断裂机制有所不同，因此预防措施也不同，分别加以介绍。

（1）预防塑性过载断裂的措施

材料自身承载能力和外载水平是影响塑性过载断裂的两个主要因素。具体来讲，材料强度不足、存在原始缺陷或加工工艺缺陷、使用载荷超过设计指标、引入异常外力、内部残余应力过大等是引起塑性过载断裂的主要原因。从原因入手，预防措施主要包括：

1）结构设计合理，载荷计算准确，特别要避免或降低结构上的应力集中；

2）选材合理，保证有足够的安全裕度；

3）加强原材料复验，必要情况下增加检测项目，预防材质缺陷；

4）采取必要的工艺措施，预防加工和结构工艺缺陷；

5）合理规划机械加工方法，预防加工应力集中现象；

6）有螺纹连接的装配操作中选用限力扳手预紧；

7）试验、使用过程中控制外载载荷水平，避免超载情况。

（2）预防脆性过载断裂的措施

脆性过载断裂按断裂机制可分为解理断裂、准解理断裂和沿晶断裂，解理、准解理断裂的影响因素有材料特性（显微组织、晶体结构等）、使用温度环境、应力状态（速率、维度），因此，预防准解理、解理断裂的措施包括：

1）考虑工作环境温度，合理选材。环境温度直接影响解理裂纹扩展时吸收能量的大小、温度越低，解理裂纹扩展需要的能量越小，对高强度钢尤为显著，低温环境可选择抗低温脆性较好的奥氏体、马氏体时效不锈钢等。

2）控制加载速率。加载速率与解理裂纹扩展应力水平反向相关，较低加载速率可以保证断裂处于韧性区，相对变形速率推荐控制在 $10^{-1}/s$ 以下。

3）控制晶粒度尺寸。韧性较好的低强度钢要尤其注意，20 钢正火态呈现解理破断也常有发生。

4）控制加载应力状态，提高加载方式的软性系数，避免出现多向应力加载。

5）优化结构，避免或减小应力集中。

沿晶脆性断裂的影响因素有：材质纯净度、回火脆性、过热、过烧、晶界弱化的其他条件等。预防沿晶脆性断裂的措施如下：

1）提高材料纯净度，降低有害杂质元素的含量，如 P、S、As、Se、Sb、Sn 元素等。

2）预防回火脆性。其第一类回火脆性温度范围一般为 200～400 ℃，具有无法消除且不可逆转的特点，热处理温度必须规避。第二类回火脆性温度范围一般为 450～550 ℃，与第一类回火脆性不同，具有可逆性，多数合金结构钢调质处理温度范围与第二类回火脆性温度范围有重叠，解决的方法为快速冷却。

3）控制固溶、淬火热处理温度在合理区间，防止因超温引起的组织热损伤，如过热、过烧。

4）控制可能存在导致晶界弱化的气氛环境，如氧、氢元素的浓度。

6.3 预防航天金属零部件氢致断裂的措施

影响零件发生氢脆的主要因素有含氢量、材料强度、金相组织、应力水平。根据氢的来源分为内部氢脆（金属内部原有）和环境氢脆（环境渗入）。预防氢致断裂的措施有：

（1）控制含氢量，预防内部氢脆和环境氢脆

内部氢多来源于金属冶炼、焊接、热处理、表面处理。根据来源不同，预防措施也不同。具体预防措施如下：

①加强原材料复验

对氢脆较为敏感的钛合金一类材料，增加含氢量测试。对于多数结构钢，实施断口白点检查，金相低倍沿晶裂纹缺陷检查和高倍夹杂物、成分偏析的评定。案例统计数据表明，由于钢中塑性夹杂物和成分偏析超标诱发的氢脆逐年增多。

②预防焊接、热处理工艺环节渗氢

严格控制焊接前的零级酸洗浓度和时间，高强度钢更为敏感，将酸洗工序纳入关键工序加以控制，避免过度吸氢；对于高温吸氢强烈的零件，固溶、退火热处理应严格控制炉

体气体氛围；焊接件在焊接过程中应加强惰性气体保护，隔绝大气氛围。

③预防表面处理吸氢

发蓝、镀锌和阳极氧化是航天零部件中最常用的表面处理工艺方法。发蓝是高强度钢常选用的一种化学表面处理方法，发蓝工艺过程中本身不会有氢环境存在，但酸洗除锈预处理存在吸氢条件，应加以控制。严格执行航天禁限用工艺规定，严禁高强度钢采用镀锌工艺，低强度钢镀锌后也要及时除氢。除氢温度和时间航天标准有明确规定，或用达克罗工艺替代镀层工艺。

(2) 适当降低材料强度级别

材料强度也对氢脆有明显的影响。材料强度越高，开裂的临界含氢量越低，临界应力越低，氢脆敏感性越高。在满足设计强度许可的条件下，尽可能降低材料强度是防止氢脆的一种有效办法。

(3) 适当调整材料金相组织以改善氢脆敏感性

对于中低碳钢，在强度级别相同的情况下，可以将正火珠光体组织调整为回火马氏体组织，高强度级别可将回火贝氏体组织调整为回火马氏体组织。

(4) 控制应力水平

控制应力水平的措施包括优化结构，减少应力集中，对于焊接或冷校形件，增加去应力退火，以消除残余应力。

6.4　预防航天金属零部件疲劳断裂的措施

疲劳断裂是航天产品地面装备较为常见的一种破坏模式，在上面级产品振动试验也常常出现。疲劳断裂影响因素有外载大小、结构状态、材质质量、表面状态、使用环境、残余应力等。因此，预防航天零部件疲劳断裂的主要措施如下：

(1) 保证载荷计算的准确性和结构设计的合理性

设计是源头，载荷计算错误引起的外载过大会因自身承载不足导致早期疲劳失效。采用应力仿真计算与试验验证结合，优化结构设计，避免应力集中，保证足够的安全系数，是提高载荷计算准确性的一种有效方法。

(2) 合理选材，提高材料对环境的主动适应性

①保证合适的强韧匹配性

材料选择其实也是设计范畴，根据工作应力状态选择与之性能匹配的材料。航天产品疲劳工况的特点多数是低周疲劳，即周次低，应力大。Manson - Coffin 方程揭示了低周疲劳塑性应变幅和循环周次间的定量关系，清楚表明塑性是决定低周疲劳寿命的主要因素。因此在满足设计许可强度的前提下应尽量选择高塑性、高循环应变硬化系数的材料，这是预防疲劳失效的一种有效途径。

②充分考虑到使用介质环境，保证材料对环境的适应性

如在有腐蚀介质的环境中，在保证强度的同时应选择耐蚀性较好的材料，预防腐蚀疲

劳的发生。

③增加检测手段，加强原材料缺陷控制

机械加工后原材料表面缺陷会去除掉，而内部缺陷却无法加工排除，这些缺陷割裂了基体的连续性，同时引起组织上的应力集中，对疲劳裂纹形核较为有利。应加大疲劳工况零件材质的缺陷筛查，若发现超标缺陷，必须剔除。

（3）优化结构

从降低结构上的应力集中出发，如增加过渡部位圆角半径，运用仿真计算优化结构形式，提高应力分布的均匀性。

（4）提高加工质量，保证零件表面的完整性

机械加工引起的表面损伤（划痕、磕伤、啃伤、加工刀痕）等会造成应力集中，显著降低零件的疲劳强度。因此，需要采用适当的工艺措施降低表面损伤带来的影响。如适当降低表面粗糙度值，或选择半精加工、精加工方法来防止划痕、啃伤等。

（5）对零件表面进行强化处理

表面强化处理是以在表面建立压应力以抑制疲劳裂纹萌生扩展，提高零件疲劳寿命为目的的一种强化手段，如滚压、喷丸处理等。滚压强化是航天零部件应对疲劳工况常采用的一种较为便捷的冷作强化方法，同时还能有效降低表面粗糙度值。经滚压处理以后表面建立了轴向、切向的残余压应力，对截面尺寸过渡部位较为适用。

6.5 预防航天金属零部件腐蚀破断的措施

造成航天零部件腐蚀破断的影响因素归结起来有环境因素、表面防护处理和材料状态因素。按零件制造流程可分为加工环境、存放环境和使用环境。材料状态主要包括冶金状态和热处理工艺状态。从腐蚀影响因素出发，预防航天金属零部件腐蚀破断的措施有：

（1）控制环境因素

①控制加工环境

航天金属零部件几乎无一例外需要机械加工，水基乳化液是机械加工中广泛使用的一种切削液。通过加强切削液的管理，预防切削液污染、变质酸化引起零件在加工中的电化学腐蚀，可控制加工环境。航天零部件中有大量的铝合金零件，这类材料如组织均匀性不佳，在切削液变质环境中更容易发生局部腐蚀。

②控制存放环境

航天零部件加工完毕后一般入库存放等待装配。控制好库房的温度、湿度，保持通风，可防止零件机械加工表面的大气腐蚀，必要情况下可采取涂抹防锈油等方法。有防腐涂层的零件，存放时应避免出现特殊的有机、无机气体介质，以免造成有机气氛腐蚀，如镀锌件不能存在丙酮气氛的环境中。在加工工序间暂存的零件，避免直接接触叠加存放，以免发生缝隙腐蚀。

（2）表面防护处理

根据零件可能存在的环境特点，针对不同材料体系，采取不同的表面防护处理措施。阳极氧化处理是铝合金零件防腐的一种常用表面处理方法，它是以铝合金零件为阳极置于硫酸、草酸等电解质溶液中，利用电解作用，使其形成氧化铝薄膜的过程。对于铝合金零件，可选用阳极氧化处理，钢制零件可选择发蓝、镀锌、达克罗等处理工艺。有连接接触的零部件可采取涂覆涂层或增加绝缘垫等措施预防接触腐蚀。

（3）控制材料状态因素

①合理选材

选材时应考虑零件在使用中可能存在的化学环境，综合设计强度许可和耐蚀性要求选择合适的材料，同时还要注意防止应力腐蚀。航天铝及铝合金零件材料种类众多，在大气、酸性环境中耐蚀性按以下次序递降：Al、Al－Mn 系、Al－Mg 系、Al－Mg－Si 系、Al－Si 系、Al－Zn－Mg 系、Al－Zn－Mg－Cu 系、Al－Cu－Mg 系、Al－Cu 系。如设计强度指标不高，应优先选择靠前的 Al－Mn 系、Al－Mg 系、Al－Mg－Si 系铝合金，如 3A21、5A06、ZL114A 铝合金等。合金抗应力腐蚀能力与固溶体中合金元素含量相关，含量高，应力腐蚀倾向大。在三元及更多元合金中，应力腐蚀敏感性与 Zn、Mg 元素的含量和比值有关。Al－Zn－Mg 系铝合金应力敏感性较大，选材时应尽量予以规避。

②加强原材料组织缺陷的检验和控制

实施金相检查严控材料夹杂物超标，是预防点蚀的一种有效方法，特别是对点蚀较为敏感的不锈钢、铝合金零件尤为重要。加强组织均匀性，或采用粗大脆性积聚分布的金相组织检查，也是防止局部腐蚀的一种有效检测手段。

③优化热处理工艺方法

材料耐蚀性不仅与材料特性有关，还与热处理状态密切相关，应根据热处理耐蚀性选择合适的方法和热处理参数。如 1Cr18Ni9Ti 奥氏体不锈钢用固溶热处理替代退火处理，将碳化物回溶形成单一组织，可大大提高耐蚀性，再如 20Cr13 马氏体不锈钢，采用 300 ℃ 以上回火处理，耐蚀性随着温度升高变差，在 550 ℃左右达到峰值后出现回落，选择回火温度应考虑耐蚀特性。常用的 7 系超硬铝合金，选择过时效处理可大大提高耐应力腐蚀能力。

第 7 章　航天产品金属零部件典型失效案例分析

7.1　裂纹案例分析

7.1.1　支撑架零件裂纹分析

支撑架零件经机械粗加工，在热处理工序后多件发现裂纹，零件材料牌号为 20Cr13，轧制钢板，板厚 45 mm。加工工艺流程：等离子切割下料（保证尺寸 110 mm×60 mm×45 mm）→铣削（保证尺寸 96 mm×46 mm×38 mm）→热处理（保证硬度 28～32 HRC）→铣削→线切割。

7.1.1.1　试验过程及结果

裂纹零件整体外观如图 7－1 所示，表面呈氧化后的黑色，裂纹大致分布在钢板厚度中间部位，线状，沿轧制方向分布。

图 7－1　裂纹零件整体外观

裂纹横剖面金相宏观形貌如图 7－2 所示，裂纹从表面向心部扩展，呈楔状，裂深约 3 mm，在裂纹扩展路径以及周边区域，可见明显断续的带状特征。

进一步观察裂纹形态，呈淬火裂纹特征，线条曲折刚劲，侧边凹凸特征耦合明显，末端尖细，在裂纹周边可见大量的碳化物积聚，如图 7－3 所示。在基体其他区域同样存在大量的碳化物积聚带，多呈粒状、块状，基体为正常的保持马氏体位向的回火索氏体组织，如图 7－4 所示。

7.1.1.2　分析与讨论

通过以上试验可知，失效零件裂纹性质为淬火裂纹，裂纹大致分布在板厚中间区域并沿轧制方向，金相检查为回火索氏体组织，在组织中存在大量的碳化物积聚带，裂纹沿积聚带扩展。

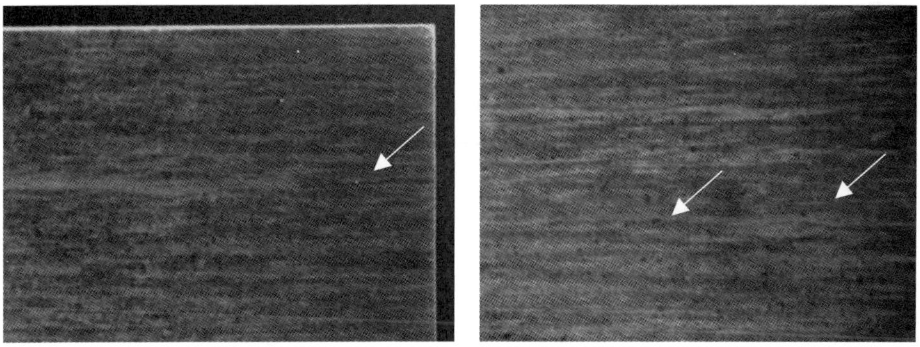

图 7-2　裂纹横剖面金相宏观形貌

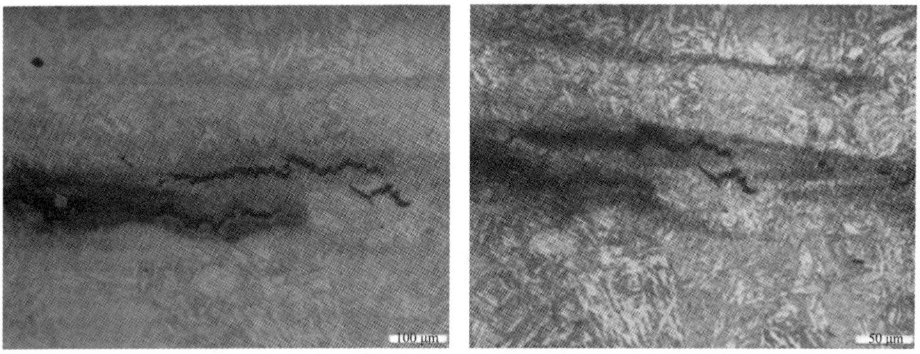

图 7-3　裂纹末端高倍特征

图 7-4　基体中大量的碳化物积聚带特征

支撑架零件选用 20Cr13 马氏体型不锈钢钢板加工制造，该材料在退火状态下强度较低，耐蚀性较差，故通常经调质热处理后使用。正常情况下，20Cr13 不锈钢经调质热处理，金相组织应为保持马氏体位向的回火索氏体组织，而失效零件金相组织检查发现有大量沿轧制方向分布的粒状碳化物积聚带。这种富碳带，一方面降低了合金强度，同时降低了合金的耐蚀性。另外，组织不均匀形成应力集中，经调质热处理，在淬火应力的作用下诱发淬火裂纹。组织中碳化物积聚特征，为原材料中富碳引起的成分偏析，由于板材较厚，轧制中心部金属的形变流动量较边缘小，致使碳化物未能充分破碎并沿轧制方向延伸，后期的热处理无法使碳化物固溶，而被保留下来，造成了零件的开裂失效。

7.1.1.3　结论及启示

1）支撑架零件表面裂纹性质为淬火裂纹；

2）原材料组织中存在碳化物积聚，在淬火应力的作用下造成了开裂；

3）这类缺陷有较大的隐蔽性和危害性，在热轧交货状态通常不会萌生裂纹，在淬火处理后才会诱发裂纹，现有的常规检测手段也难以检出，金相检查时因基体为贝氏体和铁素体混合组织而无法分辨，只能依靠原材料生产厂家加强工艺控制。

7.1.2　密封弧片裂纹分析

密封弧片零件机械加工完毕后经磁粉检测时发现大量裂纹缺陷，裂纹位于零件端面。密封弧片所用的材料为20CrNiMo，加工工艺流程：锻件→正火处理→机械加工→渗碳淬火（保证硬度50～55 HRC，渗层厚度0.89～1.02 mm）→磨削（端面）。

7.1.2.1　试验过程及结果

零件端面网状裂纹特征如图7-5所示，磁粉检测端面有大量密集、细小的网状裂纹。

图7-5　零件端面网状裂纹特征

金相检查发现裂纹呈网状，沿晶特征，如图7-6所示，浸蚀后在裂纹周边可见亮带的淬火马氏体组织，如图7-7所示。

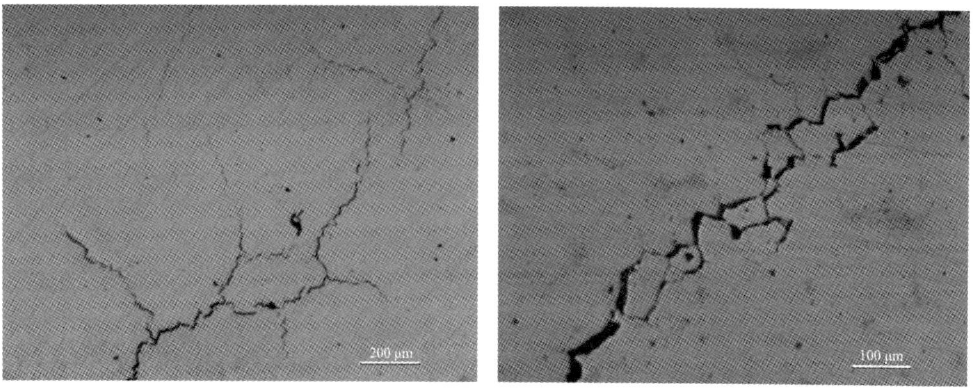

图7-6　网状裂纹特征（抛光态）

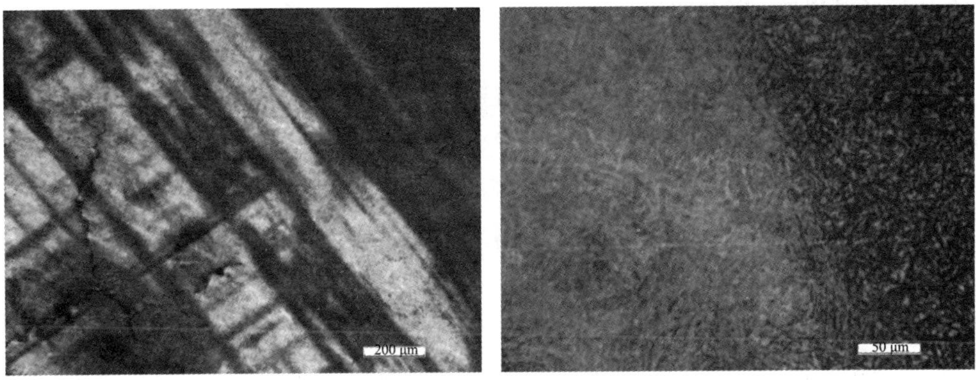

图 7-7　裂纹周边金相组织

观察裂纹横剖面未见明显深度，基体为板条马氏体组织，如图 7-8 所示。表面渗层呈隐针马氏体，测量渗层深度为 0.9 mm，渗层硬度为 52 HRC，符合工艺要求。

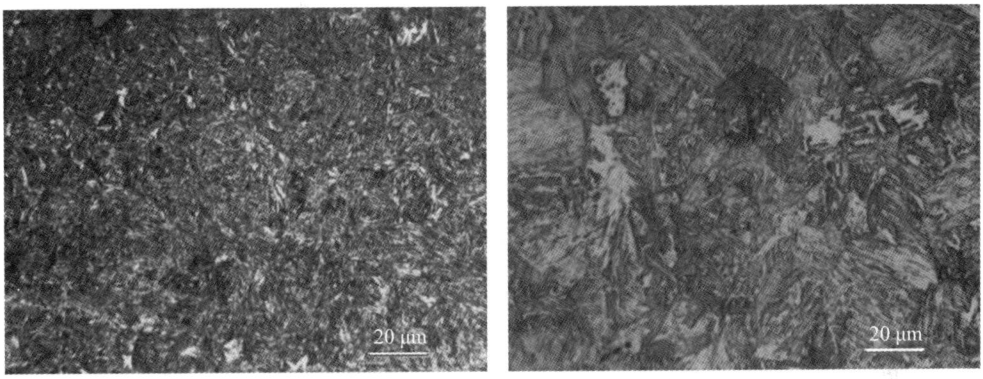

(a) 表层　　(b) 心部组织

图 7-8　正常区域金相组织

7.1.2.2　分析与讨论

由以上试验可知，零件表面裂纹性质为磨削裂纹。密封弧片材料为 20CrNiMo，为改善零件表面及心部的组织，提高表面硬度和耐磨性，同时保证心部有良好的韧性，零件进行了渗碳淬火处理。为满足装配要求，零件渗碳淬火处理后进行了磨削加工。渗碳淬火零件在磨削过程中很容易发生因冷却不充分造成的开裂，主要原因是磨削加工过程中会产生大量的磨削热。若冷却不充分，磨削热足以使磨削表面薄层重新奥氏体化，随后再次淬火成马氏体，使表面层产生附加的组织应力，加上磨削加热速度极快，在组织应力和热应力共同作用下将导致零件发生沿晶开裂。金相检查发现的沿晶网状裂纹特征表明，零件是由于磨削冷却不足引起的开裂，在高温和应力的共同作用下，裂纹在晶界处形核并沿晶界扩展。在对裂纹面进行金相检查时，发现裂纹附近有淬火马氏体组织，由此进一步证明磨削冷却不充分导致了二次淬火，在淬火马氏体周边的回火马氏体同时受到磨削热的影响，致使马氏体片上碳化物大量析出，使马氏体更易受到腐蚀，因此在相同的腐蚀条件下，该区域的马氏体较其他区域颜色更深。

7.1.2.3 结论及启示

1）密封弧片表面裂纹性质系磨削裂纹，磨削工艺冷却不足是导致裂纹产生的主要原因。

2）20CrNiMo材料属渗碳合金钢，渗碳处理后为满足装配要求，往往表层会磨削加工。由于表层渗碳后碳含量较高，马氏体开始转变温度较低，如磨削工艺控制不当，如磨削量过大或冷却不足，极易诱发网状裂纹。对于渗层零件的磨削，选择合适的磨削参数和条件尤为重要。

7.1.3 导管破裂分析

某导管水压试验中压力升至58 MPa发生破裂失效，未通过强度试验考核。技术条件要求60 MPa稳压10 s不发生破裂。该导管材料为1Cr18Ni9Ti奥氏体型不锈钢，规格为ϕ14 mm×1 mm，钣金、焊接成形。

7.1.3.1 试验过程及结果

零件整体外观如图7-9（a）所示。破裂形成一处破口，位于管材直线段，距球头端约90 mm，长度约20 mm，呈明显的外突翻边特征，如图7-9（b）所示。管外壁可见一条轴向长约60 mm的裂纹，裂纹线条笔直、连续，破口沿裂纹扩展，管内壁未见异常。

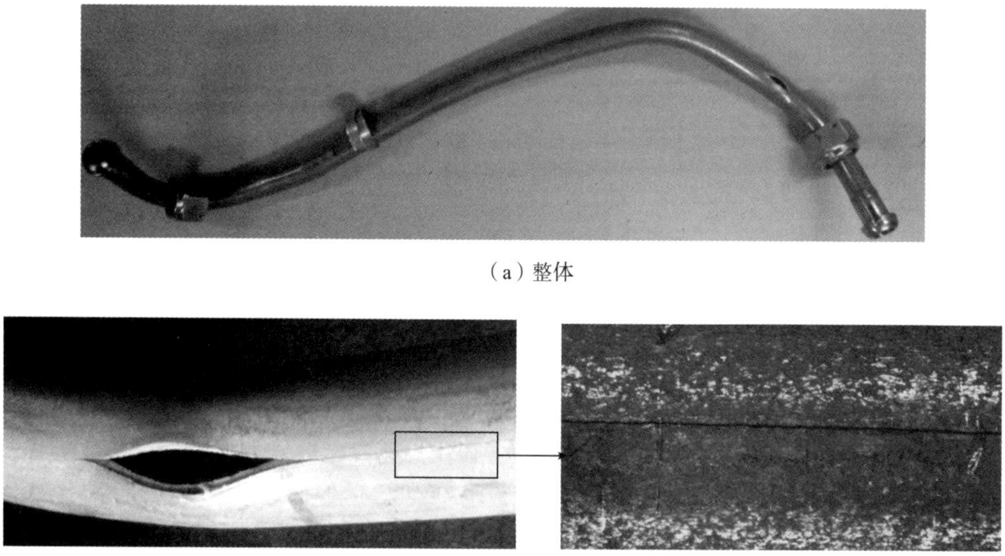

（a）整体

（b）破口宏观形貌

图7-9 失效导管整体外观

如图7-10所示，观察破口断面，断面平坦、干净，从外至内明显分为两个区域：外层区域颜色灰暗，未见断裂特征，形成深度约0.7 mm；内层断面较粗糙，有金属光泽，可见明显的断裂特征，形成深度约0.3 mm。

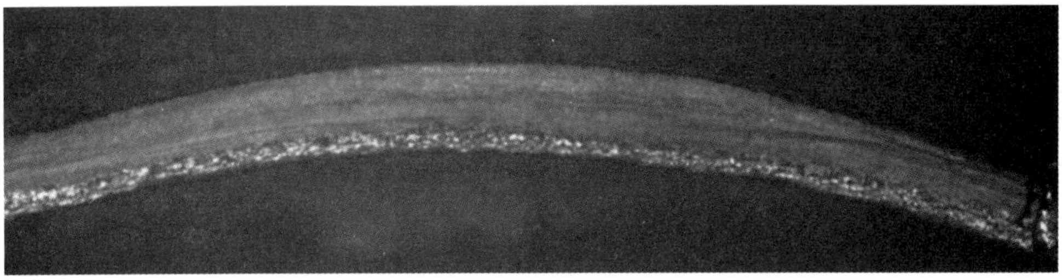

图 7-10　断口宏观形貌

观察裂纹横剖面，大致成 45°往内延伸，形成深度约 0.67 mm。裂纹线条较圆钝，呈蠕虫状，裂纹及周边金相组织正常，呈单相奥氏体，可见明显的孪晶特征，如图 7-11 所示。

图 7-11　裂纹横剖面形貌及组织

7.1.3.2　分析与讨论

通过以上试验可知，失效导管外壁存在一处线状裂纹，局部裂纹贯穿管壁形成破口，导管金相组织正常。

从导管裂纹表面及剖面形态判断，属管材成形过程中造成的机械损伤，通常称为拉痕。一般情况下，小直径管材多采用挤压方法成形，在挤压过程中，如工艺控制不到位，挤压模具或坯料表面清理不净，附着的硬质粒屑将会在管材表面造成拉痕。由于管材挤压变形分多道次进行，前一道挤压形成的拉痕在后续挤压过程中因材料的塑性流动发生再次变形，因此金相可观察到裂纹线条的圆钝特征。由于导管存在严重的机械损伤，致使管壁厚度减小，有效承载面积也减少，从而在试验时发生低应力破裂失效。国家标准GB/T 14976—2012《流体输送用不锈钢无缝钢管》对缺陷深度进行了明确规定，规定其热轧管裂纹深度不大于管壁厚度的 5%，直径 140 mm 以下不允许超过 0.5 mm，直径140 mm 以上不允许超过 0.8 mm。失效导管规格为 ϕ14 mm×1 mm，裂纹深度为0.7 mm，达到了管壁的 70%，远远超出了标准规定的极限值。综合所述，导管管材在挤压成形过程中，由于工艺过程控制不到位，造成表面较严重的机械损伤，从而导致试验时发生低应力爆裂失效。

7.1.3.3　结论及启示

1）管材存在原始的拉痕缺陷，从而导致试验时发生低应力爆裂失效。

2）原材料生产厂家一方面应加强管材生产的质量控制，另外一方面应增加表面缺陷检出率高的在线检测手段，如涡流探伤设备。对使用单位而言，应加强原材料入厂复验表观质量检查。由于管材表面存在的一定污染和氧化，目视检出率较低，必要时应采用放大镜检查，以增加缺陷检出率。目视检验不能确定缺陷深度，因此无法界定是否超标难，只能通过破坏性金相检查来判断。考虑到导管零件实际工况，发现裂纹要直接剔除，以确保产品的可靠性。

7.1.4　转接支架裂纹分析

转接支架零件在半精加工后经无损检测发现多件有裂纹，零件由 45 钢 35 mm 厚热轧钢板加工，材料标准为 GB/T 711—2017。零件主要加工工艺流程：气割下料→铣削→调质热处理（保证硬度 32～36 HRC）→铣削→车削→表面处理（无氰镀锌）。

7.1.4.1　试验过程及结果

典型裂纹零件外观特征如图 7-12 所示，呈“L”形，一端为螺杆结构。通过超声和磁粉末检测，失效零件裂纹具有相同特征，裂纹面均大致平行板材表面且大致分布在厚度 1/2 处，呈分层特征，部分裂纹暴露于零件表面，裂纹数量不等，长短不一，局部裂纹穿透导致螺杆处发生劈裂。

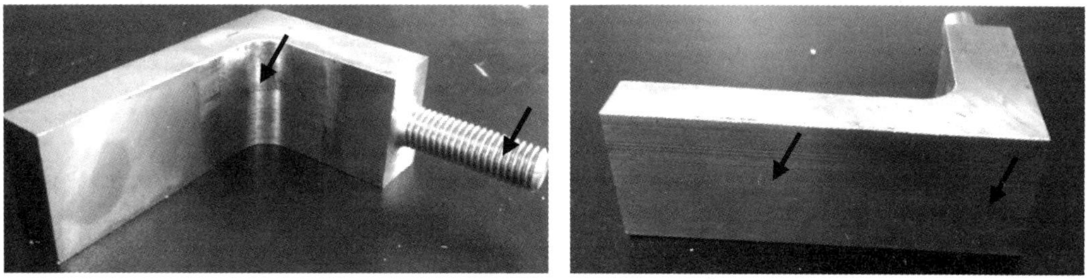

图 7-12　典型裂纹零件外观特征（箭头所指为磁痕显示的裂纹）

随机抽取两件裂纹零件（1 号、2 号）制备横剖面金相试样。1 号件裂纹两处，位于零件心部，微观特征类似，以裂纹为中心，依次向外具有不同的金相组织。裂纹线条柔顺且较圆润，凹凸特征耦合明显，大量块状铁素体积聚呈带状分布于回火索氏体基体，裂纹大致沿铁素体与索氏体相界扩展。向外为带状回火索氏体组织，再向外为铁素体和珠光体混合组织，如图 7-13 所示。

2 号裂纹两处，内、外各一处且均扩展至表面，在裂纹附近可见带状组织特征，基体为回火索氏体组织，裂纹两侧同样可见铁素体条带，裂纹沿铁素体与索氏体相界扩展，裂纹线条柔顺且较圆润，凹凸特征耦合明显，如图 7-14 所示。

两件零件表层硬度为 32 HRC，心部硬度为 24 HRC，表层硬度偏下限但符合工艺要求。

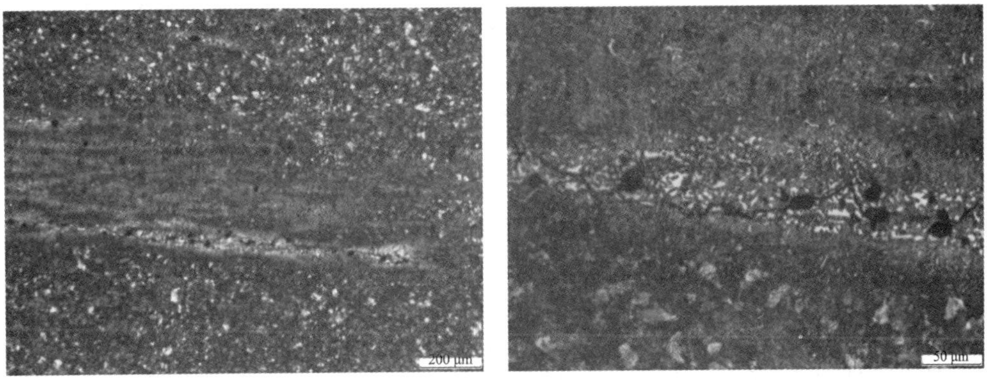

图 7 - 13　1 号零件裂纹及组织（横剖面）

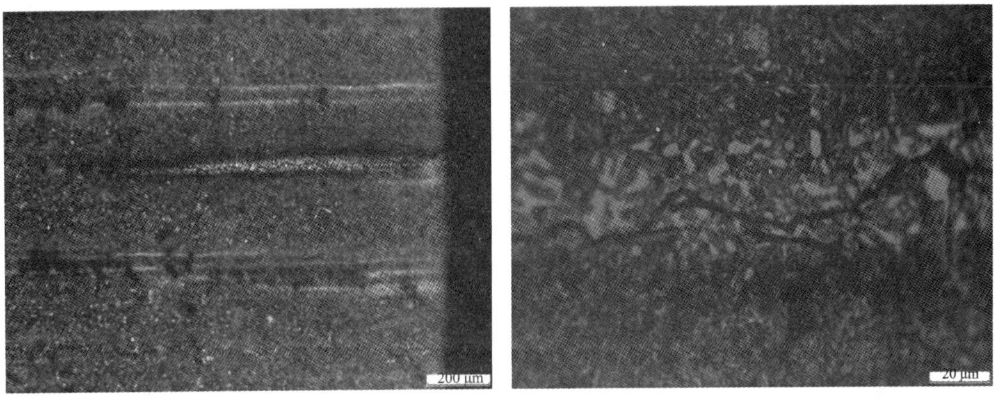

图 7 - 14　2 号零件裂纹及组织（横剖面）

7.1.4.2　分析与讨论

由以上试验可知，失效零件裂纹属原材料分层缺陷，在分层的裂纹及周边，可见大量块状的铁素体条带，裂纹沿铁素体与基体相界扩展，局部区域可见淬火裂纹特征。

金相检查发现，裂纹区域均存在积聚呈带状且沿轧制方向的铁素体组织，且裂纹是沿铁素体与基体相界扩展。表明原材料局部存在较严重成分偏析，由此在平衡状态下形成贫碳的铁素体和富碳的珠光体交替条带，由于两种组织性能上的差异，并在界面处造成应力集中，板材在轧制时裂纹沿相界形核并扩展，从而形成了分层缺陷。带有分层缺陷的零件在随后的调质热处理过程中，在淬火热应力和组织相变应力的共同作用下，裂纹进一步扩展，同时在组织偏析区域形成淬火裂纹。

分层是板材中较为常见的缺陷，较大的分层可降低材料的强度和塑性，在变形时可引起材料断裂，淬火时可诱发裂纹扩展，是不允许存在的缺陷，钢板标准 GB/T 711—2017 也明确规定了低倍检查中不允许分层缺陷存在。分层一般有两种：一种是轧制分层，即铸锭在轧制过程中由金属内外层流动不均匀引起的；另一种为冶金遗留分层，它是由于铸锭中存在较严重的非金属夹杂、成分偏析以及疏松等缺陷时，在轧制过程中变形伸长，并沿轧制方向层连续或断续状分布在板材内形成分层缺陷。本例中分层缺陷属于冶金遗留分层。

按工艺要求，零件进行了调质热处理，金相检查发现，表层组织呈回火索氏体组织，远离表层，冷却速度不足，故未能发生马氏体转变，保留了原始的铁素体和珠光体组织，这也是零件心部硬度较表层低的原因。另外，金相检查还发现，1 号、2 号零件心部及内侧基体组织为铁素体和珠光体，而裂纹两侧形成了一定宽度的回火索氏体组织带，其主要原因是贫碳的铁素体将碳排挤到了邻侧珠光体并造成富碳区，淬火时富碳区 M_s 转变点较贫碳区低，从而发生了马氏体转变，回火时马氏体转变成了珠光体组织。

7.1.4.3 结论及启示

1）转接支架零件检测发现裂纹缺陷为原材料分层缺陷。

2）原材料中存在组织偏析是导致形成分层缺陷的主要原因，调质热处理促进了缺陷的进一步扩展。

3）原材料组织偏析在热处理工序中诱发的裂纹，事先检出难度较大，金相高倍检查是一种有效的检查手段，但由于其分布有一定的随机性，有时也无法发现，解决的根部措施还是要原材料生产厂家加强质量控制。

7.1.5 带轮裂纹分析

某带轮为车载发电机的动力输入部件，通过半圆键连接传动轴实现转矩输出。在首次试车时发现发电机动力输入异常，在出现短暂的动力输入不足后消失，拆卸检查发现，带轮端面有多处裂纹，孔内壁存在严重摩擦损伤。零件材料为灰铸铁 HT250。

7.1.5.1 试验过程与结果

带轮裂纹及孔壁特征如图 7－15 所示，心部圆形凸台连接孔加工一处键槽，在凸台端面分布 4 条径向裂纹（编号 1～4）并贯穿壁厚。1 号裂纹位于键槽工作面的根部。在凸台端面有明显的环形摩擦痕迹，孔壁也可见明显的摩擦挤压痕迹并造成材料在端面堆积，键槽槽口受挤压明显变窄。裂纹纵向长度约 10～15 mm，大致止于凸台根部。

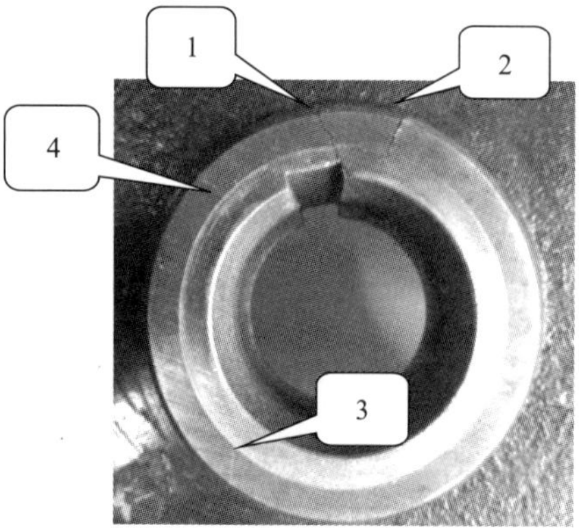

（a）端面

（b）侧面

图 7－15 带轮裂纹及孔壁特征

用体视显微镜观察，裂纹均从凸台外侧表面向内侧径向扩展，裂纹线条刚劲，棱角分明，两侧形状耦合特征明显。其中 1 号裂纹终止于键槽根部，如图 7 - 16 所示，3 号、4 号裂纹宏观形貌如图 7 - 17 所示。

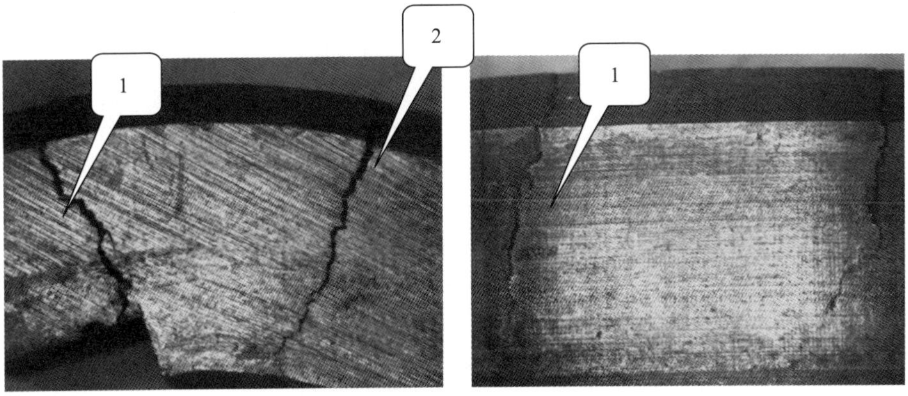

（a）端面　（b）侧面

图 7 - 16　1 号、2 号裂纹宏观形貌

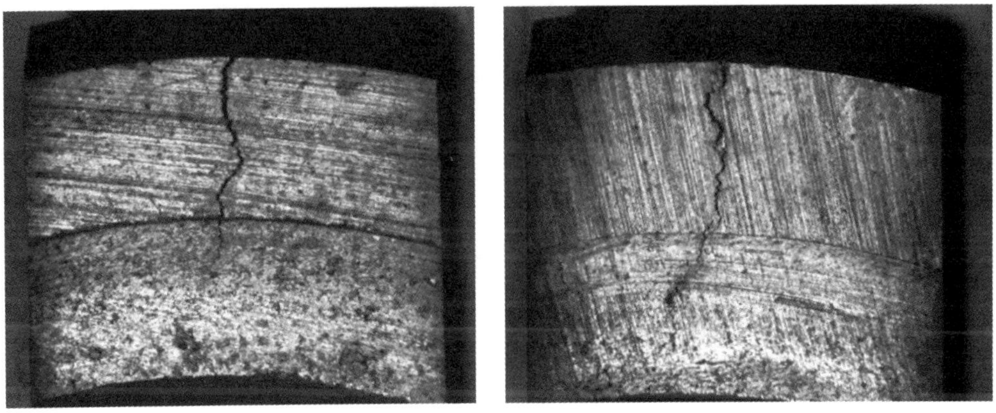

（a）3号裂纹　（b）4号裂纹

图 7 - 17　3 号、4 号裂纹宏观形貌

打开裂纹观察断口，按特征明显分为两个区域。1 号断口上半部三角形区域为原始裂纹区，断面呈暗灰色结晶状，未见明显铸造缺陷；下半部约 1/2 区域为人工断裂特征区，可见大量“小刻面”特征，键槽工作侧面表面完整，未见明显机械损伤痕迹，线切割加工痕迹清晰可见，如图 7 - 18 所示。2 号裂纹人工断口形貌与 1 号裂纹大致相似，其应力状态也与 1 号裂纹类似。从原始裂纹区轮廓来看，裂纹扩展应力存在明显梯度，从端面向下应力水平逐渐降低。

金相检查裂纹及周边为正常的指纹状珠光体组织，石墨呈 A 型条状，在石墨相对积聚区周围可见少量铁素体组织。裂纹大致沿条状石墨与基体边界扩展，如图 7 - 19 所示。

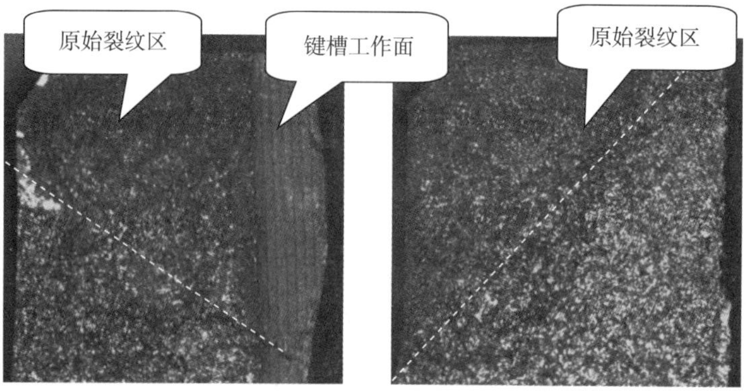

（a）1号　　（b）2号

图 7－18　人工打开裂纹断口宏观形貌

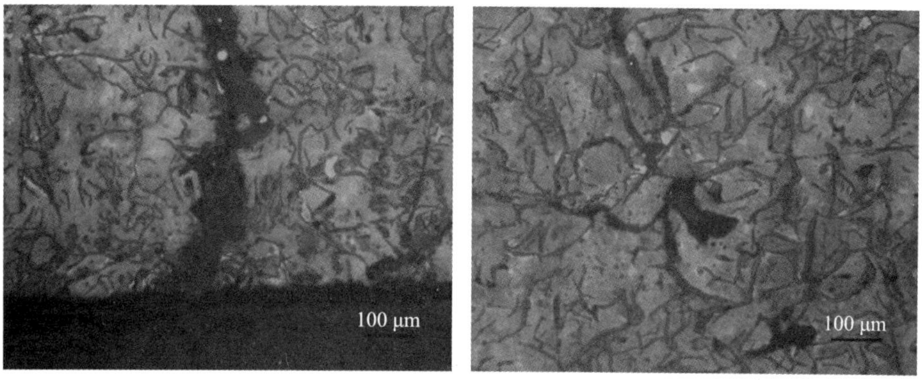

（a）裂纹首端　　（b）裂纹末端

图 7－19　裂纹横剖面形貌及周边组织

7.1.5.2　分析与讨论

由以上试验可知，裂纹从凸台外侧表面向内侧径向扩展，在连接孔壁可见明显的摩擦挤压痕迹，键槽工作面未见接触痕迹，由此表明，裂纹性质应为热应力作用下的过载裂纹，热量来源于孔与传动轴相对转动产生的摩擦热。

键槽工作面较为完整，加工痕迹清晰可见，未见半圆键挤压和摩擦造成的机械损伤痕迹，表明带轮未能向传动轴实现转矩的传递，可能与未装配半圆键有关。观察裂纹端面，可见材料堆积特征和摩擦痕迹，孔壁存在较严重的摩擦挤压痕迹，键槽槽口受挤压变窄，由此表明，孔与传动轴之间发生相对转动，致使耦合面（据了解，孔与轴为微间隙配合）发生了严重的摩擦现象。在摩擦热作用下，裂纹在呈拉应力状态的凸台外面起源并沿散热最有利的径向扩展；同时由于摩擦热在径向和轴向分布存在梯度，形成了从端面向下呈收敛的三角形轮廓裂纹断面形态。断口上明显的“小刻面”特征应为微观准解理断裂特征的宏观表现，是珠光体型灰铸铁常见的一种断裂特征。

综上所述，带轮未能向传动轴实现转矩传递，致使内孔与传动轴发生相对转动造成摩擦损伤，同时摩擦热产生热应力，在热应力作用下萌生裂纹。

7.1.5.3　结论及启示

1）带轮零件表面裂纹为热应力裂纹。

2）带轮与传动轴未装配半圆键，致使孔与传动轴发生相对转动并产生摩擦热应力。

3）本案例是一起由于人为差错导致的失效事件，根本原因是管理失控，需要对装配人员加强培训和考核。

7.1.5.4　验证试验

对半圆键装配过程开展了复查，复查未发现异常。为验证分析结论的正确性，查找到失效原因，设计了一次验证试验。按装配工艺完成车载发电机的安装，带轮与传动轴间未安装传动半圆键，装车后试车 3 s，结果发现，发电机动力输入特性与故障现象一致，即在出现短暂的动力输入不足后消失，键孔损伤特征与故障件一致。因试验短暂，未出现裂纹。

7.2　过载断裂案例分析

7.2.1　选区激光制造阀体开裂分析

某姿控动力系统核心部件阀体零件选用 GH3536 高温合金经 SLM 增材制造成形，首批两件产品在点火试车后同一部位出现裂纹损伤。点火试车时燃料在燃气发生器内燃烧产生高温高压的气体，高温高压的气体通过阀体补偿器进入阀体内。阀体左右两侧各有一个阀腔，分别与喷管相连，喷管喉部安装有阀芯，执行器通过控制阀芯开启和闭合来控制推力分时输出。点火试车阀体工作时间 85 s。增材成形后采用固溶热处理。

7.2.1.1　试验过程与结果

故障件裂纹位于阀腔与 Y 形管交汇的内侧根部，裂纹周边未见明显的机械损伤痕迹和塑性变形痕迹。将裂纹部位剖切后观察，发现裂纹表面可见明显的蓝色氧化痕迹，裂纹长约 1/4 弧长，如图 7 - 20 所示。

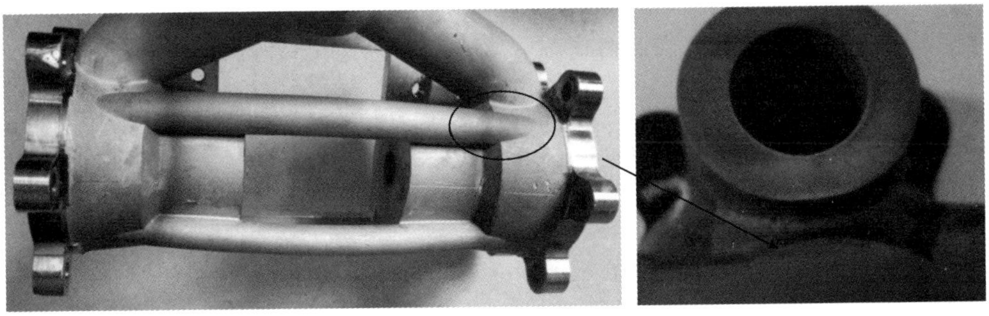

图 7 - 20　故障件整体外观

打开裂纹观察断面，原始断面氧化较重，呈棕黑色的半环状，裂深大致等距，约 2.7 mm，纤维状断口特征，未有明显缺陷。人工断面呈结晶状的断口特征，可见大量小光面特征，如图 7 - 21 所示。

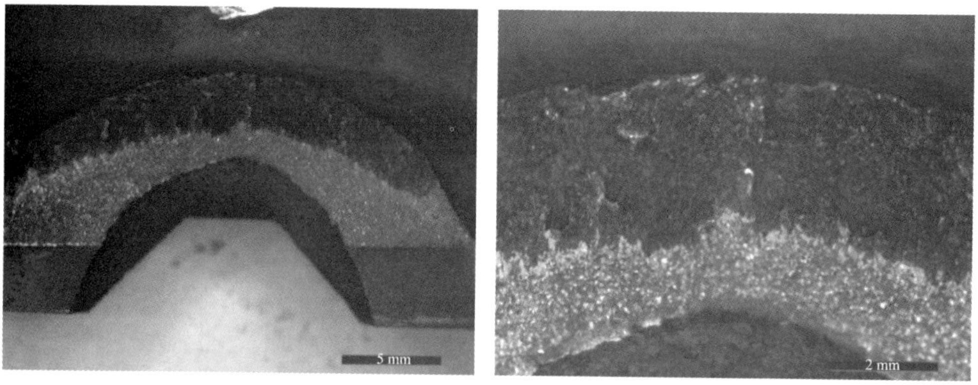

图 7-21 裂纹断面宏观形貌

断口金相检查，横、纵剖面（横向为激光扫描行走方向，纵向为生长方向）均可见大量离散微裂纹缺陷和少量气孔缺陷，裂纹长度范围在 0.06～0.15 mm，如图 7-22 所示。

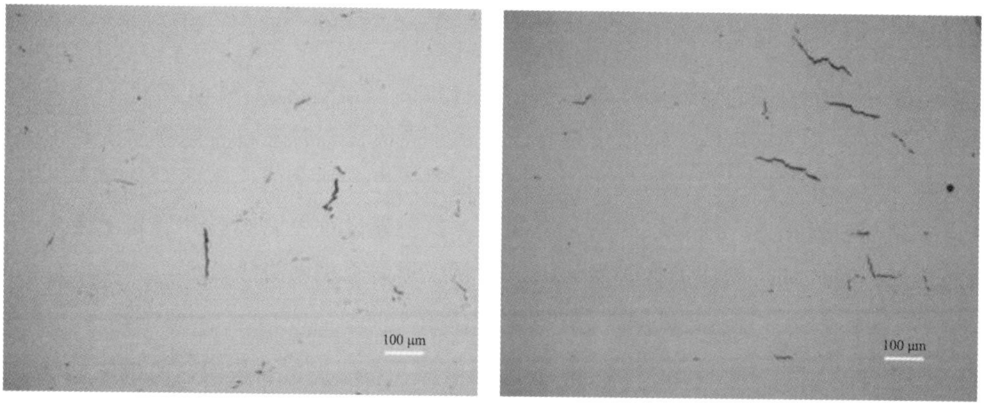

图 7-22 故障件剖面微裂纹特征（抛光态，左图为横剖面，右图为纵剖面）

浸蚀观察断口金相组织，发现为正常的单相奥氏体组织，等轴晶粒，呈交错分布有两种尺度晶粒，晶界弯折崎岖，微裂纹缺陷沿奥氏体晶界分布，如图 7-23 所示。

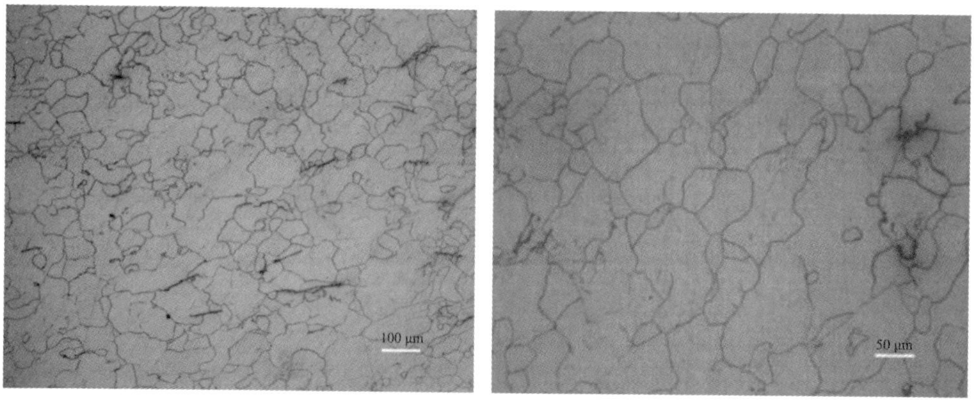

图 7-23 断口横剖面微观组织（浸蚀态）

用电子显微镜微观观察，原始断口区微观下整体呈滑动变形的沿晶特征，局部可见少量的小尺寸韧窝特征，晶面氧化较重；人工断口区微观下呈韧窝＋沿晶＋晶界孔洞的断裂特征，孔洞洞壁未见明显的断裂特征，多呈自由凝固表面，即宏观观察的小光面特征，如图 7-24 所示。

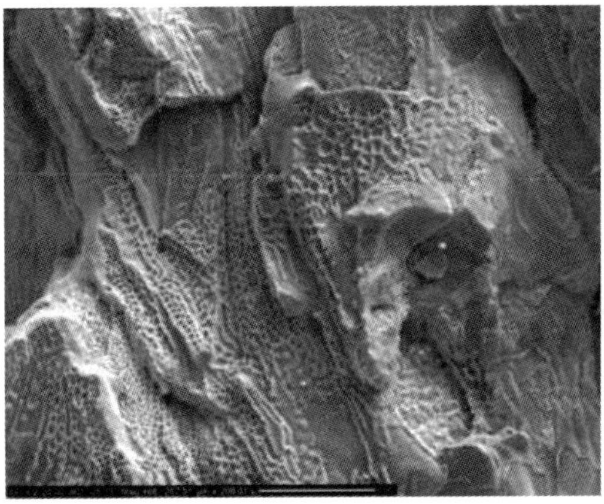

（a）原始断口滑动变形沿晶+少量韧窝

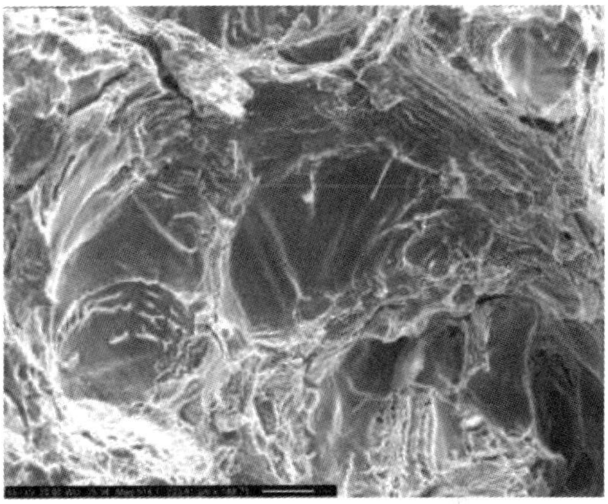

（b）人工断口韧窝+沿晶+孔洞特征

图 7-24　故障件断口微观特征

通过对断口 X 射线能谱（EBS）微区进行成分分析发现，原始断口区组成元素包括来自基体的 Cr、Fe、Ni、Mo 等，还含有大量的 O 元素，表明经历了高温作用，断面发生了严重氧化生成了氧化膜，呈现出宏观可见的棕黑色特征。

对 A 侧圆角热应力进行仿真分析，发现阀体零件在点火试车不同时刻，高温区出现在 Y 形管和与之相连的阀体 A、B 两侧法兰盘部位。在 10 s、20 s、50 s、85 s 时刻，温度及应力峰值分别为 773 ℃/400 MPa、869 ℃/245 MPa、930 ℃/216 MPa、934 ℃/210 MPa。结果表明，随着试车试验进程，零件温度不断升高，热传导逐渐均匀并趋于平衡，圆角内外壁温度梯度不断减少，热应力也不断降低，材料强度不断下降。试车仿真计算的热应力接近材料理论强度，试车过程中可能存在热应力导致的裂纹损伤。

提取故障阀体 A、B 侧圆角附近升温测试曲线分析（见图 7-25），A、B 两侧圆角附近实测温度与仿真计算温度场较为接近，另外发现在前 40 s 内升温速率较快，且 A 侧升温速率在前 20 s 内均小于 B 侧，在降温阶段曲线区域平衡，温度梯度较小。A 侧热应力梯度小于 B 侧，推断裂纹萌生时机并不在点火试车阶段。

7.2.1.2　分析与讨论

从以上试验可知：

1）裂纹均从交汇根部的外表面起源向内侧发生阶段性扩展，断面高温氧化严重，断口微观观察呈滑动变形沿晶＋少量晶面韧窝特征，表明裂纹性质应为热应力裂纹。

2）显微组织呈单相奥氏体组织，晶粒细小，但在裂纹区域以及其他正常区域均存在大量的晶间微裂纹缺陷。

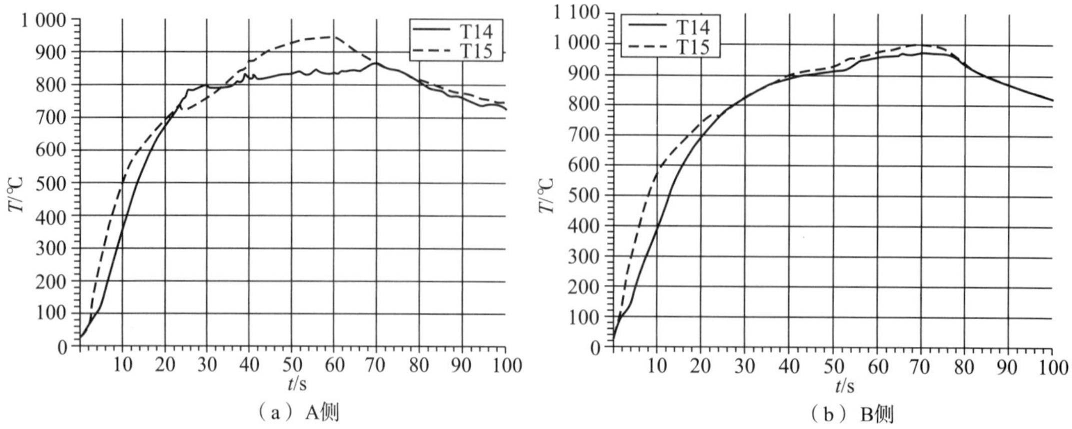

图 7-25　阀体零件 A、B 侧圆角附近试车升温曲线

T14，T15—圆角内侧中心两侧的测温点

3）原始断裂区断裂机制为脆性沿晶断裂＋少量微孔聚集型韧窝断裂，晶界还出现了滑动变形特征，导致沿晶断裂的原因与晶界弱化有关。沿晶微裂纹的出现是引起弱化的一个因素，是宏观裂纹的形核源。晶界与高温环境的交互作用是晶界弱化的另一个因素，当温度升至等强度温度后，变形由滑移行为转变为晶界滑动、晶界迁移行为，晶界难以协调晶内变形，裂纹按强度原则多在晶界形核并扩展。

4）结合试车热应力仿真计算和升温曲线综合判断，裂纹应产生于零件增材制造阶段，零件增材生长次序是从 A 侧至 B 侧，这就意味着 A 侧经历的热循环时间远高于 B 侧，另外圆角部位还存在较大的应力集中，从而裂纹在 A 侧圆角处的沿晶微裂纹上形核并扩展。

5）裂纹萌生在阀体与管路交汇的圆角，该部位结构形状变化急剧，存在明显的应力集中，承载较为不利。应力集中程度不仅与零件结构有关，还与材料的韧脆特性有关，较高的韧性有助于降低应力集中。力学性能测试表明，合金在环境温度达到 800 ℃以后，会呈现出较为明显的脆化趋势，从而加剧了应力集中现象。

7.2.1.3　结论及启示

1）阀体零件在试车过程中在 A 侧出现的裂纹为热应力裂纹，裂纹形成于 SLM 增材制造阶段，在循环热应力作用下，沿晶微裂纹发生扩展形成宏观裂纹，在试车热应力作用下发生进一步扩展。

2）结构设计不合理以及材料高温脆性较大造成应力集中引起裂纹萌生，材料存在显微裂纹缺陷促进了裂纹萌生。

3）优化结构设计，增加圆角过渡，同时增加热等静压处理（HIP）对裂纹开展修复。

7.2.1.4　结构设计及工艺改进

1）改进前后的阀体外形如图 7-26 所示。可以看出，在 Y 形管与阀体腔交汇处结构形式发生明显变化，将原来锐角过渡更改为直角过渡，应力集中程度大幅降低。

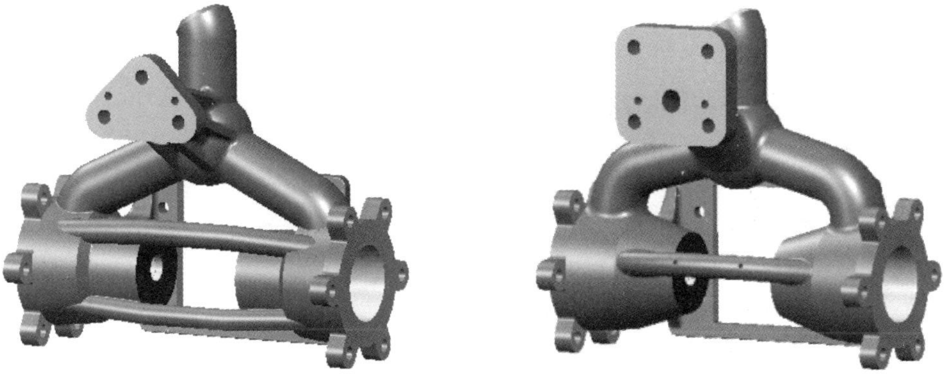

(a) 原状态　　(b) 新状态

图 7 - 26　阀体结构设计改进前后对比

2）后处理工艺改进，在固溶处理后增加 HIP。经金相检查发现，经过 HIP 后，大量裂纹得到愈合，裂纹数量急剧减少，如图 7 - 27 所示。经金相浸蚀后显微组织对比分析发现，HIP 前（固溶状态）晶界细窄、干净，未见第二相脱溶析出，而 HIP 后晶界上有明显的细小的链状第二相析出。结合 GH3536 合金相图分析认为，晶界析出相应为 M6C 和 M23C6 型碳化物。借助 HIP 缓冷过程，诱发碳化物沿晶链状析出，产生了晶界的弱时效强化效应。

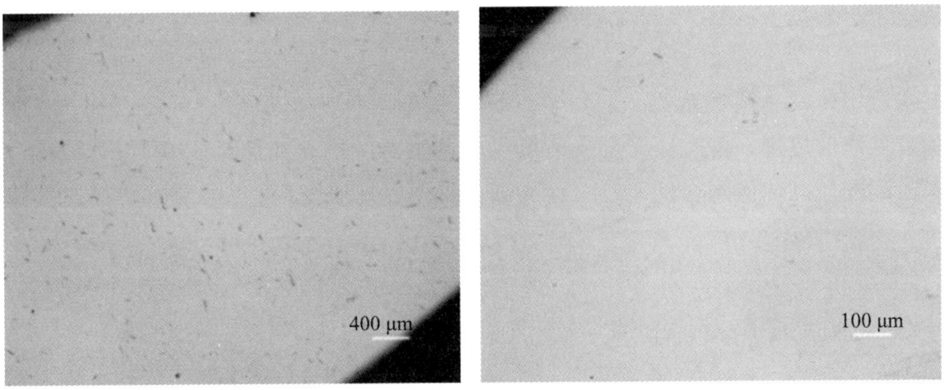

(a) 固溶状态　　(b) 固溶+HIP状态

图 7 - 27　不同状态微裂纹缺陷对比

7.2.2　铸造铝合金壳体裂纹分析

某舱段振动试验前发现铸造壳体前端框出现两条裂纹，振动试验之前舱段还经历过多次吊装、对接测试和振动试验。舱段壳体材料为 ZL114A，采用 T6 状态热处理。

7.2.2.1　试验过程与结果

1 号裂纹为一条连续裂纹，出现在壳体尺寸相对较小的圆弧转角处，并出现在高向筋条根部；裂纹大致沿径向扩展，宏观较平直，贯穿壳体上下表面。2 号裂纹实际是分布在通孔两侧的两条裂纹，简称2号孔外侧裂纹和2号孔内侧裂纹，两条裂纹也出现在壳体截面相对薄弱的部位，近似沿同一方向扩展，如图7-28所示。

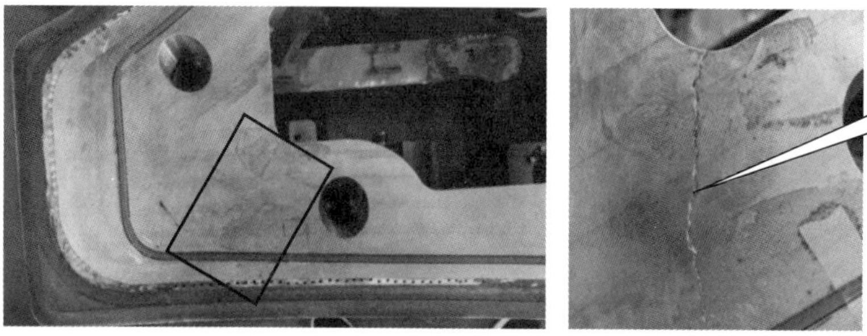

（a）1号裂纹位置

（b）2号裂纹位置

图7-28　壳体前端框裂纹位置

剖切后用体视显微镜观察，1号裂纹样块上侧表面为机加面，下侧表面为原始铸造面，均可见修磨痕迹，修磨区光亮表面可见较密集的孔洞，如图7-29所示。1号裂纹边缘轮廓匹配度较高，但闭合性差，边缘局部可见塑性屈服变形。2号裂纹特征与1号类似。

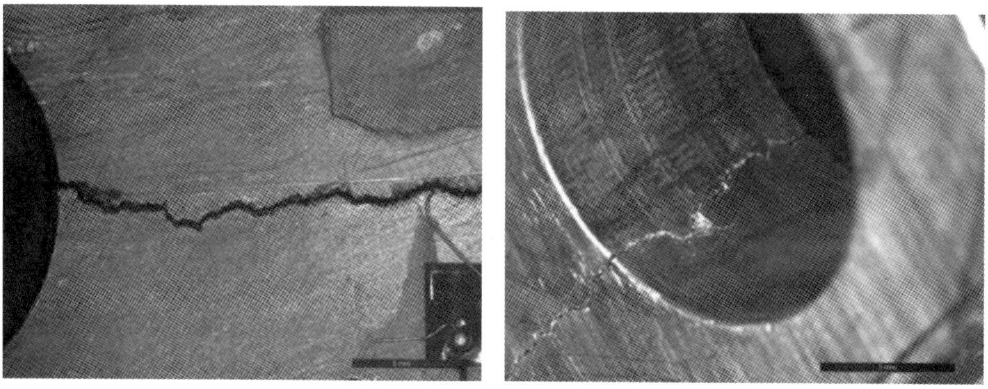

图7-29　1号裂纹区上表面及2号裂纹内孔表面形貌

1号裂纹断口整体粗糙，断面呈银灰色，在孔边局部断面有磨损，宏观可见起源于壳体内侧圆角的放射棱线，断面低倍呈铸造枝晶状轮廓，如图7-30所示。2号裂纹断口形态与1号基本一致，隐约可见起源于孔内壁方向的棱线。

图 7-30　1 号裂纹断口源区宏观形貌

裂纹断口用电镜微观观察。1 号裂纹起源于壳体内侧圆角表面，主要分布片状第二相，靠近孔边的断口就可见细小撕裂韧窝，未见疲劳特征；在孔边局部区域可见显微疏松。裂纹扩展的其他区域，断面特征也基本一致，如图 7-31 所示。

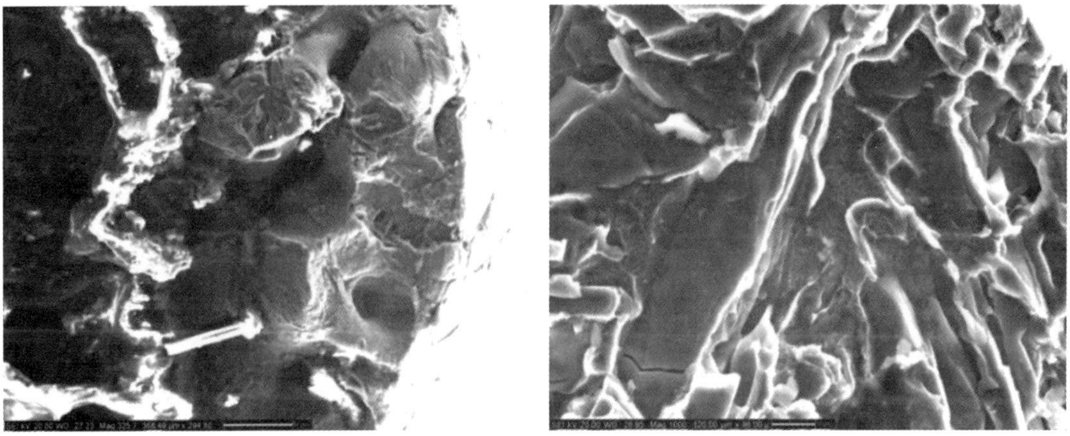

(a) 低倍形貌　　(b) 微观特征

图 7-31　1 号裂纹断口源区附近微观形貌

2 号样块的两条裂纹均起源于通孔内壁，向两侧扩展，裂纹源区即可见撕裂韧窝，未见疲劳特征。源区与扩展区均以沿第二相断裂为主，可见较多的显微疏松孔洞，并且在裂纹源附近局部断面存在反复摩擦磨损的形貌，如图 7-32 所示。

对裂纹断面微区成分进行能谱分析，断面磨损区含有较高 O 元素，断面未见腐蚀等异常现象。

对两条裂纹样块进行 X 射线检查，观察内部铸造缺陷形态与分布。两条裂纹附近可见较密集的暗色斑点，应为铸造针孔和显微疏松。裂纹区未见连续分布或者大尺寸的铸造缺陷，如图 7-33 所示。

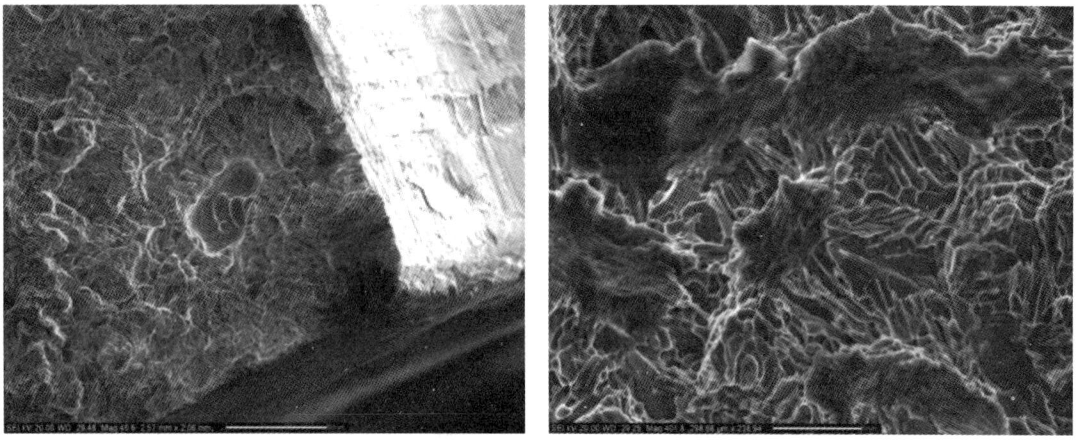

图 7-32　2 号裂纹外侧断口源区附近微观形貌

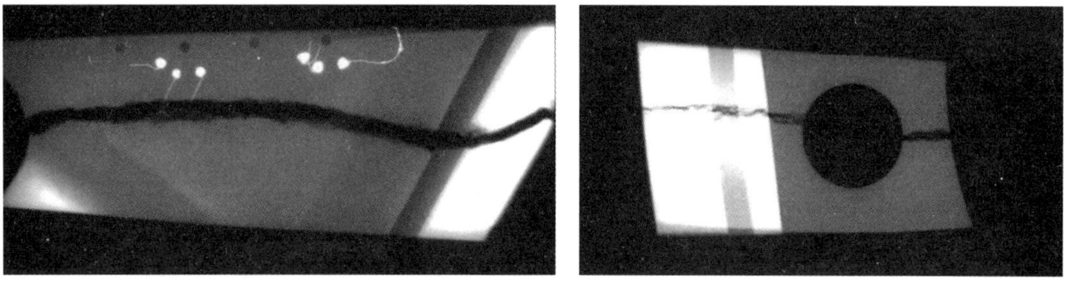

图 7-33　裂纹附近射线探伤影像

检查金相组织，铸造枝晶组织均匀，枝晶间共晶硅多呈球状和短棒状，局部呈粗大条片状，以及浅灰色骨骼状脆性相，局部可见黑色显微疏松孔洞。此外，在样品局部可见沿枝晶间分布的骨骼状黑色组织，高倍下呈类似共晶复熔特征。裂纹多沿第二相扩展，裂纹附近组织与其他部位一致，断口边缘可见挤压磨损变形，如图 7-34 和图 7-35 所示。

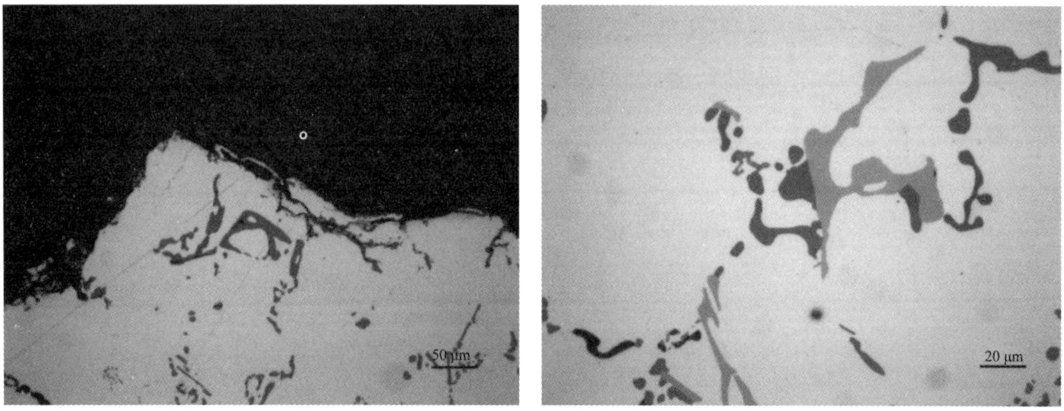

图 7-34　1 号裂纹试样上侧面组织

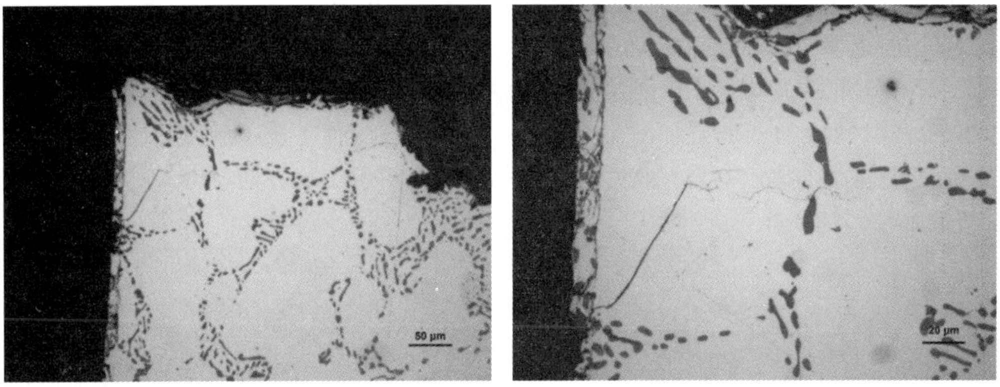

图 7－35　2 号试样上侧面外侧裂纹附近组织

析出相能谱分析发现，浅灰色骨骼状相富含 Al、Fe、Mg、Si 和少量 Ni，为杂质相；灰色相中以 Si 为主，为共晶硅相；黑色组织微观表面凹陷、开裂，呈半熔化特征，其中富含 O、Mg、Al、Si，应为低熔点共晶轻微复熔组织，如图 7－36 所示。

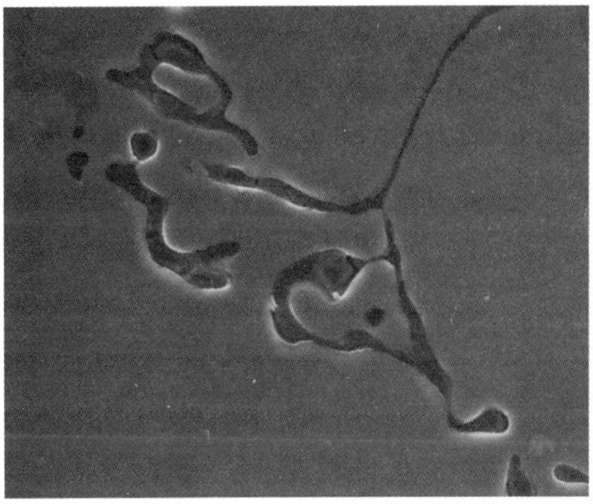

（a）电子图像1

（b）O Ka1

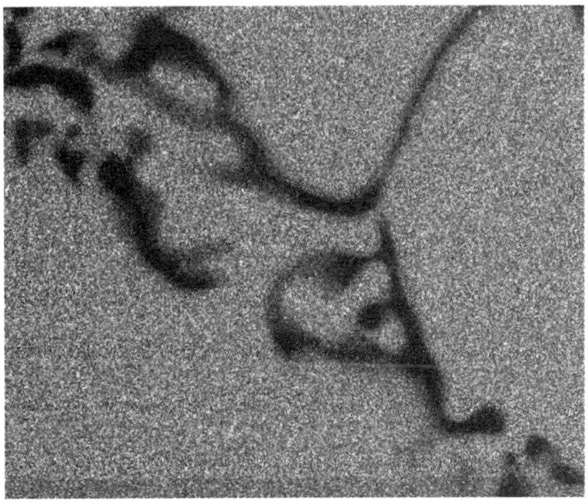

（c）Al Ka1

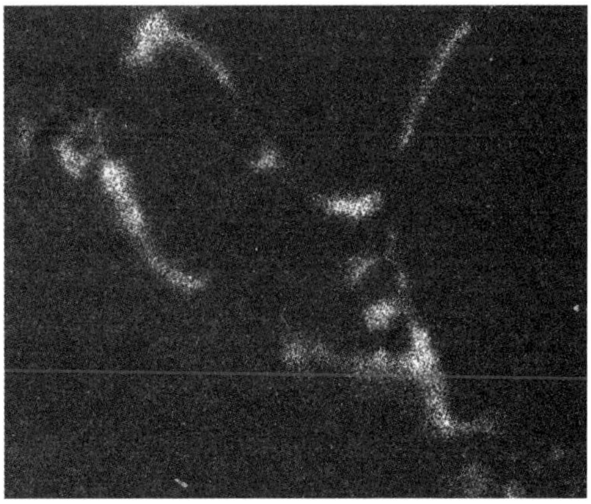

（d）Mg Ka1_2

图 7－36　组织中黑色区内部成分

在故障壳体前端框裂纹损伤区域以及对称完好区测试表面残余应力，测试方法为机械盲孔法，同时选取一件同状态完好的舱段做对比分析。裂纹部位的局部坐标系 Y 轴沿裂纹方向，对称部位的局部坐标系 Y 轴沿裂纹对称方向。每区布置 4 个测点，点距 10 mm，测点连线沿裂纹扩展方向，布点如图 7－37（a）所示；故障件 1～4 点为裂纹损伤区，5～8 点为对称完好区。σ_x 表示垂直裂纹方向应力，σ_y 表示平行裂纹方向应力，σ_s 为综合应力；测试结果如图 7－37（b）所示。

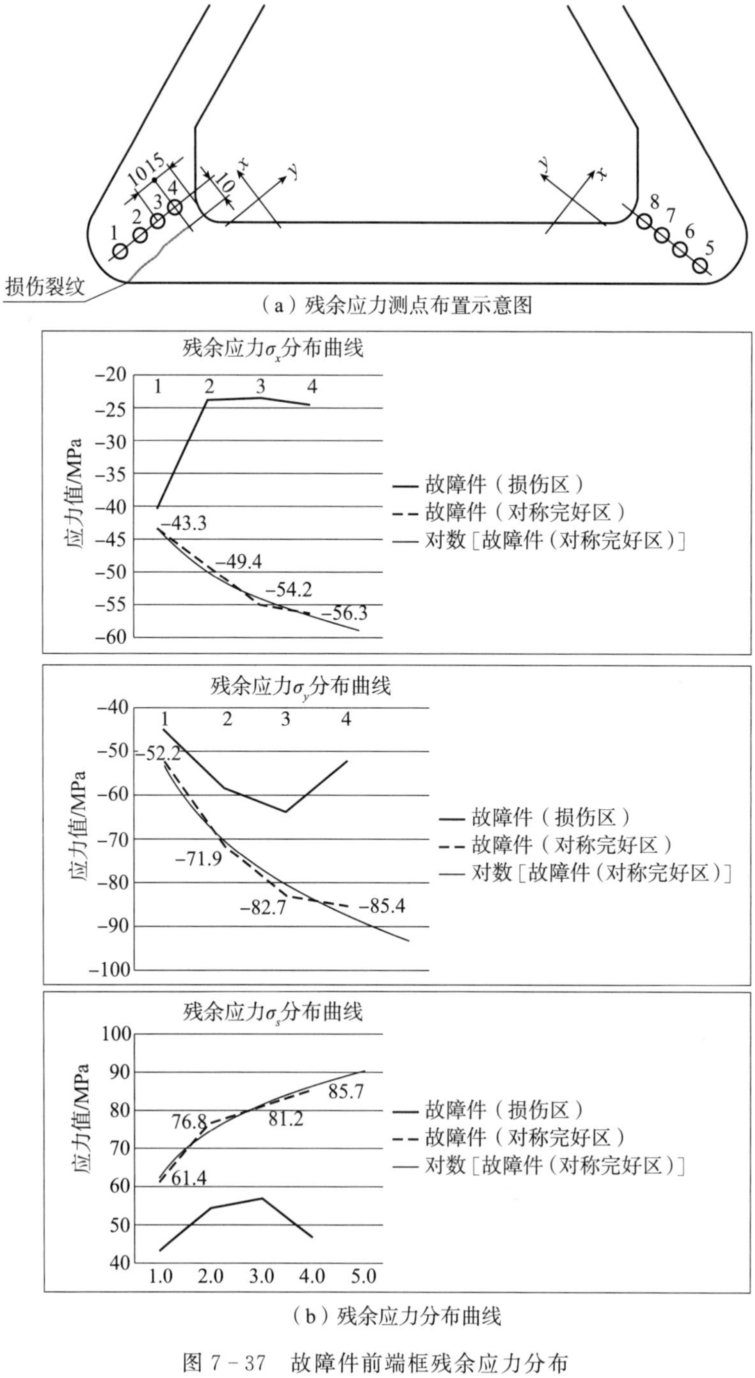

（a）残余应力测点布置示意图

（b）残余应力分布曲线

图 7－37 故障件前端框残余应力分布

测试结果表明，端面表面残余应力为压应力状态，裂纹损伤区附近的残余应力已大部分释放，故表面残余应力水平较低，应力分布也较为离散。而对称完好区则完全不同，应力呈现规律性分布趋势，距离内侧圆角边缘越近，应力水平越高，与裂纹从内侧圆角萌生相吻合。拟合计算后圆角边缘的综合应力 σ_s 数值约为 90 MPa，而同状态完好件的残余应力比故障件的残余应力明显低，且分布较均匀，综合应力 σ_s 数值为 40 MPa，仅为故障件的 1/2。

在壳体前端框裂纹附近以及后端框本体取样测试拉伸性能，并与附铸力学数据对比，见表 7－1。

表 7－1　故障壳体力学性能测试结果

取样部位	抗拉强度/MPa	屈服强度/MPa	延伸率/(%)
前端框裂纹区	286	283	1.6
	296	291	2.5
	290	248	1.5
后端框	325	304	3.0
	311	296	1.1
	307	295	1.7
壳体附铸	346	295	7.5
	342	293	6.5
	340	290	7.0
标准值	≥320	≥280	≥6.0

从表 7－1 数据可知，故障壳体附铸试样力学性能较高，满足验收指标；裂纹附近前端框本体强度略低于验收指标，延伸率指标则严重偏低，仅为验收指标的 30%，完好的后端框本体力学性能与前端框类似。本体力学测试数据表明，附铸试样与壳体本体力学性能差异极大，附铸试样对本体的代表性不足；故障本体的力学性能较低，脆性较大，与金相组织及断口微观特征吻合。

7.2.2.2　分析与讨论

通过对两条裂纹样块表面痕迹、X 射线、断口宏微观形貌、金相组织、残余应力、本体力学性能的观察与检测，主要结果如下：

1）1 号、2 号裂纹均出现在壳体前端框型面相对薄弱部位，且起源于小的圆角和通孔孔边这类应力较为集中的部位，即两条裂纹都出现于壳体前端框受力较大的区域。

2）两条裂纹附近壳体未见异常机械损伤和腐蚀损伤，断面也未见腐蚀现象，表明壳体开裂与腐蚀无关。

3）两处裂纹宏观轮廓匹配度较高，闭合性则较差，边缘可见塑性屈服变形和微裂纹损伤特征，断面未见平坦疲劳区和疲劳特征，靠近源区即可见撕裂韧窝，说明前端框两处裂纹的性质均为过载裂纹，其中 1 号裂纹源在内侧圆角表面，2 号裂纹源在圆孔表面。

4）靠近裂纹源区断面局部可见反复摩擦磨损特征，该区域氧元素含量相对较高，表明裂纹产生以后还受到多个应力循环的作用，匹配断面发生反复碰磨。

5）裂纹断面上可见较多的片状高硅相，其间局部 α 基体呈现撕裂韧窝特征，并且断面上可见较多的显微疏松孔洞，从断口上看，壳体脆性相对较大。

6）裂纹附近可见较密集的铸造针孔和显微疏松，未见连续分布或者大尺寸的铸造缺陷。

7）裂纹附近枝晶间的灰色共晶硅呈球状和短棒状（以 Si 为主），可见较粗大的条片状共晶硅相和浅灰色骨骼状脆性相（富含 Al、Fe、Mg、Si 和少量 Ni）；局部可见沿枝晶间分布的骨骼状黑色组织，黑色组织微观表面凹陷、开裂，呈半熔化特征，其中富含 O、Mg、Al、Si，应为低熔点共晶轻微复熔组织；这些现象均表明壳体组织存在变质不良，对力学性能特别是塑性影响较大。

8）表面残余应力测试发现，端面表面残余应力方向为压应力，裂纹损伤区附近的残余应力已大部分释放，对称完好区则应力分布有明显的规律和趋势，距离内侧圆角越近，残余应力水平越高，与裂纹从内侧圆角萌生相吻合，故障件表面残余应力水平较高，完好件仅为故障件的 50%，表明残余应力对裂纹萌生有一定的促进作用。

9）故障件端面本体力学性能测试发现，抗拉强度略低于设计验收指标，延伸率指标则严重偏低，仅为设计指标的 30%，附铸件力学性能完全满足设计指标。测试表明附铸试样与壳体本体力学性能差异极大，附铸试样对本体的代表性不足，故障件本体强度较低，脆性较大，与金相组织、断口微观观察结果完全吻合。

金属构件过载开裂主要受实际承受的应力水平和材料自身承载能力两者的影响。壳体前端框实际受力很难从失效件直接得出，但目前失效现象可以做如下推断：首先是裂纹均出现在壳体前端框型面的相对薄弱部位且应力较为集中的部位，这些部位是裂纹的策源地，因此更容易出现裂纹。其次，壳体前端框主要受到装配应力和振动应力的作用，两处裂纹宏观轮廓匹配度较高，闭合性则较差，边缘可见塑性屈服变形和微裂纹损伤，未见疲劳特征失效现象，说明导致其开裂的并非是振动试验载荷。前端框实际承受的载荷水平很高，开裂后裂纹两侧端面发生明显错位，这表明裂纹的产生可能与装配、吊装等应力较大过程以及铸件内的应力大有关，表面残余应力测试结果也证实，故障件内应力较大，说明对开裂的发生起到了促进作用。断面局部反复摩擦磨损现象表明，裂纹产生以后还受到了多个应力循环作用，匹配断面发生反复碰磨，这有助于判断裂纹产生的阶段，可以进一步说明裂纹出现后壳体又经历了振动试验。

壳体前端框的断口和组织观察发现，裂纹主要沿脆性硅相开裂，组织中也发现了较粗大的条片状共晶硅相和杂质相，此外还有密集的显微疏松和局部轻微的过烧组织，表明铸件组织存在变质处理不良。两者会降低材料的抗拉强度，削弱壳体承受静载和抵抗冲击载荷的能力。故障壳体本体力学性能测试发现材料强度略偏低，塑性则严重不足，脆性较大，与断口和金相结果较为一致，说明壳体过载开裂与材料力学性能不足有关。

7.2.2.3 结论与启示

1）壳体前端框两处裂纹的性质均为过载裂纹；

2）壳体过载开裂主要与其受到大应力作用和变质不良引起的力学性能不足有关，较高的内应力对开裂起到了促进作用；

3）根据壳体失效特点，对可能产生异常大应力的环节进行重点排查。

7.2.2.4 原因定位

金属壳体裂纹损伤失效表明，前端框两条裂纹的性质均为过载裂纹，并指明裂纹产生原因是三个因素综合作用的结果：其一是铸件铸造变质处理不良导致材料力学性能不足，特别是脆性大；其二是内部残余应力，这两个因素是导致开裂的内因；第三个因素是装配、停放吊装、机械加工装夹、振动试验、模态试验等环节产生的异常大应力，这是外因。在对故障件流转及工作内容初步排查、梳理、计算分析发现，舱段对接装配、停放吊装、机械加工装夹环节导致裂纹损伤的可能性不能排除，下面分别加以分析。

（1）变质处理工艺分析

伺服控制舱金属壳体采用砂型＋反重力低压浇注成型方案，采用密排式缝隙浇注系统，在铸件端框、窗口、舵附铸试样等部位采用冷铁激冷。为了保证前端框力学性能，采用上部放置冒口补缩，下部放置冷铁等工艺措施。金属壳体外模采用木制模样人工造型，内芯采用 3D 打印砂芯，如图 7－38 所示。图中蓝色为附铸试样冷铁，黑色为端框冷铁，白色为浇冒口，黄色为铸造用的缝隙浇道。

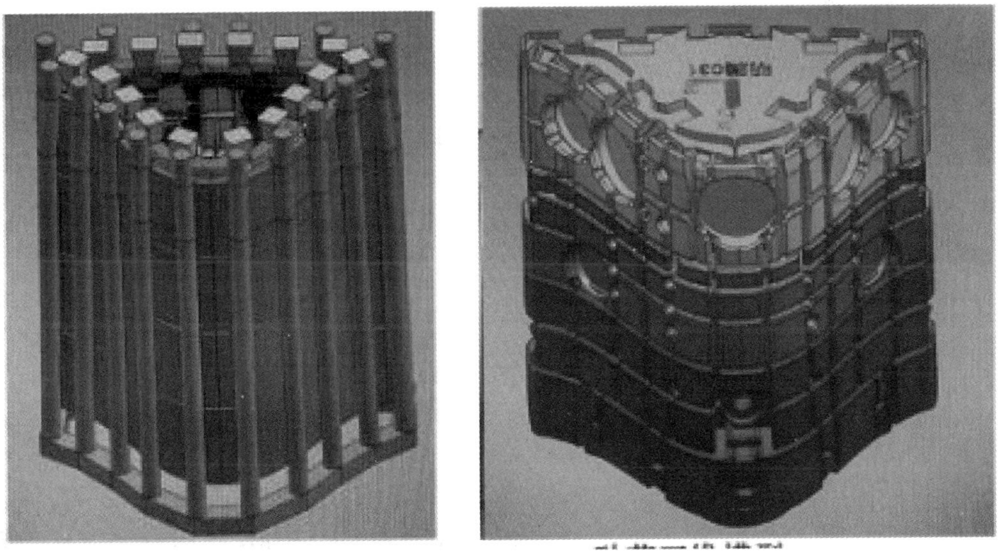

图 7－38 浇注壳体及砂型三维模型示意图（见彩插）

故障壳体变质采用的是铝锶合金（AlSr10）变质，变质孕育期为 30～45 min，变质有效期一般可持续在 6～7 h，是目前广泛选用的一种长效吸附型变质剂。变质剂加入铝液后，先搅拌均匀，依次经历变质孕育期、变质有效期、变质衰退期，与其对应的变质效果分为不足、良好和衰退，其金相组织、力学性能方面具有不同的对应表现。工程经验表明，一般情况下变质 6 h 以内，尽管有不足和衰退，仍可以满足 GB/T 1173—2013 中砂型试棒抗拉强度不小于 290 MPa、伸长率不小于 2%的指标要求，不同于标准要求。本项目金属壳体力学性能要求极高，本体或附铸试件抗拉强度不小于 320 MPa，屈服强度不小于 280 MPa，伸长率不小于 6%，变质效果必须达到良好才能满足性能要求。根据铸造行业的理论结合生产经验、工序安排，故障壳体铸造厂家确定的变质效果良好有效期为 1～4 h。正常生产情况下，2 h 以内就可以完成浇注，铸造记录复查发现，故障壳体在浇注时外型木模有较严重的变形和定位损坏现象，而故障壳体结构较复杂，砂芯结构也复杂，需分 3 层组装。在与内芯组装时难度较大，人工调整时间较长，而熔炼和组芯的工序时间并未做相应调整，导致从变质完成到浇注的时间过长，从变质开始至浇注共用时 3 h 58 min，已接近变质有效期 4 h 上限，变质衰退倾向增大，结合前期失效分析金相组织特征可以判断，壳体前端框变质组织不良可以确认是变质衰退。

查看该批次另外 8 件铸造壳体复查记录发现，其中 7 件浇注时间均在 3 h 以内，本体现场金相检查变质良好，另外 1 件伺服舱壳体浇注日期与故障件相差 6 天，浇注时间在 3 h 40 min，本体金相变质不良，表现为变质衰退，组织特征与故障件类似，如图 7-39 所示。

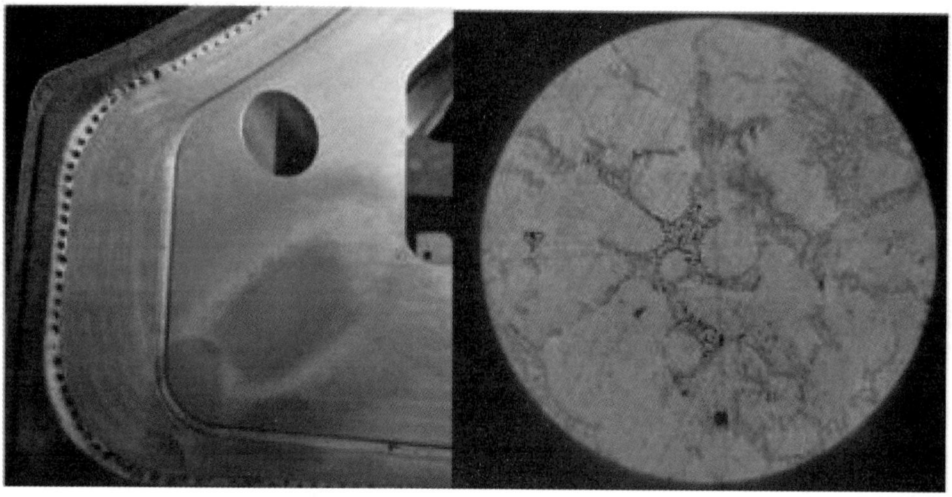

图 7-39 故障件同批零件金相筛查变质不良组织

故障壳体铸造记录和同批产品金相组织筛查结果表明，1～4 h 变质有效期工艺窗口过大，变质有效期控制在 1～3 h 较为合理。1 h、2 h、3 h、3.5 h、4 h 变质有效期铸造小样工艺试验发现：

1）变质 1 h、2 h 及 3 h 后浇注断口呈现银白色，断口平整呈细小的丝绒状，变质效果良好，材料力学均完全满足设计力学指标，金相组织均匀，共晶硅呈细小颗粒分布在 α 枝晶界，α 枝晶间距尺寸分别为 31 μm、32 μm、36 μm。

2）变质 3.5 h 浇注的断口变粗大，材料力学性能出现明显下降，特别是塑性下降更显著，伸长率为 3.5%，金相组织显示出轻微的变质衰退特征，部分共晶硅粗化呈小块状，α 枝晶间距尺寸为 60 μm，α 枝晶与硅共晶出现分布不均匀。

3）变质 4 h 浇注，断口呈现灰色、凹凸不平、晶粒粗大的特征，材料力学性能继续降低，抗拉强度降至 300 MPa，伸长率降低 2.0%，金相组织进一步粗化，α 枝晶间距尺寸为 85 μm。

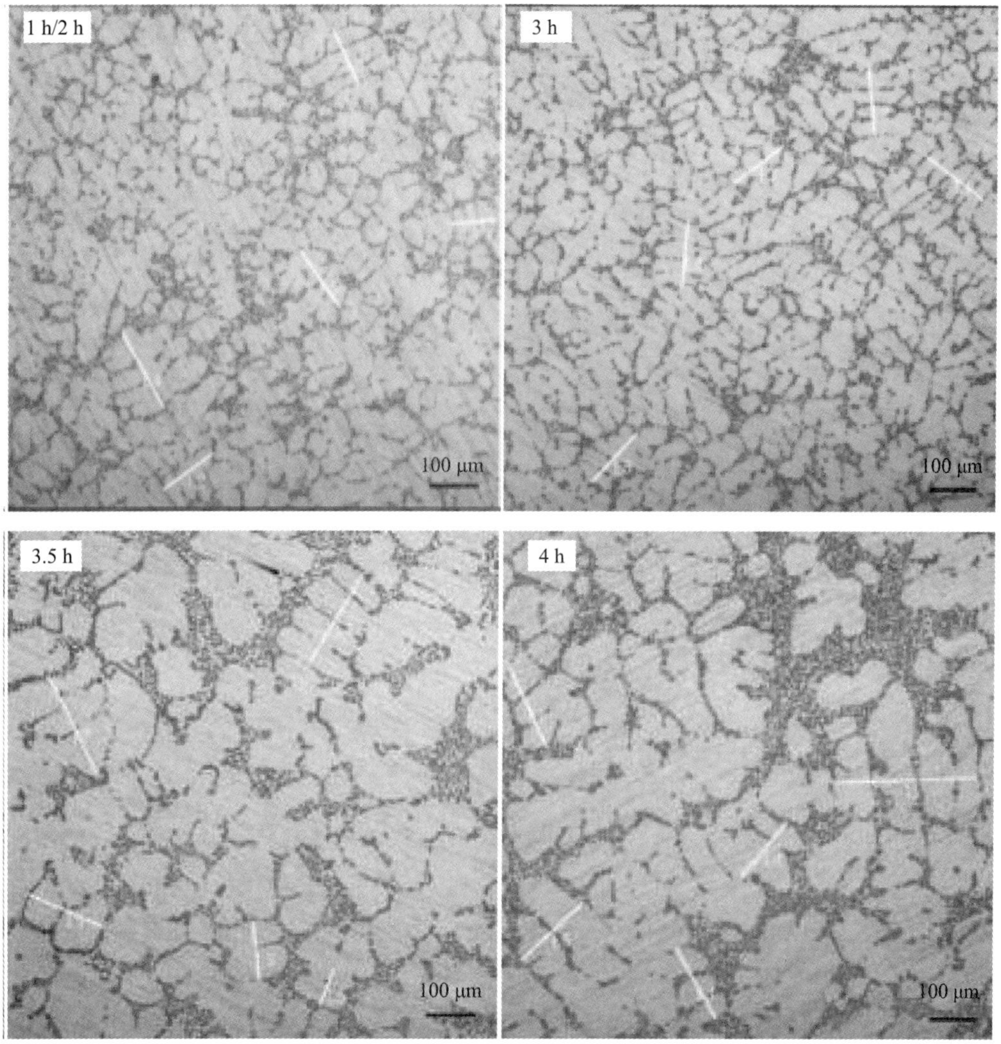

图 7－40　不同时间浇注获得的金相组织对比

实践表明，冷却速度对变质作用有很大的影响。随着冷却速度的增大，变质能力加强，变质元素的有效浓度范围加宽，许多常规铸型冷却无任何变质迹象的元素，一般金属型铸造薄壁件，变质元素加入量少或不加入合金也有变质效果，力学性能也较高。故障壳体前端框部位为单面冷铁，另一面为冒口，起补缩作用，附铸试样部位则完全不同，采用双面冷铁激冷，冷却速度快，受变质衰退影响小。此外附铸位于液体流动的末端，末端液体温度较低，因而附铸试样金相组织优于本体组织，其力学性能也显著优于舱段本体，如图 7－41 所示。

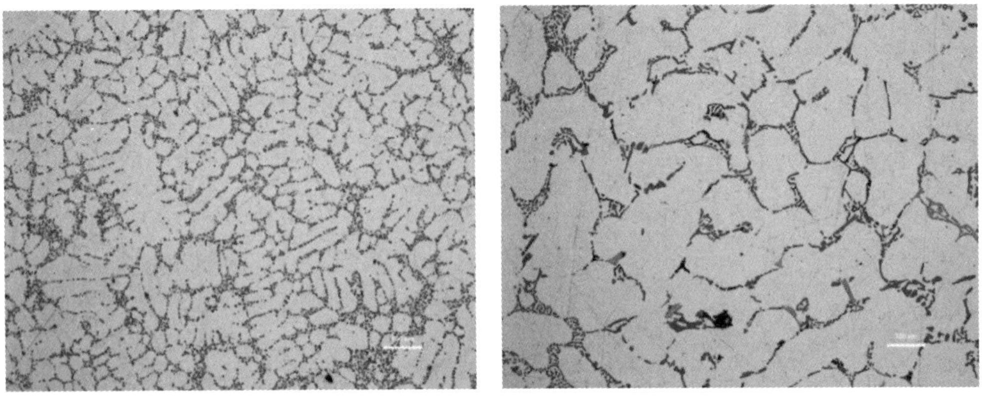

（a）附铸　　（b）本体

图 7－41　故障金属壳体金相组织对比

（2）壳体装配受力分析

故障件前端框为斜螺栓＋定位销的结构形式，16 个 M16×1.5 mm 的螺栓中，在迎风面有 6 个，负曲率两侧各 5 个，2 个 ϕ16 mm 定位销为负曲率部位。斜螺栓是指连接的螺栓轴线与舱段轴线不平行，本舱段的螺栓轴线与舱段轴线的夹角为 35°。由于负曲率的外形结构导致 16 个螺栓轴线没有 1 个相交的点，圆形舱段则不同，会有 1 个相交点，如图 7－42 所示。因此，斜螺栓的特殊结构形式决定了机械加工困难，对接和分解操作复杂。

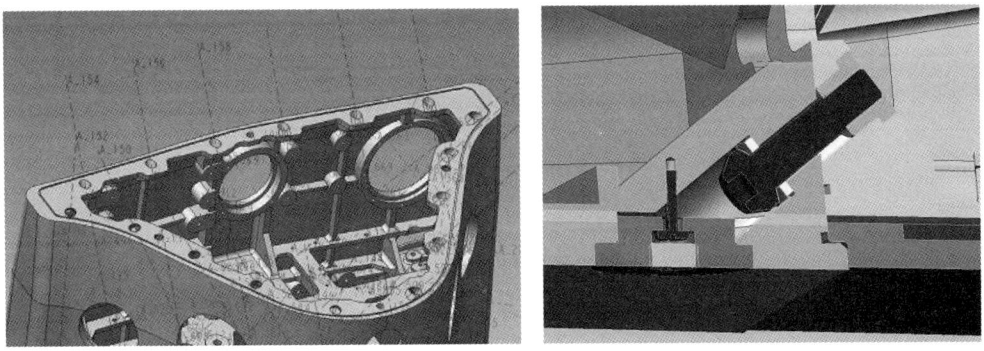

（a）螺栓孔布局　　（b）斜螺栓局部安装结构

图 7－42　故障壳体前端框螺栓布局及安装结构示意图

复查发现舱段存在对接分解操作，异常操作产生较大应力的情形不能排除。对异常操作的工况进行应力分析。考虑对接面局部结构不贴合，裂纹两侧的斜螺栓力矩扳手拧紧的预紧力为 37.5 kN，模拟用两螺栓的力来掰开端面，计算发现裂纹部位的应力峰值为 280 MPa，接近材料应力极限，如图 7－43 所示。如再与壳体残余应力正向叠加，裂纹部位应力峰值就会达到材料强度极限。此外，人工对接拧紧操作时加载载荷速率不恒定，有冲击特征，这对本来就脆性较大的壳体更为不利。分析表明壳体对接异常操作是导致裂纹产生的应力来源。

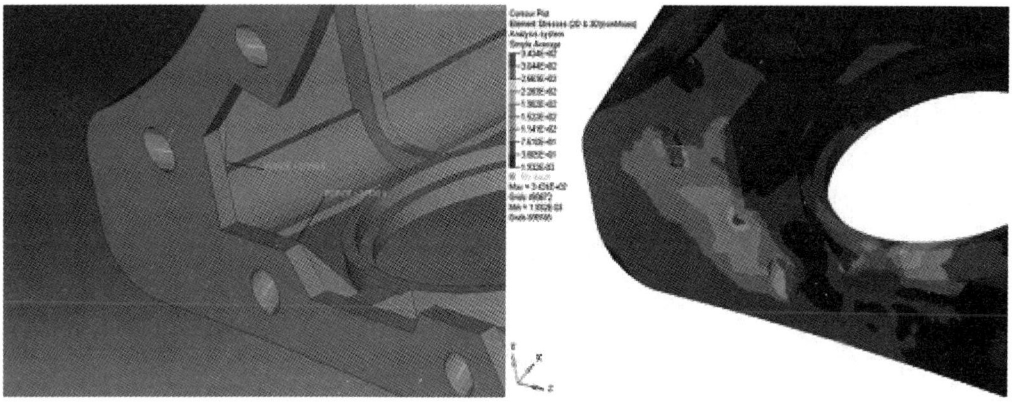

图 7 - 43　故障壳体前端框螺栓布局及安装结构示意图（见彩插）

（3）起吊运输受力分析

起吊运输操作有两种工况，分别是单个舱段和组装起吊状态。首先分析单个舱段工况，伺服控制舱满载工况的总质量小于 500 kg，翻转吊具是 4 点装配固定，4 点对应到前端框紧靠Ⅰ、Ⅲ象限两侧的舱段对接孔上。计算异常操作起吊工况，在裂纹损伤部位的一个螺栓孔吊装时，计算其应力仅为 51 MPa，远小于材料强度极限，因此不会引起裂纹损伤。

组装状态在使用中有滚转、起吊、运输工况。滚转工况会产生较大应力，其中滚转 180°工况对裂纹部位的应力最大，此时 1 号裂纹部位应力为 55 MPa，2 号裂纹部位应力为 101 MPa。水平起吊时，1 号裂纹部位应力为 52 MPa，2 号象限裂纹部位应力为 91 MPa，如图 7 - 44 所示。运输是头、体分开装进包装箱的，1 号裂纹部位应力为 48 MPa，2 号裂纹部位应力为 85 MPa。综合各工况应力分析结果，起吊、滚转、运输操作并不会导致壳体裂纹损伤。

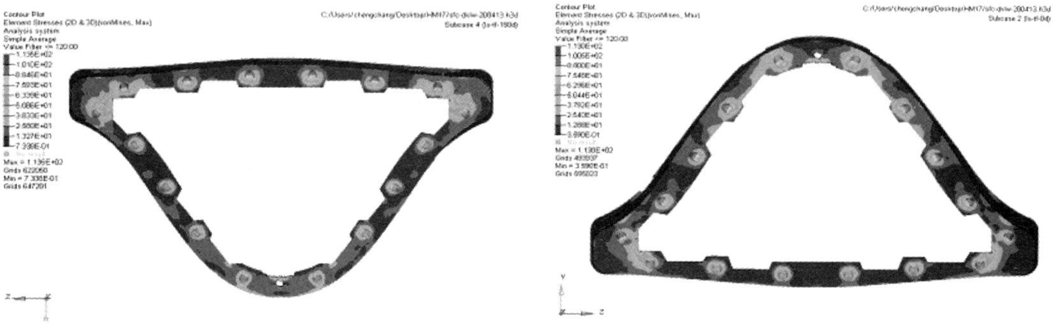

（a）滚转180°　　（b）水平起吊

图 7 - 44　故障壳体滚转及起吊工况应力云图（见彩插）

（4）壳体机械加工装夹受力分析

壳体经铸造、热处理工序后需机械加工，加工尺寸众多，前端框受载情况不多，主要出现在粗铣、半精铣、精铣后端框环节。在铣削后端框时，采用专用工装装夹固定前端框的工艺方法，工装外形结构尺寸与前端框一致，通过分布在前端框端面上的销孔进行定位和压板加持，从而实现工装与前端框端面的面接触，并通过整个端面均匀垂直加载。应力仿真分析计算表明，端面的均布应力水平仅为 30 MPa，裂纹损伤区不存在大应力受载情况。

综上所述，伺服舱金属壳体前端框两处裂纹性质均为过载裂纹，壳体在对接操作过程中在较大的拧紧力作用下，裂纹在结构上最薄弱的端面，同时也是应力集中的圆角及通孔处萌生并扩展，造成了宏观可见的裂纹损伤，壳体力学性能偏低，不满足设计指标，且内部存在较大的残余应力促进了开裂的发生；壳体铸造变质有效期控制不合理，浇注间隔时间过长引起变质衰退，从而严重降低了材料力学性能；附铸试样浇注后冷却速度较壳体快，受变质剂变质作用影响小，因此附铸试样力学性能满足设计指标，附铸试样力学性能不能代表壳体本体力学性能。

7.2.2.5 工艺改进措施

根据故障原因分析结果，采取的改进措施主要包括四点：

1）优化铸造变质有效期，加强变质过程监控。锶元素收得量与变质有效期有一定关系，控制锶元素收得量在 0.02%～0.03%，变质有效期按照 1～3 h 进行控制，完善工艺，浇注时间间隔严格控制在有效期内，同时增加本体金相组织复验对变质效果进行评价。

2）改进附铸试样设计。附铸试样改进设计是为了真实代表本体性能，避免产生附铸试样双面冷铁状态与本体的差异，附铸试样厚度偏薄带来的差异。根据铸件的浇注成型设计方案，在端框部位设置类似结构的附铸试样，确保附铸试样部位的温度场变化与铸件本体相近，具有相似的变质效果、冷却效果。

3）降低壳体打磨量并增加时效去应力处理。壳体的残余应力主要来源于铸造成形后的打磨处理环节，因此对于降低残余应力的控制主要从减少打磨以及打磨后及时进行人工时效处理来降低构件内部的残余应力或促使残余应力充分均衡分布。

4）完善舱段对接分解操作。斜螺栓结构与传统的直螺栓连接在操作上有一定的差异，特别在对接分解时，不规范操作会增大端框的应力。从完善操作工艺细节入手，强化对接架车精细化操作要求，确保分解对接时支撑力、位置合适。此外，装配时，第一遍拧入螺栓应控制力矩，避免螺栓力矩过大带来局部应力偏大。

7.2.3 驻车制动摇臂断裂分析

制动摇臂（简称摇臂）为重型车驻车制动器的关键部件，该零件在装配后调试过程中以及跑车过程中多件发生断裂，断裂部位均位于内花键齿根处。零件在工作中承受重复扭转冲击，摇臂由材料牌号为 40Cr 的合金钢加工制造。主要工艺流程：锻造→调质→机械加工→高频淬火（保证腰形槽内侧面硬度 53～58 HRC，硬化层深度 1.2～1.5 mm，花键部位保证硬度 48～53 HRC）→表面发蓝处理。

7.2.3.1　试验过程及结果

摇臂整体外观形貌如图 7-45 所示，一端加工 U 形槽，另一端加工开口花键，断裂位置均位于内花键一端。1 号摇臂发生三处断裂，断口编号 a、b、c，a 断口位于两垂直面直角根部，约 45°斜断面，b、c 两个断口位于花键圆弧面与臂柄交汇过渡处；2 号摇臂仅从一处发生断裂，断裂部位与 a 断口位置相同，断口编号 d，同样形成约 45°斜断。表面发蓝镀覆层基本已经被破坏，断面锈蚀较为严重，如图 7-46 所示。

图 7-45　摇臂整体外观形貌

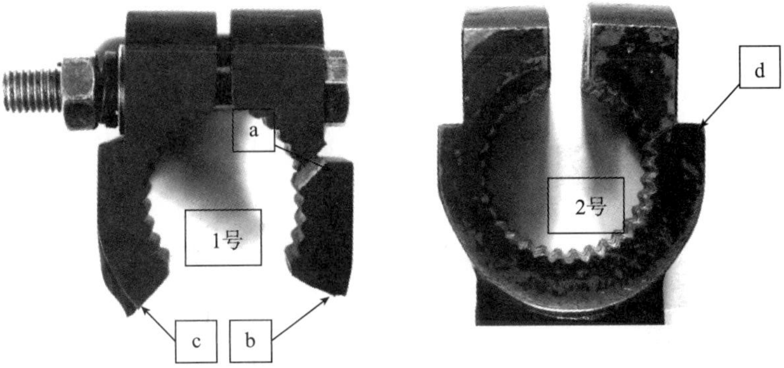

图 7-46　摇臂断裂位置外观

两件摇臂内花键表面都存在明显的撞击性机械痕迹。1 号摇臂断面平坦干净，呈灰色，a 断口裂纹源位于外侧直角根部表面，可见明显的扩展棱线。b 断口裂纹源位于外侧过渡圆角表面，断面平坦细致，同样可见细密扩展棱线，如图 7-47 所示。c 断口特征与 b 断口类似，d 断口特征与 a 断口类似。

（a）a断口　　（b）b断口

图 7-47　1 号摇臂断口宏观形貌

经电子显微镜微观观察，a 断口源区呈线源特征，撕裂棱线较粗大，在源区附近有大量的脆性沿晶断裂特征，晶粒轮廓清晰，局部伴有较多的二次裂纹，心部呈少量沿晶＋韧窝混合断裂特征，如图 7-48 所示。

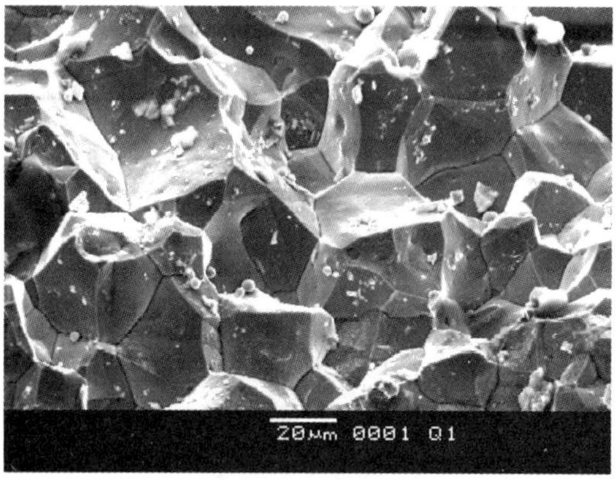

（a）源区的脆性沿晶断裂特征

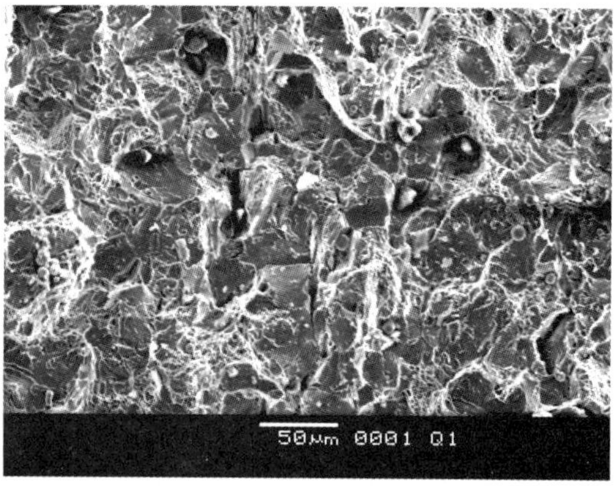

（b）心部呈少量沿晶+韧窝混合断裂特征

图 7－48　a 断口微观特征

b 断口比较平坦，源区同样呈线源特征，源区（花键表面）存在约 200 μm 宽的明显沿晶区，该区域为线切割加工时产生的过热层，其他区域断口基本以少量沿晶＋韧窝混合特征为主，如图 7－49 所示。c 断口断面特征与 b 断口相似。2 号摇臂 d 断口微观形貌与 a 断口类似。

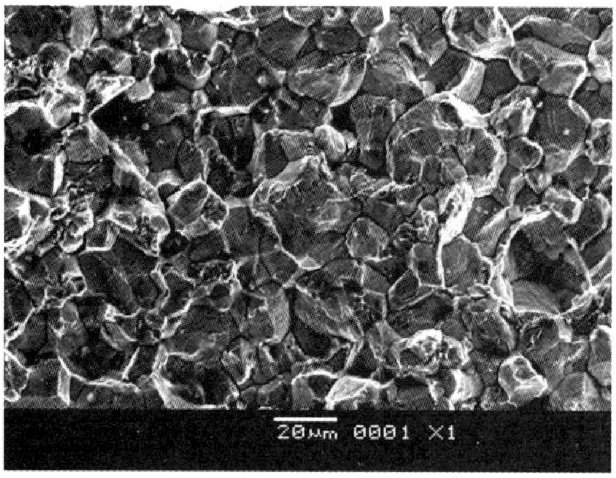

（a）源区附近的沿晶断裂特征

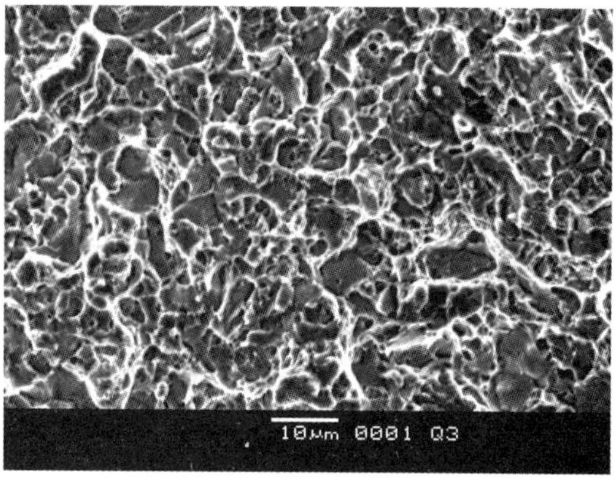

（b）心部呈韧窝+少量沿晶混合特征

图 7－49　b 断口微观断裂形貌

1 号摇臂花键端全截面均为板条状马氏体组织，柄部为回火索氏体组织。2 号摇臂金相组织与 1 号类似。

两件摇臂花键全截面硬度测试值为 602～628 HV，无明显梯度，表明花键部位完全淬透，硬化层深度（1.2～1.5 mm）不符合技术要求，洛氏硬度值 52 HRC，达到技术要求上限。

内花键附近含氢量测试结果均约 1×10^{-6}，化学成分符合标准规定，但碳的质量分数偏标准上限（标准范围为 0.37%～0.44%）。

7.2.3.2　分析与讨论

由以上试验可知，摇臂断裂性质为冲击过载断裂。摇臂的断裂与外载荷大小和本身承载能力有关。观察发现摇臂内花键完整，只是在花键表面存在轻微冲击痕迹，说明工作载荷虽然较大，但还不足以导致过载断裂；另一方面，花键端断口皆为沿晶和韧窝混合断裂特征，局部还存在单纯的沿晶区，这种断口特征直接反映出材料韧性低，说明花键高频淬火区材料过脆才是导致摇臂断裂的主要原因。

摇臂整体调质处理内花键端高频淬火，其设计意图是通过表面淬火以提高表面硬度、耐磨性以及接触疲劳强度，但分析发现花键部位整体已淬透，原调质处理获得的优良综合力学性能发生改变，强度提高，韧性、塑性下降，对主要承受冲击载荷的零件极为不利。

摇臂内花键端以及腰形槽部位采用高频感应淬火工艺，该淬火工艺通常情况下可获得的表面硬化层深度为 0.5～2 mm。调查高频淬火工艺后发现，受工艺手段和花键部位结构尺寸的限制，无法实现对内花键部分表层进行高频淬火，实际操作过程采用外感应圈对摇臂花键部位进行整体感应加热。要想键齿部位得到硬化，则需要将花键整体淬透。摇臂内花键端平均厚度约 8 mm，所以要想淬透这么厚的工件，就必须延长感应加热的时间，而中碳钢在奥氏体温度区保温时间过长，很容易导致晶粒粗化和晶界弱化，进一步降低了摇臂的冲击韧性。

摇臂含碳量达到了标准规定上限，而含碳量的高低决定着淬火马氏体组织形态以及转变温度，从而影响马氏体组织的硬度和淬透性。含碳量越高，马氏体开始转变温度越低，淬透性越好，板条马氏体量少，片状马氏体量多，组织硬度高。研究表明，碳的质量分数低于 0.6%，马氏体的硬度随含碳量的增加而急剧增加，这些变化都会直接导致材料脆性增大。

失效零件断裂均发生在结构上应力集中的花键端直角根部，两处直角清根处理是为了便于安装键槽槽口紧固螺栓。摇臂经过高频感应淬火处理后材料脆性大，一方面提高了直角根部应力水平，另一方面增加了对冲击载荷的敏感性，从而该位置成为裂纹萌生并扩展的优先通道。

综合以上分析认为，摇臂高频感应淬火处理工艺不合理，将花键齿整体淬硬，因加热温度过高，加热时间过长，导致该部位材料韧性下降，脆化增大，在冲击载荷作用下发生过载断裂，较高的含碳量与结构上的应力集中起到了促进作用。

7.2.3.3　结论及启示

1）摇臂断裂性质为冲击过载断裂。

2）花键部位高频淬火工艺不合理引起材料脆化是导致断裂的主要原因，另外高的含碳量以及结构上的应力集中起到了促进作用。

3）为避免出现以上情况，应尽量采用除高频感应淬火以外的其他表面处理工艺（如渗碳），以求获得高的表面硬度和较好的心部塑性；同时，优化摇臂结构，在主要承载部位避免出现形状尺寸急剧变化的结构（如直角、尖角、凹槽等），以减小由此带来的应力集中，同时需改进内花键的加工方法，消除线切割带来的过热层影响。

7.2.3.4 模拟验证试验

为进一步验证失效结论的正确性，开展模拟验证试验。摇臂在服役中受到重复冲击载荷，该机械能来自气室压缩弹簧所获得的弹性势能，在本试验中将该能量等量转化为重力势能，再以重物的自由落体运动撞击摇臂实现模拟试验。通过理论计算以及试验所得的能量为490～500 J，试验时将产品固定后用吊锤（质量为61.5 kg）做自由落体运动对其进行冲击。试验发现，原状态摇臂在气室等量的冲击能量（497.8 J）作用下部分零件发生了断裂，断裂模式与前期零件失效模式相似。

7.2.3.5 工艺改进

从热处理和零件结构两方面开展工艺改进。热处理工艺试验发现，材料硬度提高，冲击韧度呈明显下降趋势，如图7-50所示。若保证硬度在30～35 HRC范围内，则具有较高的强度和韧性匹配，力学计算也满足要求。故更改工艺，取消高频淬火，整体调质处理保证硬度在30～35 HRC范围内。

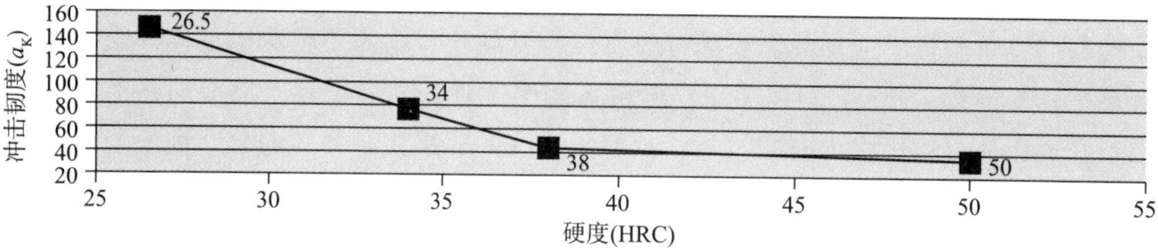

图7-50 冲击韧度随硬度变化曲线①

摇臂结构做如下优化，将原来花键端外圆ϕ50 mm直径尺寸调整为ϕ55 mm，同时将ϕ55 mm圆弧与臂柄交汇处采用更加平滑的多圆弧过渡结构，新旧结构的应力仿真计算结果如图7-51所示。

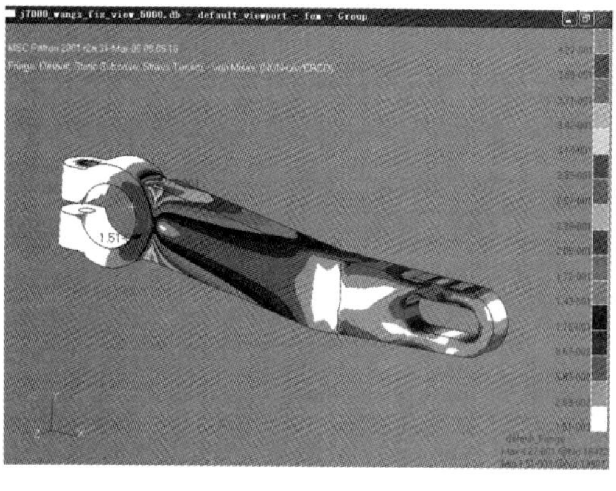

（a）原结构（ϕ50 mm）

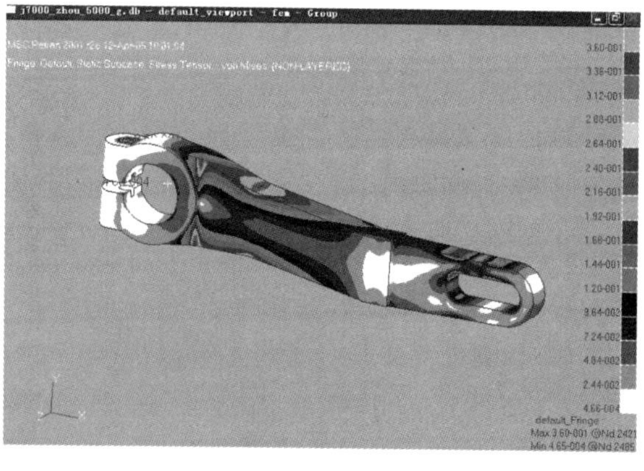

（b）新结构（ϕ55 mm）

图7-51 摇臂应力分布云图（见彩插）

① 冲击韧度a_K国标已作废，此处数据仅供参考。

从应力云图可以看出，花键与臂身相连接部位应力较大，臂身应力分布较小，旧结构应力峰值为 427 MPa，新结构的应力峰值为 264 MPa，应力下降约 40%，结构改进效果明显有效。

7.2.4　栅格舵框Ⅰ断裂分析

某栅格舵为气动升力和控制布局的气动舵，由 20Cr13+GH1131 两种材料激光焊接成形。在静力试验中，当载荷从 50%加载至 60%的过程中，框Ⅰ零件（见图 7-52）突然发生断裂，正式试验前两次 30%使用载荷联试均无异常，静力试验时舵在水平面内承受多点的侧静拉力和垂直舵面静拉力。框Ⅰ零件由 20Cr13 锻件加工制造，热处理工艺为 1 020 ℃ 淬火+540 ℃回火处理，保证材料抗拉强度为 930～1 280 MPa。

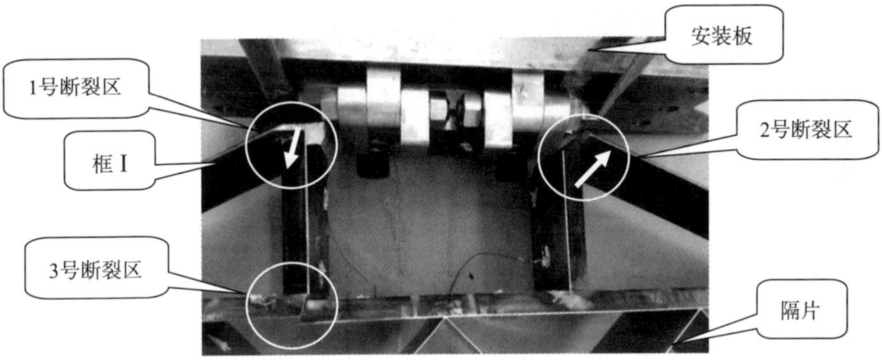

图 7-52　断裂位置形貌

7.2.4.1　试验过程与结果

舵局部结构由框Ⅰ和隔片经激光焊接而成，框Ⅰ通过螺栓与安装板安装固定。断裂共有 3 处，位于前端根部形成两处断口，记为 1、2，另一处位于后端根部，记为 3。1 号断裂区为首断裂区，2 号、3 号断裂区为后期形成。

1 号断口呈脆性特征，断面粗糙不平坦，有明显小刻面，从断面扩展棱线判断源区位于外侧边缘；2 号断口与 1 号断口有所不同，断口粗糙但起伏不大，呈快速扩展的斜断面，断口线性起源内侧边缘，此位置是结构直角根部，如图 7-53 所示。综合分析认为，1 号断裂区应为首断区。

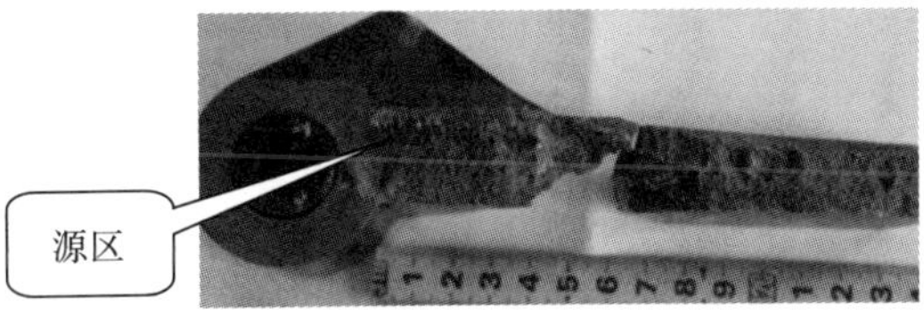

（a）1号断口

（b）2号断口

图 7-53　断口局部形貌

1 号断口微观下整体均为脆性沿晶＋少量韧窝形貌，晶面干净，并可见二次裂纹形貌，如图 7－54 所示；2 号断口微观形貌与 1 号断口基本一致。失效件本体横、纵、高向冲击试样断口特征与 1 号断口类似，也呈脆性沿晶＋少量韧窝断裂特征。

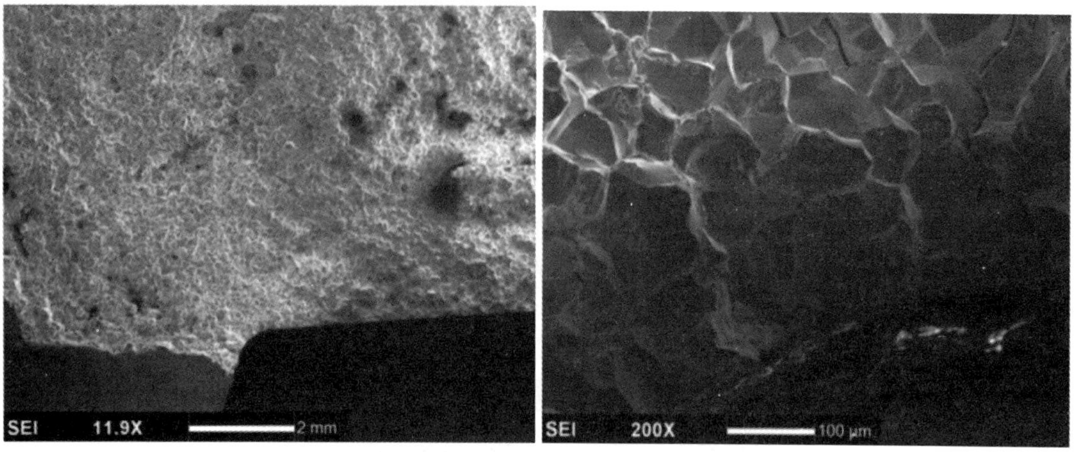

图 7－54　1 号断口沿晶＋少量韧窝断裂特征

基体为回火索氏体组织，晶粒粗大，有少量带状分布的 δ 铁素体组织，表明组织存在一定过热，如图 7－55 所示。

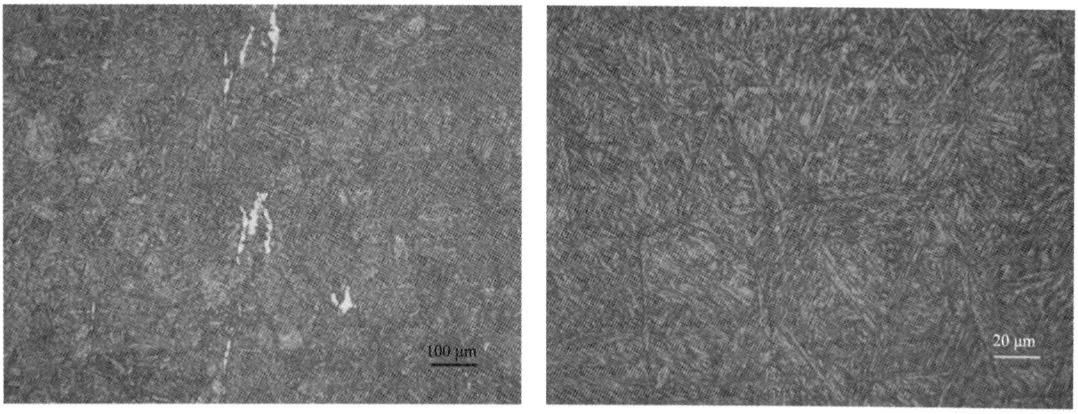

图 7－55　故障件金相组织

洛氏硬度测试均值为 43.2 HRC，换算强度约为 1 347 MPa，超出技术要求（930～1 280 MPa）。

在失效件本体取样测试纵、横和高向拉伸性能和冲击韧性，发现纵向抗拉强度为 1 340 MPa，冲击吸收能量为 6 J，横向和高向抗拉强度为 1 140 MPa，冲击吸收能量为 3 J。说明材料强度较高，脆性极大。一般而言，20Cr13 材料通过调质热处理后抗拉强度约为 1 000 MPa，具有较好的综合性能，冲击吸收能量通常在 47 J 以上。

7.2.4.2　分析与讨论

通过以上试验可知，1 号位置为首断区，裂纹从外侧向内侧扩展，2 号、3 号位置为次断区，裂纹从内侧向外侧扩展；断口宏观无明显塑性变形，微观下均以脆性沿晶断裂特征为主，局部可见少量韧窝断裂特征，表明栅格舵断裂性质为脆性过载断裂。

失效件本体取样后拉伸断口和冲击断口均以脆性沿晶断裂特征为主，局部可见少量韧窝断裂特征。金相检查组织晶粒粗大并有少量带状 δ 铁素体存在，存在明显的组织过热特征，过热会使材料脆化。纵向抗拉强度高达 1 300 MPa，冲击吸收能量仅为 6 J，横向及高向仅为 3 J。从硬度检测换算成抗拉强度也达到 1 347 MPa，高于技术要求的 930～1 280 MPa。力学性能测试结果进一步印证了金相检查结论，表明材料存在明显脆性特征，导致其脆性的原因主要与材料存在过热现象有关，较高的强度对脆性也起到了一定的促进作用。

断口分析表明，1 号位置最先断裂，其源区位于结构转角处。一方面转角处引起应力集中，使其应力水平增加；另一方面，材料存在过热现象，使材料脆性激增，对应力集中的敏感性增大，致使转角处应力水平高于材料抗拉强度时发生过载断裂。

材质出现明显脆性，一方面对结构上的应力集中更敏感，另一方面对冲击载荷（动载）极为敏感。查阅零件制造和装配图样发现，支耳孔与螺栓之间设计为过渡配合，实际为过盈配合，在安装过程中存在敲击现象，在敲击过程中可能出现早期损伤。另外，栅格舵在静力中心试验中的载荷类型为静载，但实际由于选用液压油缸分级脉动加载，级间载荷状态实际为动载。

7.2.4.3　结论及启示

1）栅格舵断裂性质为脆性过载断裂；

2）栅格舵发生脆性过载断裂与结构转角处应力集中和材质组织过热引起的脆性有关；

3）优化栅格舵结构，减小应力集中，对承载载荷进行校核；

4）加强原材料质量控制，选用满足标准规定的合格材料，在满足设计要求的前提下调整热处理参数，以提高塑性。

7.2.4.4　验证试验及结构改进

从前面断口微观观察结合冲击韧性试验分析，材料除了存在过热致脆外，还可能存在回火脆性。为准确查明材料过脆原因，取同炉批号原材料分两组，热处理保证硬度范围分别为 28～32 HRC 和 40～44 HRC，每组沿三个方向加工制备标准拉伸试样和冲击性能试样进行试验。结果发现，两种硬度范围冲击吸收能量均严重偏低，吸收能量仅为 3～10 J。说明过热脆性是引起材料脆性的唯一因素。

新购 20Cr13 锻件材料按 28～32 HRC 和 40～44 HRC 硬度范围开展热处理工艺试验，制备标准拉伸试样和冲击试样进行试验。结果发现，热处理保证硬度范围为 28～32 HRC 时，抗拉强度达到了 1 000 MPa，冲击韧性在 60 J 以上，三向性能差异较小。当硬度处于 40～44 HRC 范围时，抗拉强度提高近 50%，但冲击韧性下降约 50%。以上试验数据表明，当材料抗拉强度处理到约 1 000 MPa 时，具有较高的塑性匹配，同时有较高的安全系数，完善的设计技术指标，规定零件材料热处理后保证抗拉强度在 900～1 000 MPa 范围内。

在保证气动外形前提下，优化根部结构设计，将原零件内腔的方形筋优化设计为三角筋并采用大圆角平滑过渡。优化结构进行应力仿真计算，框 I 零件应力峰在圆角处，峰值为 500 MPa，较原结构下降 20%，应力集中现象得到明显缓解，安全系数为 1.8，满足结构设计要求，如图 7－56 所示。

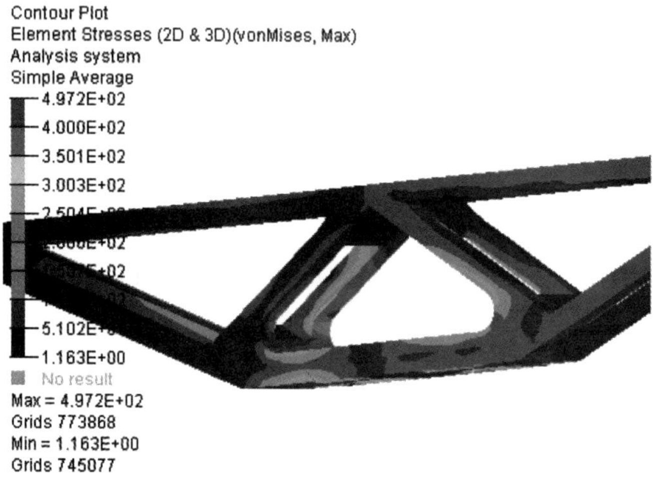

图 7－56　新结构仿真计算应力云图（见彩插）

7.2.5　吊带组件断裂分析

某吊带组件在 3 倍起吊强度考核试验时，后端两根吊带组件先后发生断裂，吊点前后均布四处。吊带组件由花篮螺钉和吊带组成，花篮螺钉主要由本体、销轴和 U 型接头组成，前两根为无环眼的整吊带，后两根选用环眼搭接型化纤吊带，前后花篮螺钉状态相同。断裂时后点已脱离地面，前点还未完全脱离地面。U 型接头材料牌号为 20Cr，调质热处理保证硬度为 28～32 HRC。吊带组件属外购成品件，其中，吊带安全系数为 6，花篮螺钉安全系数为 3.78。

7.2.5.1　试验过程与结果

断裂位置在 U 型接头螺杆第一扣螺纹，螺杆有明显的弯曲变形特征，变形量从断裂处向螺杆远端递减。断口明显可见三个特征区，裂纹源区位于边缘并呈月牙状的暗灰色纤维状塑性断面，面积占比约 10%，紧邻源区为快速扩展区，断面有明显的辐射状扩展棱线，同时可见大量的“小刻面”特征的脆性断面，面积占比约 85%；边缘呈光滑、剪切斜断面特征，断面为最终断裂区（瞬断区），面积占比约 5%，宏观未见冶金缺陷，边缘局部有明显的擦伤痕迹，如图 7－57 所示。

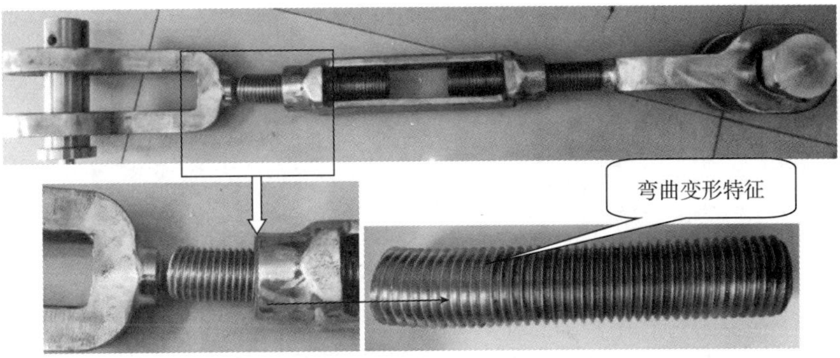

（a）花篮螺钉断裂外观

（b）断口外观

图 7 - 57　U 型接头损伤外观

观察吊带匹配环眼搭接表面，外层保护套局部磨损破裂，编织经纬纤维束散脱拉毛，内部纤维丝大量断损，部分纤维丝熔融胶着，如图 7 - 58 所示。

断口采用体视显微镜观察，裂纹源区平坦粗糙，未见明显冶金缺陷，全部呈塑性纤维状特征；快速扩展区全部呈“小刻面”特征的脆性断面，有裂纹汇集形成的台阶高差，瞬断区则呈剪切斜断面；源区一侧有一处明显的机械擦伤区，擦伤形成方向大致沿径向，摩擦热造成局部氧化呈淡黄色，表面还可见绿色的漆状物附着，其形成于断裂发生后的撞击或摩擦；人工纵向打断断口全部呈暗灰色纤维状断面，与故障件断裂源区断面特征相同，如图 7 - 59 所示。

源区、瞬断区侧面螺牙牙型均较完整，其中源区侧紧邻断面螺牙，因弯曲变形牙距明显增大，实测牙距约 3.8 mm，而瞬断区侧紧邻螺牙牙距减小，实测牙距约 3.2 mm，如图7 - 60 所示。

断口经电子显微镜微观观察，源区全部为韧窝断裂特征，即宏观塑性纤维状特征；快速扩展区特征则与源区完全不同，全部呈准解理断裂特征，有明显的河流花样和解理台阶，即宏观的“小刻面”脆性特征；瞬断区全部呈剪切韧窝断裂特征；人工断口微观断裂特征与源区相同，全部为韧窝断裂特征，如图 7 - 61 所示。

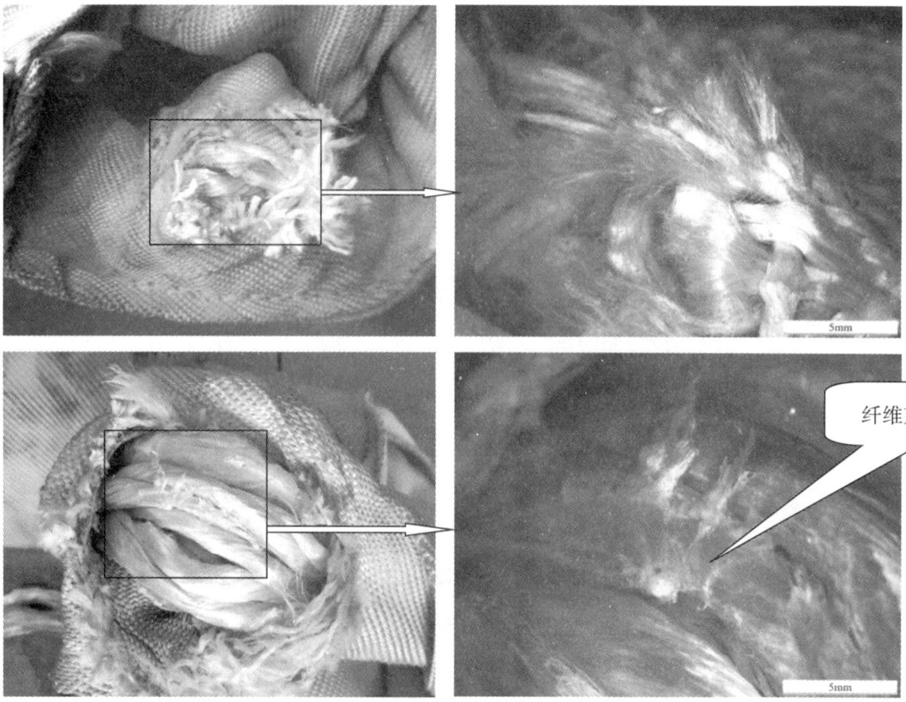

图 7-58　吊带环眼处损伤外观

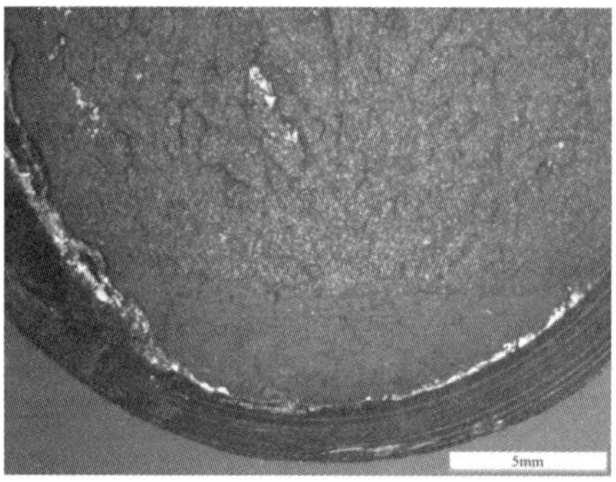

（a）源区

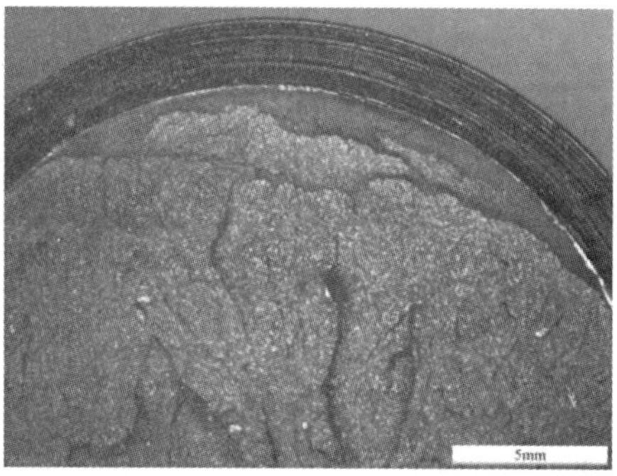

（b）扩展及瞬断区

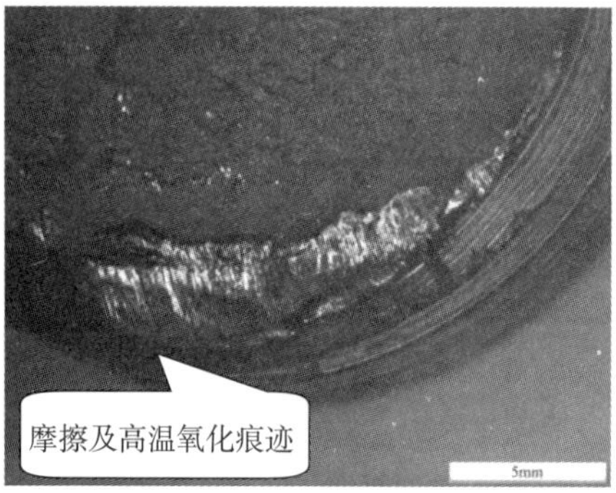

（c）边缘擦伤痕迹

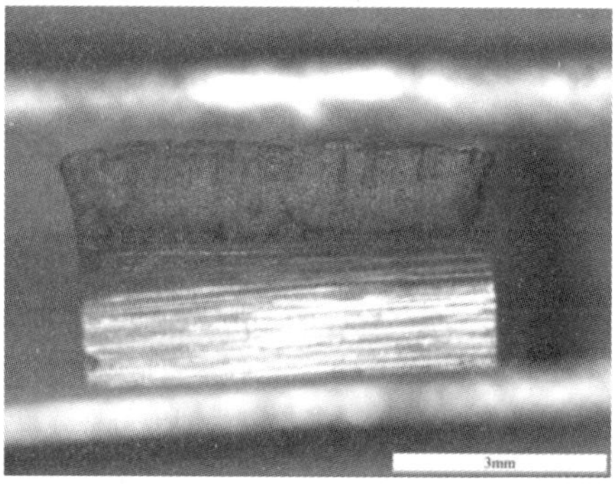

（d）人工纵向断口

图 7-59　断口宏观形貌

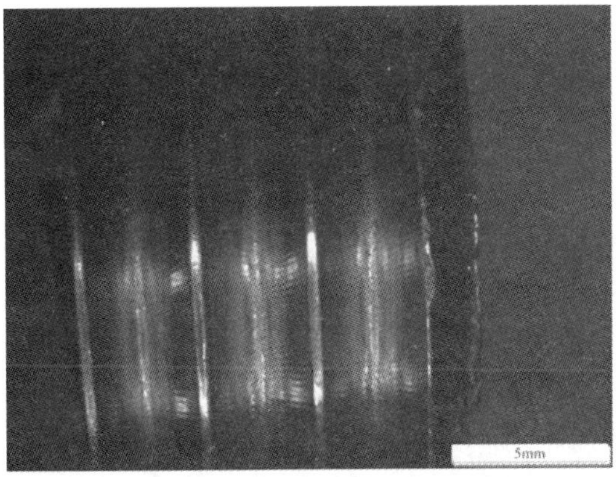

（a）源区

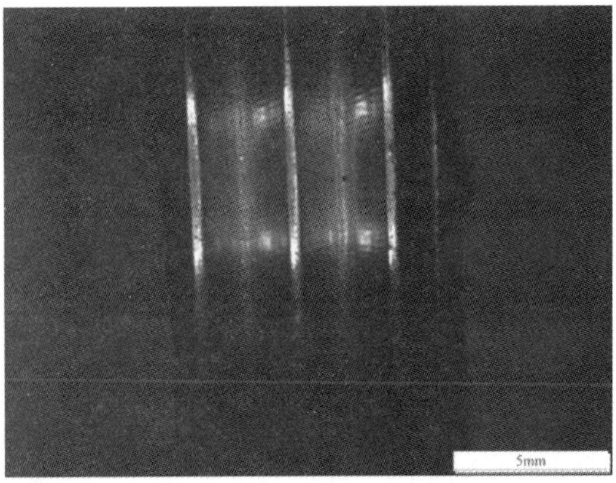

（b）扩展及瞬断区

图 7－60　侧表面宏观形貌

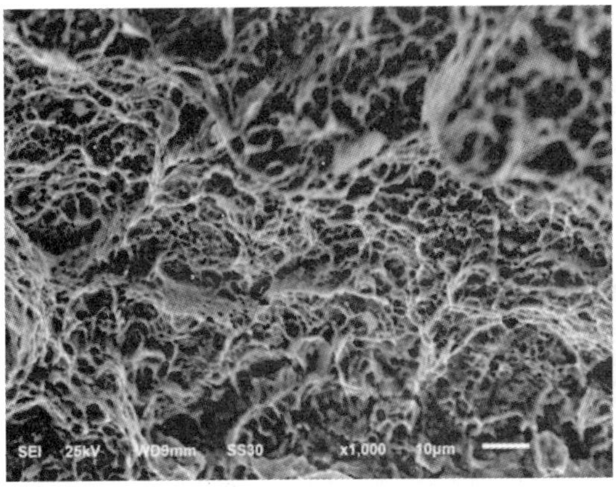

（a）源区全部的韧窝特征

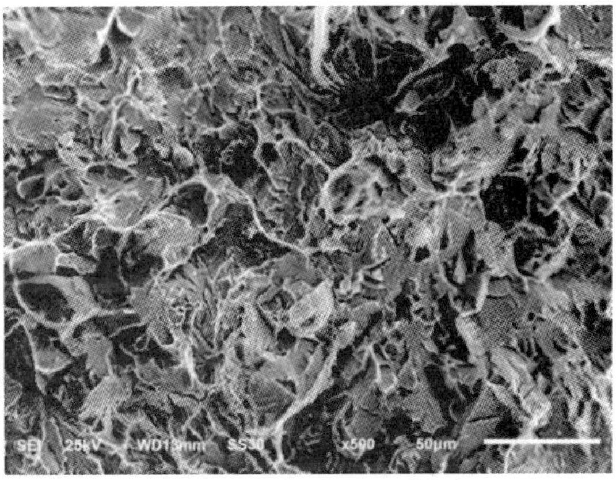

（b）扩展区全部的准解理特征

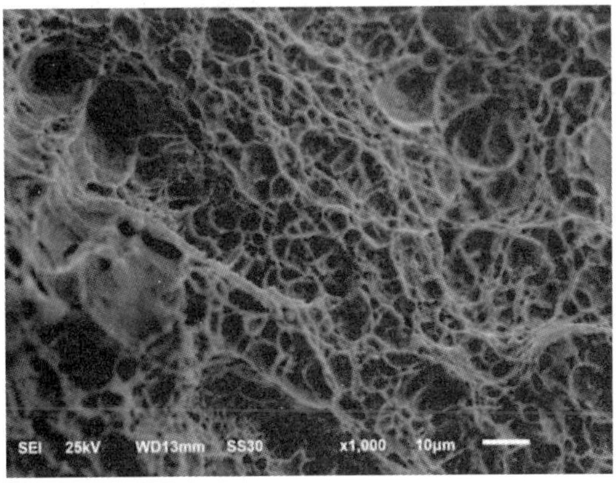

（c）瞬断区全部的剪切韧窝特征

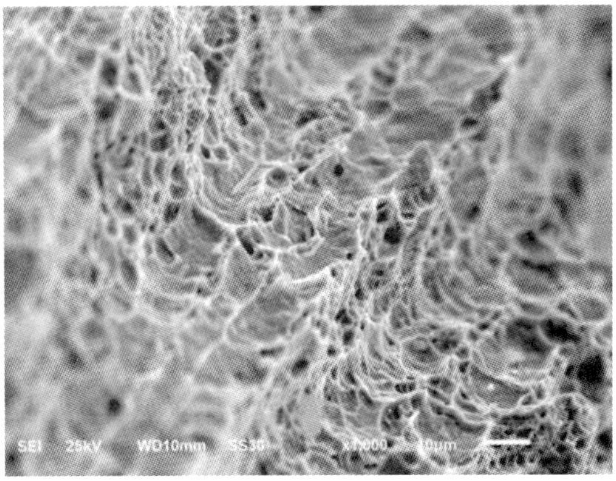

（d）人工断口全部韧窝特征

图 7－61　断口微观断裂特征

源区侧面牙底可见拉伸微屈变形痕迹和与其方向一致的环形微裂纹，瞬断区侧面牙底表面形貌则完全不同，有挤压微屈变形痕迹，牙底表面微观形貌与宏观弯曲变形方向一致，如图 7－62 所示。

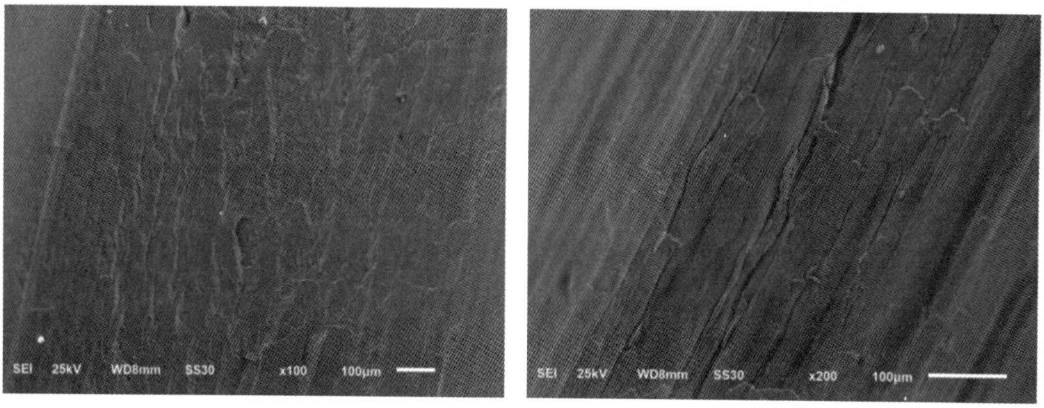

（a）源区侧面牙底　　　　（b）瞬断区侧面牙底

图 7－62　侧面螺纹牙底微观形貌

检查断口附近横、纵剖面金相组织，均正常，呈回火索氏体组织，心部区域可见轻微的带状组织，如图 7－63 所示。

（a）纵剖面边缘的回火索氏体组织　　　　（b）横剖面心部的回火索氏体组织

图 7－63　断口金相组织

测试螺杆部位硬度，表面至心部硬度值范围为 30～32 HRC，符合图样规定的 28～32 HRC 硬度值要求。实测硬度值与金相组织状态对应。

7.2.5.2　分析与讨论

通过对花篮螺钉 U 型接头和吊带的相关观察、测试，主要试验结果如下：

1）花篮螺钉断裂位置在 U 型接头螺杆的第一扣螺纹处，宏观可见明显的弯曲变形特征，且变形量从断裂处向螺杆远端逐渐减小，对称完好件则无变形及损伤痕迹。

2）U 型接头呈脆性平断断口特征，裂纹从一侧牙底表面起源向对称侧扩展，裂纹源区未见冶金缺陷，宏观呈塑性纤维状断面，微观全部呈韧窝断裂特征，快速扩展区宏观呈“小刻面”特征的脆性断面，微观全部呈准解理断裂特征，人工断口特征与源区相同，表明断裂性质应为脆性过载断裂。

3）源区侧螺牙牙距较瞬断区明显增大，牙底出现拉伸显微变形损伤和裂纹损伤，而瞬断区牙底有挤压显微变形损伤，其变形损伤特点与宏观弯曲变形方向一致，且与裂纹扩展方向吻合。这进一步表明，U 型接头应为拉-弯复合载荷作用下导致的脆性过载断裂。

4）比较断口各特征区面积，源区断面面积占比仅 10%，快速扩展区占比 85%，表明过载载荷水平高。

5）金相组织检查发现组织正常，均呈回火索氏体组织。

6）实测零件截面硬度值范围为 30～32 HRC，符合图样技术要求 28～32 HRC，硬度值与金相组织状态吻合。

7）吊带环眼搭接接触部位外层保护套发生磨损破裂，内部纤维丝有断裂损伤，部分纤维丝因摩擦高温发生熔融胶着。

从吊带组件受力状态可知，U 型接头和吊带仅应承受轴向拉伸静载，但外观和断口分析表明，失效件还承受弯曲载荷。分析认为其来源于起吊异常产生的偏载，推测吊绳应为首断件，U 型接头为次断件。吊带断裂后，U 型接头载荷瞬时急剧增加，裂纹快速失稳扩展，断裂方式从韧性的韧窝机制向脆性的准解理机制转变，并由此形成了大面积的脆性扩展区。U 型接头断裂位置在第一扣螺牙牙底，正是结构上应力集中最大的部位，从而为裂纹的萌生创造了先决条件。

外载过大和自身承载能力不足是影响过载断裂的两个主要因素。据掌握的情况，起吊额定总载荷 23.6 t，单根吊带额定载荷 7.2 t，吊带安全系数为 6 倍额定载荷，因此即使吊带总载荷增加至 3 倍，吊带还有足够的安全裕度，所以其过载断裂应与外载水平无关，而与自身承载能力不足有关。观察失效吊带匹配环眼搭接接触表面发现，外层编织保护套发生严重摩擦损伤并破裂，内部绳芯局部也可见摩擦高温作用下引起的纤维丝熔融胶着特征，说明接触面摩擦力过大，吊绳外套失去保护作用并引起内部纤维绳芯发生摩擦累积损伤，最终因环眼搭接处强度不足引起过载断裂，其摩擦力产生于起吊过程中吊带的柔性滑动。

7.2.5.3　结论及启示

1）花篮螺钉 U 型接头金相组织正常，硬度符合技术图样要求；

2）吊具组件的断裂性质为过载断裂，吊带为首断件，另一侧花篮螺钉为次断件；

3）吊带环眼处发生摩擦累积损伤，因承载能力不足导致了断裂失效；

4）优化吊带环眼搭接材料体系，以减小摩擦系数，或者选用无环眼的整带，以消除摩擦影响。

7.3 氢脆案例分析

7.3.1 蒙皮热胀形裂纹分析

薄壁钛合金筒形蒙皮热胀形后表面多处存在长短不一沿母线分布的裂纹，裂纹中心均有圆形白斑特征。蒙皮由材料牌号为 TA7 的钛合金 1.5 mm 厚薄板经钣金、焊接工艺成形，主要工艺流程：冷弯预成形→热校形→酸洗→焊接→检测→热胀形→检测。

热胀形模胎材料为 1Cr18Ni9Ti 的不锈钢铸件，机械加工保证外表面锥度与蒙皮一致，模胎套装蒙皮后放入退火炉中进行热胀形处理，胀形温度为 700 ℃。模胎套装前在表面喷涂一层 MP5000 不锈钢专用保护涂料。

7.3.1.1 试验过程及结果

宏观观察，蒙皮外壁呈高温氧化的金黄色，裂纹呈穿透特征，长度约为 10～15 mm，沿母线分布。内壁以裂纹为中心形成氧化彩环，裂纹中心有直径约 5～20 mm 的圆形白斑特征，如图 7-64 所示。

图 7-64　内壁裂纹宏观形貌

纵剖面金相观察发现裂纹呈湖泊状，边缘有大量荆棘状次生裂纹，裂纹沿晶界扩展，如图 7-65 所示。白斑特征区横剖面表层氧化膜极薄，局部缺失，而正常区域膜层完整、均匀，厚度约为 10 μm，如图 7-66 所示。失效区域金相组织与正常区域组织无明显差异，均为块状初生 α 组织和 β 转变组织。

对白斑进行微观观察，发现表面氧化膜不完整，呈疏松状，并伴有较多沿晶裂纹，如图 7-67 所示。

对裂纹断口进行微观观察，白斑区在断面上呈半圆状的针簇状形貌，最大深度 0.2 mm，其余均呈沿晶断裂特征，晶粒表面呈明显氧化特征，如图 7-68 所示。

EDS 能谱分析发现，白斑特征区氧含量明显低于正常区，裂纹断面上白斑区氧含量仍较高，还发现有 10%的碳元素存在。

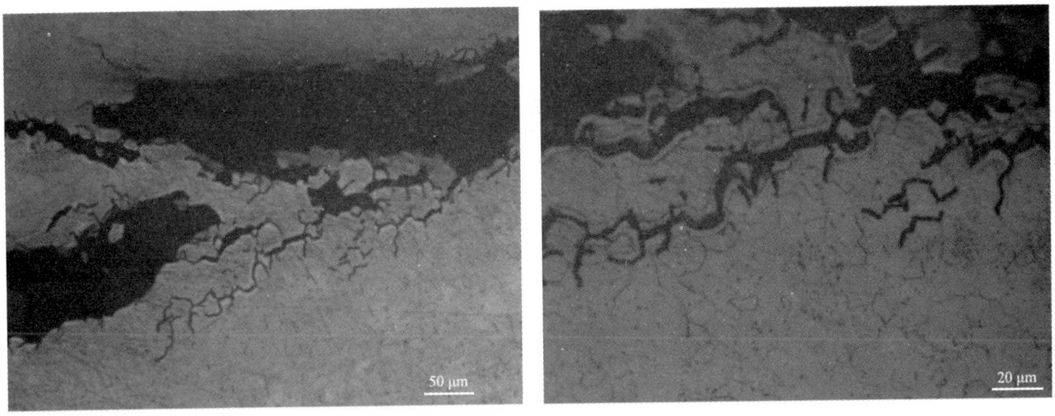

图 7-65　纵剖面沿晶裂纹特征

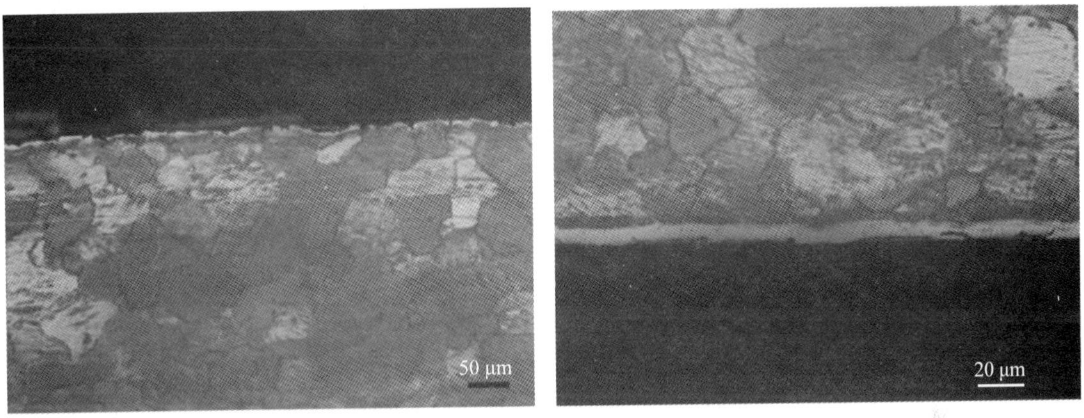

（a）白斑区域　　（b）正常区域

图 7-66　表层氧化膜特征对比

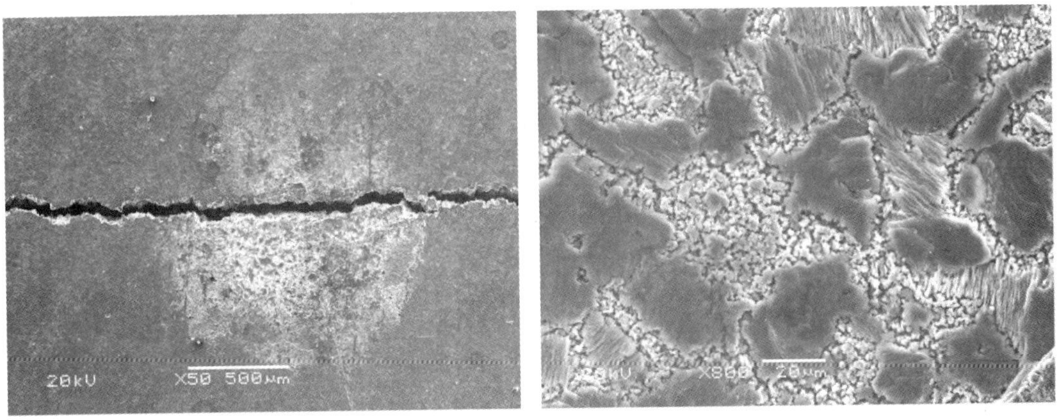

图 7-67　白斑区域微观形貌

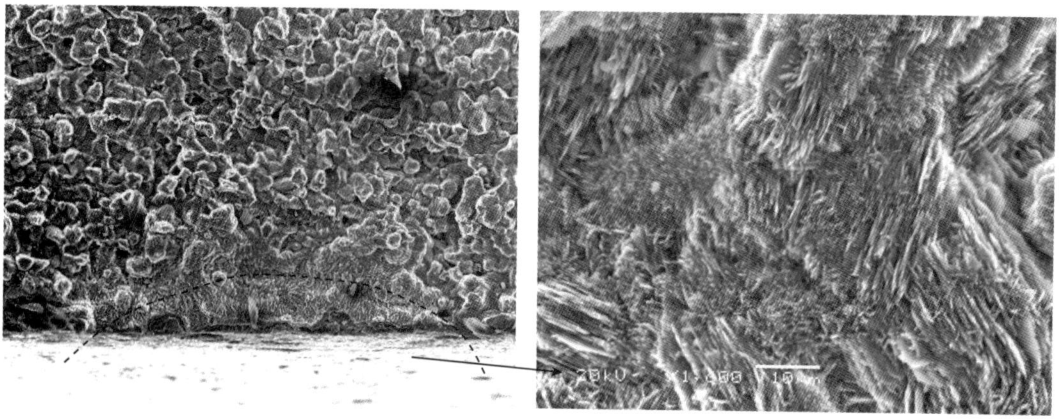

图 7－68　裂纹断口微观形貌

7.3.1.2　分析与讨论

裂纹呈沿晶特征，白斑特征区氧化膜不完整，局部缺失，膜层厚度较正常区域薄。能谱分析结果表明，白斑特征区氧含量明显低于正常区域。

热胀形是薄壁板材类钣金成形的一种常用工艺方法，特别适合高屈强比的材料，如钛合金材料，筒形件套装在模具上一起入炉加热，筒形件的尺寸由胀形温度保证。钛蒙皮热胀形模胎材料选用 1Cr18Ni9Ti 不锈钢铸件，模胎表面喷涂有 MP5000 不锈钢专用保护涂料，保护涂料的作用主要是减缓模胎锈蚀，通过固体润滑，以减小模胎与蒙皮间的摩擦系数，促使热胀形应力均匀分布。保护涂料的主要成分为二氧化硅、氧化铝、碳化硅和水玻璃，碳化硅原料中存在游离石墨颗粒，涂料有显著的吸潮性，生成结晶水，每次套装热胀形前均需加热烘干除湿。复查分析发现，本批蒙皮零件热胀形投入的模胎与上次使用的间隔期为 3 个月，长期自然放置条件下，保护涂料出现吸潮现象。虽本次使用前按工艺要求进行了加热除湿处理，但由于闲置时间较长，涂料未能充分干燥，有结晶水残留，在 750 ℃ 胀形高温环境中，蒙皮与模胎局部贴合紧密，致使结晶水滞留，结晶水与涂料中游离的石墨反应生成局部的含 CO、H_2 的还原性气氛，蒙皮吸氢后在热胀形环向拉应力作用下形成氢脆裂纹。另外，在还原性气氛中，发生弱氧氧化，即宏观可见的白斑特征。

综合以上分析认为，蒙皮零件热胀裂纹性质为高温环境氢脆裂纹，涂料未充分干燥，高温环境发生化学反应生成了还原性氢气气氛。

7.3.1.3　结论及启示

1）蒙皮零件热胀形后出现的裂纹性质为高温环境氢脆裂纹；

2）模胎表面保护涂料未经充分干燥，在胀形高温下产生氢环境并造成环境吸氢；

3）为避免蒙皮产生氢脆裂纹，需控制热胀形过程中还原性气氛的产生，需严格控制保护涂料中水分和游离的石墨含量，采取以下两项措施后问题得到解决：

a）胀形模具表面喷涂防护涂料后，应严格烘焙，去除结晶水，烘焙温度为 750 ℃，保温 3 h，随炉冷却至 400 ℃以下出炉空冷；

b）保护涂料中去除碳化硅成分，避免游离的碳存在。

7.3.2　弹性卡箍断裂分析

某自制电缆束卡箍在捆扎电缆束约 5.5 h 后多件发生断裂，材料牌号为 T8A。卡箍在工作中主要承受弯应力，成形工艺流程：退火→钣金热成形→强化热处理（保证硬度 42～46 HRC）→镀锌钝化（包括镀后除氢）。

7.3.2.1　试验过程与结果

卡箍呈“Ω”形，卡箍断裂处均位于铆接安装孔平面的圆角根部，断裂部位未见明显塑性变形痕迹，表面为镀锌后的彩虹色。断口用体视显微镜观察，呈脆性正断特征，断面干净、粗糙，整体为暗灰色纤维状，外侧边缘可见一层较薄、光亮平坦的剪切唇特征，表明裂纹起源于外侧，向内侧扩展，如图 7-69 所示。

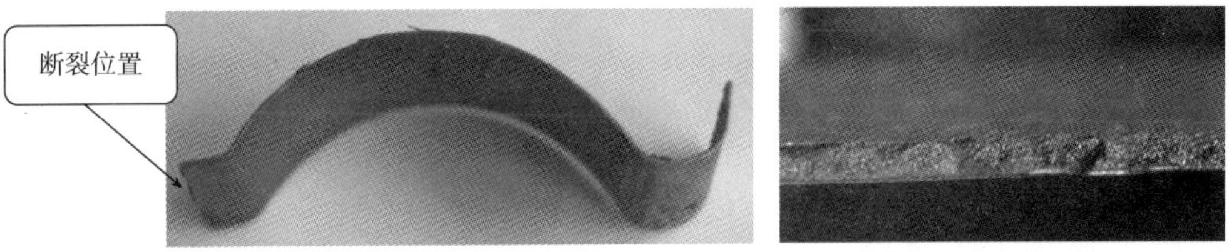

（a）外观　　（b）断口形貌

图 7-69　失效卡箍局部外观

金相检查呈正常的回火马氏体组织，如图 7-70 所示。硬度检测符合工艺要求。

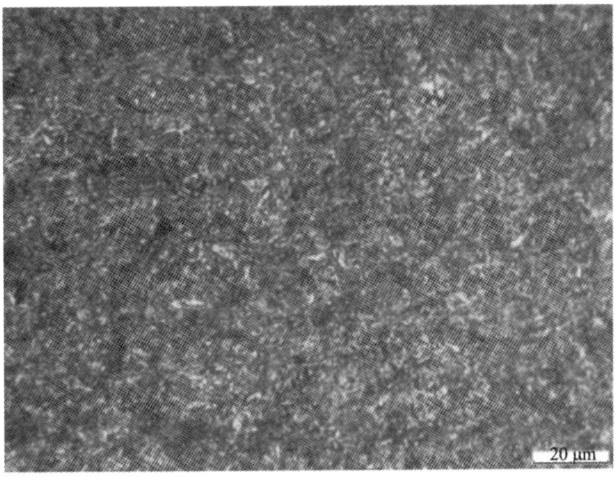

图 7-70　失效卡箍金相组织

对断口进行微观观察，裂纹源位于外侧边缘，在源区可见大量的沿晶特征，晶粒轮廓清晰，表面干净，多呈冰糖状，可见少量的二次裂纹特征，表层覆层清晰可见，如图 7-71 所示。扩展区沿晶特征逐渐减少，而韧窝特征逐渐增多，在瞬断区为全部韧窝特征，如图 7-72 所示。

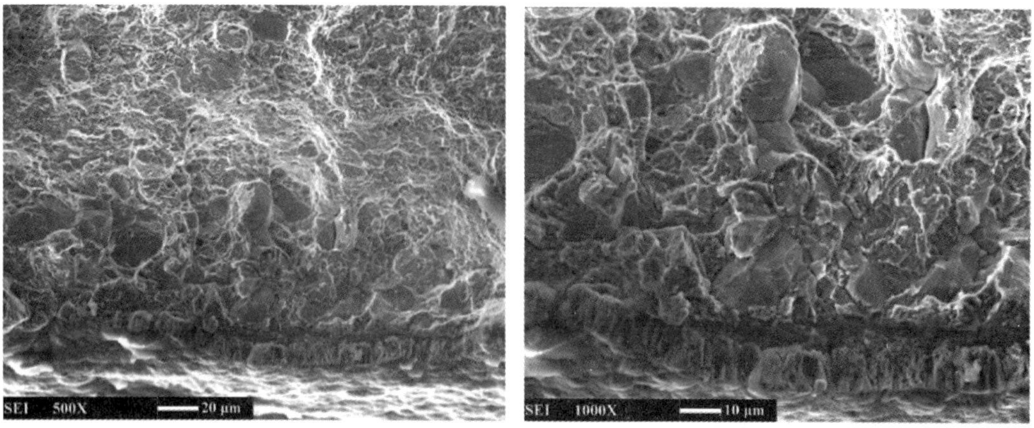

图 7-71　裂纹源区微观沿晶特征

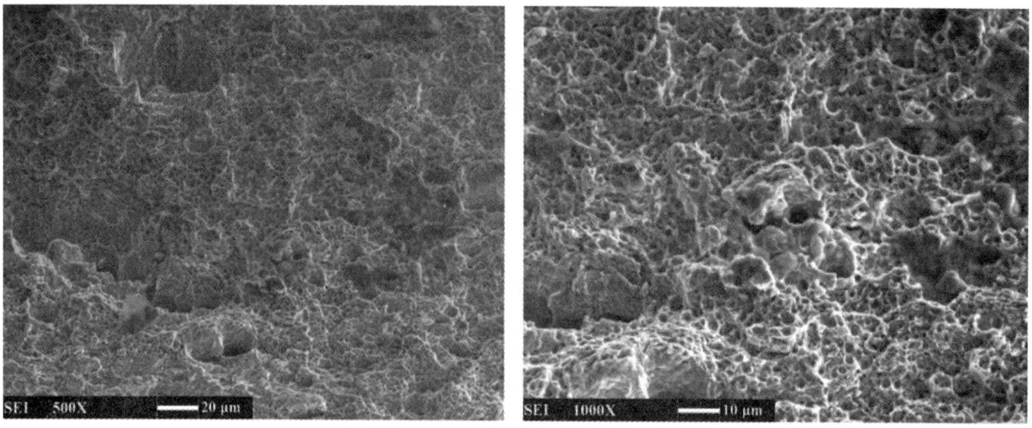

图 7-72　瞬断区微观韧窝特征

人工冲击断口微观特征与失效断口有所不同，未见沿晶特征，全部为韧窝特征，如图7-73所示。打磨去除失效件表层的镀锌层后测得含氢量为 6×10^{-6}，结果表明含氢量较高。

7.3.2.2　分析与讨论

裂纹起源于应力集中的直角根部外侧表层，源区以沿晶断裂特征为主，沿晶区向扩展区和瞬断区逐渐过渡到小尺寸韧窝特征，人工断口未见沿晶断裂特征，均为韧窝断裂特征，含氢量较高。

失效零件具有符合氢脆断裂的几点特征：一，经过电镀，且在装配一段时间内发生断裂，具有延迟断裂的特点；二，卡箍外表面承受拉应力，断裂发生在装配孔附近的直角根部，也就是卡箍承受应力最大、应力集中最为严重的根部；三，裂纹萌生根部表层向心部扩展，断面较平坦、干净，无腐蚀产物，裂纹扩展前期基本均为沿晶断裂特征，且越靠近镀锌表层，沿晶区越多，沿晶特征越明显；四，人工冲击断口下均呈韧窝断裂特征，未出现沿晶断裂特征；五，含氢量达到 6×10^{-6}。

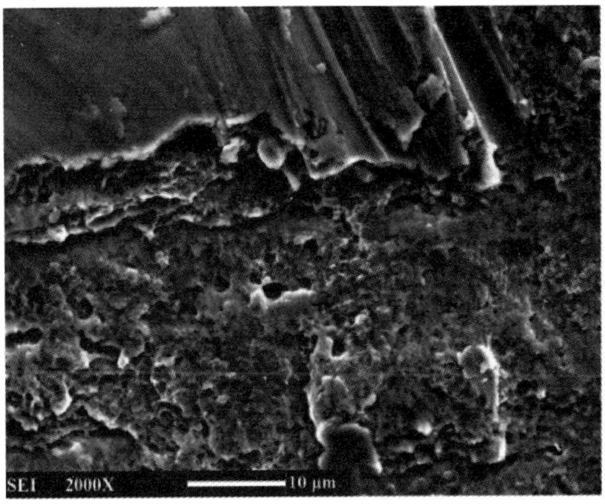

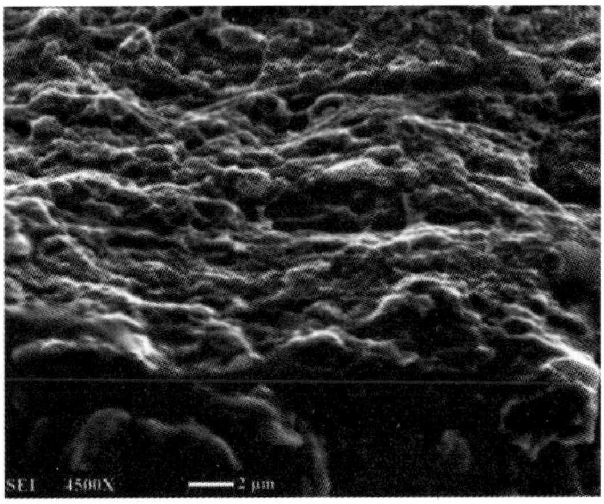

图 7-73　人工断口下的韧窝特征

影响材料发生氢脆的因素主要有含氢量、材料强度和应力水平。T8A 作为一种碳素工具钢，主要用于承受冲击负荷的工具及需要适当硬度并具有较好韧性的各种工具。为使卡箍具有较好的弹性性能，标准规定要求热处理保证硬度在 42～46 HRC，组织检查为回火马氏体，硬度值达到规定上限 46 HRC，表明材料具有极高的强度。如此高强度下 1×10^{-6}含氢量就足以诱发氢脆，而失效零件实测含氢量高达 6×10^{-6}，氢脆敏感性极高，断裂孕育期较短，故在发生装配后 5.5 h 就发生断裂。从零件制造工艺来看，氢主要来源于电镀工艺。

7.3.2.3　结论及启示

1）卡箍断裂性质为氢脆，氢来源于电镀工艺；

2）根据卡箍高弹性极限工作特点，采取无氢的表面发蓝工艺替代电镀工艺的改进措施，从根本上避免氢脆发生。

7.3.3　螺栓断裂分析

舱段对接螺栓共有 12 枚，装配后 5 枚螺栓断裂，其中 4 枚大约在装配 5 min 后断裂，1 枚在装配数小时后发生断裂。装配前在螺杆部位均匀涂抹 HM108B 水密胶保证密封。螺栓材料牌号为 30CrMnSiA，规格为 M8×35 mm，采用机械加工并调质热处理，最终表面镀锌处理（200 ℃×16.5 h 除氢），两个月后部分螺栓加工改制，改制后进行再次电镀，电镀工艺流程：去锌层→除氢（190 ℃×10 h）→镀锌→除氢（190 ℃×10 h）。5 枚失效螺栓皆为改制件。

7.3.3.1　试验过程及结果

3 枚断裂螺栓（1～3 号）及 1 枚完好螺栓（4 号）整体外观形貌如图 7-74 所示。3 枚螺栓断裂部位基本一致，均靠近螺母一侧。1、2 号螺栓在距螺母一扣螺纹处断裂，3 号螺栓距螺母三扣螺纹处断裂。4 枚螺栓表面均涂有黑色的 HM108B 水密胶，螺栓与螺母旋合部位表面未见水密胶，为镀锌层的青黄颜色。

图 7-74　3 枚断裂螺栓及 1 枚完好螺栓整体外观形貌

3 枚断裂螺栓断口宏观形貌如图 7-75 所示，断裂特征极为相似，裂纹均沿螺纹根部起源向心部扩展，最终相邻裂纹面汇聚发生断裂，断口附近无宏观塑性变形特征，断面干净平坦，无腐蚀产物，心部及裂纹汇聚处断面较粗糙，呈暗灰色，局部有金属光泽，边缘可见“小刻面”特征。

图 7-75　3 枚螺栓断口宏观形貌

对断口进行微观观察，1 号断口裂纹源位于螺纹根部边缘，不同高度断面连接形成粗大台阶，源区沿晶区较多，沿晶层深约 1.2 mm，沿晶区存在较多二次裂纹，晶粒轮廓清晰，晶粒表面有撕裂棱特征，在裂纹扩展前期呈准解理＋少量韧窝断裂特征，宏观观察到的断口心部粗糙区域为瞬断区，微观下呈韧窝特征，如图 7-76 所示。2 号、3 号螺栓断口微观特征与 1 号类似。

3 枚断裂的螺栓金相组织正常，皆呈回火马氏体和少量索氏体组织。硬度测试数值均在 41～43 HRC 范围内，折算强度约为 1 300～1 400 MPa。3 枚断裂螺栓及 1 枚完好螺栓测试含氢量结果见表 7-2。

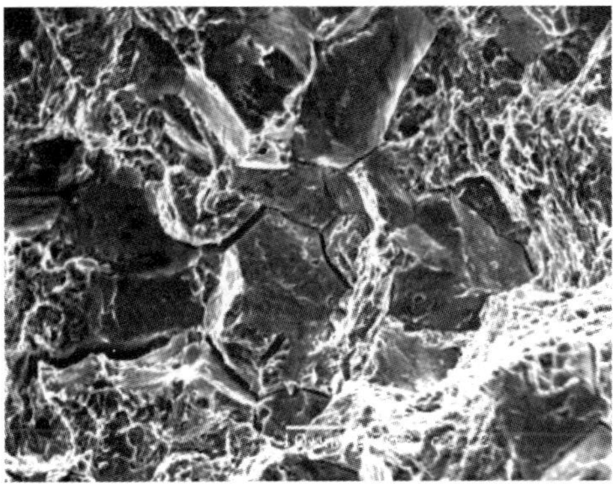

（a）源区的沿晶+二次裂纹+撕裂棱+少量韧窝特征

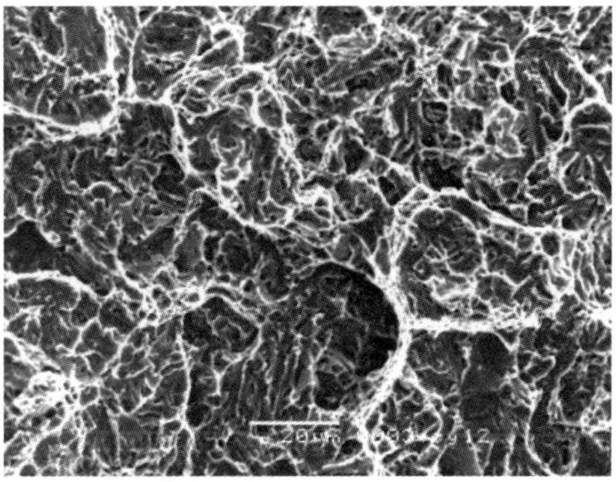

（b）扩展前期的准解理+少量韧窝特征

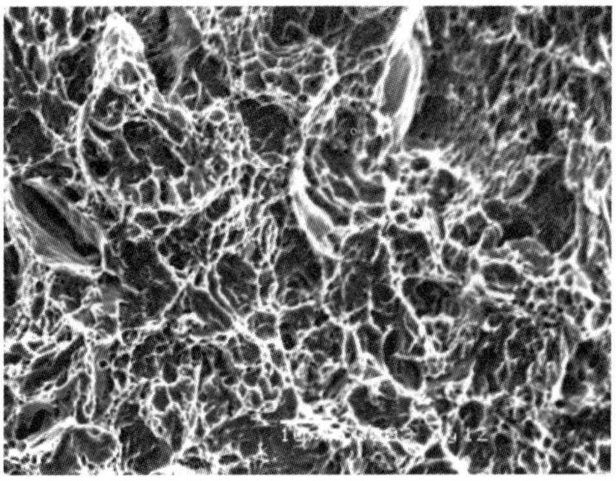

（c）瞬断区的韧窝特征

图 7－76　1 号螺栓断口微观形貌

表 7－2　螺栓含氢量测定结果

编号	1	2	3	4
含氢量/$\times10^{-6}$	2	4	2	1

从结果来看，数据具有一定的离散性，整体看，螺栓含氢量并不算高。根据氢脆氢迁移特点，过程中渗入的氢在应力梯度驱动下，向应力集中的螺纹根部区域迁移、汇聚。螺栓规格为 M8×35 mm，为满足测氢试样 ϕ4 mm×20 mm 的尺寸要求，距螺纹根部约 1 mm 的区域被加工去除，故实际含氢量应高于表 7－2 的测定结果。

7.3.3.2　分析与讨论

由以上试验结果可知，断裂的螺栓裂纹由螺纹根部起源向心部扩展，靠近螺纹根部的断面皆为穿晶与沿晶混合断裂特征，且越靠近边缘，沿晶区越多，瞬断区为韧窝断裂特征。断裂件与完好件的金相组织相同，皆为回火马氏体组织和少量的回火索氏体组织，硬度值在 41～43 HRC 范围内。螺栓含氢量在 1×10^{-6}～4×10^{-6}范围内。

从失效现象和失效特征来看，失效螺栓具有氢脆断裂的显著特征：一，螺栓经历两次电镀，且都是装配后一段时间内发生断裂，具有延迟断裂的特点；二，螺栓装配应力状态为静拉应力，断裂发生在应力集中严重的螺纹根部；三，裂纹均在螺纹根部形核后向心部扩展，断面平坦干净，无腐蚀产物，裂纹源区皆为沿晶＋少量韧窝断裂特征，且越靠近螺纹根部边缘，沿晶区越多，沿晶特征越明显，晶粒轮廓鲜明，表面存在细小的撕裂棱特征；四，含氢量为 $1\times10^{-6}\sim4\times10^{-6}$。

30CrMnSiA 作为一种高强度结构钢，为获得较高的强度和优良的韧塑性匹配，通常在调质（淬火＋高温回火）状态下使用，强度约为 1 100 MPa，而实测强度约为 1 400 MPa，含氢量为 $1\times10^{-6}\sim4\times10^{-6}$，强度的提高增加了氢脆敏感性。氢元素主要来源于镀锌过程，含氢量偏高到底来源于第一次还是第二次镀锌工艺难以判断，也可能是两次镀锌工艺累积的结果。在镀锌及除锌过程中螺栓要与酸液接触，此时氢元素就会扩散到螺栓亚表面，特别是螺纹根部的应力集中区，而后续的除氢工序很难保证也很难检测除氢效果，镀锌后其亚表面的氢元素受到镀层的阻挡难以去除。

7.3.3.3 结论及启示

1）螺栓的断裂性质为氢致延迟断裂；

2）氢来源于镀锌工艺；

3）考虑到同批螺栓都存在氢脆的概率较大，也没有更好的手段对氢脆螺栓进行筛选，本批改制螺栓全部进行报废处理；

4）重新投产新制一批螺栓并尽量减小氢的渗入，降低氢脆敏感性，同时调整调质热处理工艺参数，保证硬度 35～38 HRC，降低强度进一步减少氢脆倾向。

7.3.4 卡簧断裂分析

某重型底盘在试验场越野路下坡时底盘出现异响，检查发现车轮外半轴处轴用弹性卡簧（以下简称卡簧）发生断裂失效，材料牌号为 65Mn，内径尺寸为 36.5 mm，表面发蓝处理。卡簧卡在外半轴的卡簧槽内，其作用是限制外半轴轴向窜动。

7.3.4.1 试验过程与结果

断裂有两处，呈支耳中心对称分布，裂纹径向扩展，在一侧支耳和断裂部位附近可见明显的摩擦和变形机械损伤痕迹；零件工作面黑色氧化层大量缺失，金属基体外露并可见明显的接触磨损痕迹，非工作表面氧化层较为完好，未见明显磨损痕迹，如图 7－77 所示。

采用体视显微镜进一步观察，两处断裂（1 号、2 号）未见塑性变形痕迹，裂纹取向大致沿径向，其中 1 号断裂区断口附近存在一处较严重的挤压及摩擦痕迹并产生扭曲变形，如图 7－78 所示，在支耳部位同样可见较严重的挤压和摩擦痕迹并形成翘曲变形。

1 号断口宏观呈脆性正断，断面较平坦、干净，呈结晶状特征，在外侧及厚度侧边缘均可见少量剪切唇特征，表明裂纹在内侧边缘形核向外侧扩展。2 号断口宏观形貌与 1 号断口类似。人工断口宏观形貌有所不同，断面存在纤维状和结晶状特征区，其所占断面面积约为 1/3，在纤维状断口附近有明显的塑性变形痕迹，如图 7－79 所示。

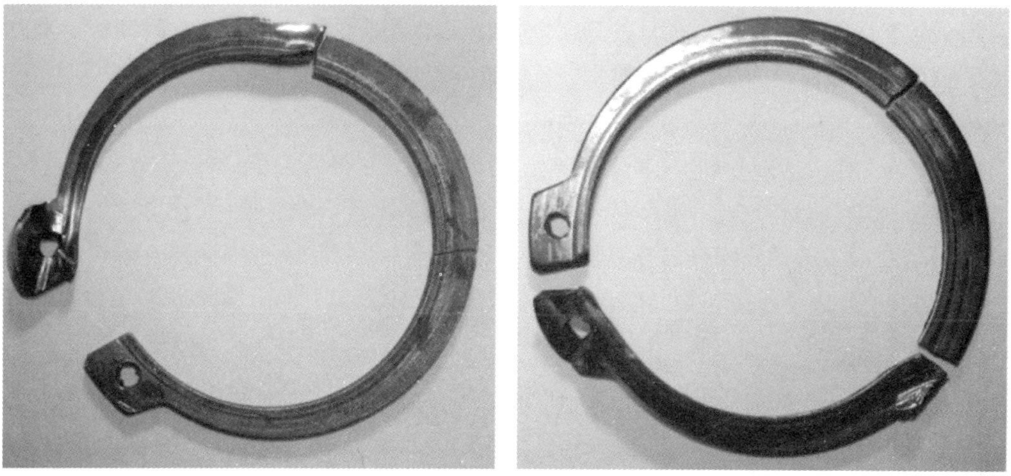

（a）工作面　（b）非工作面

图 7-77　失效件整体外观

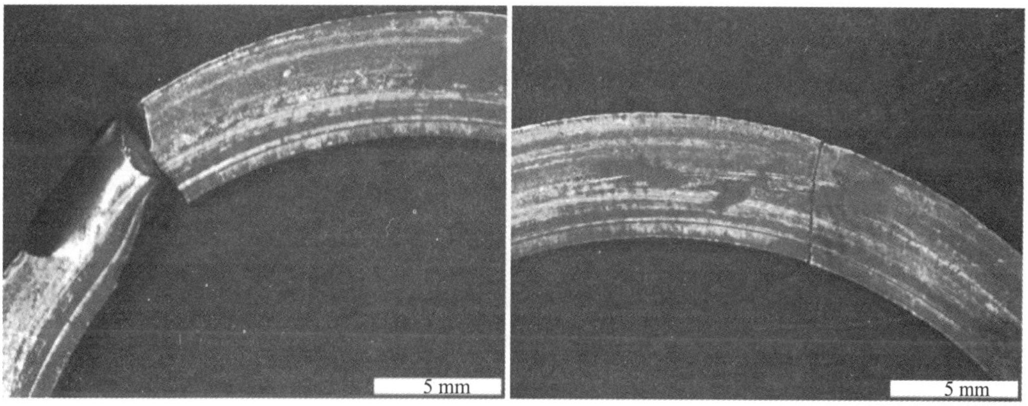

（a）1号断裂部位　（b）2号断裂部位

图 7-78　断裂及支耳部位宏观形貌

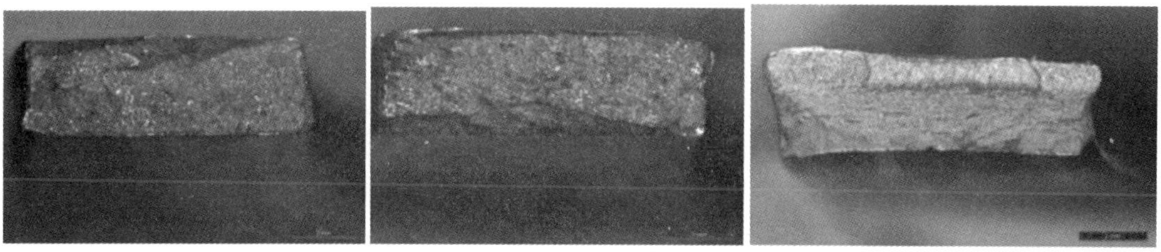

（a）1号断口　（b）2号断口　（c）人工断口

图 7-79　断口宏观形貌

对断口进行微观观察，1 号断口裂纹扩展棱线不明显，源区磨损较重。在裂纹扩展区，几乎全部是以沿晶为主＋少量的韧窝断裂特征，局部可见二次裂纹，瞬断区（剪切唇区）呈韧窝断裂特征，如图 7－80 所示。2 号断口微观形貌与 1 号断口类似。

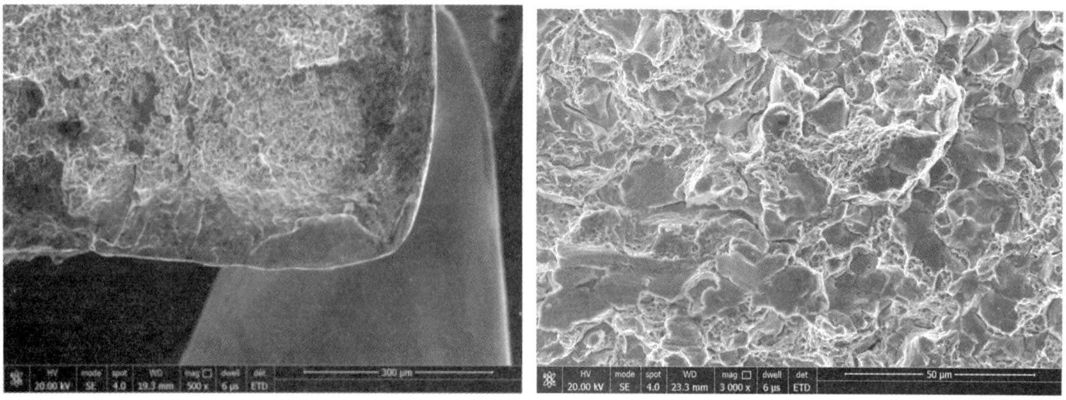

（a）裂纹源及扩展区的沿晶+少量韧窝特征+二次裂纹

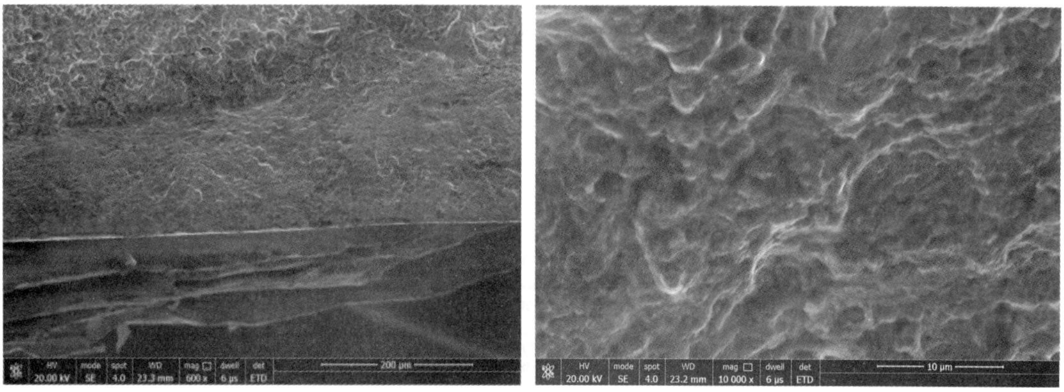

（b）剪切唇区的韧窝特征

图 7－80　1 号断口微观形貌

人工断口宏观纤维区微观下呈韧窝断裂特征，宏观结晶状区微观下与失效断口类似，即同样为沿晶＋韧窝断裂特征，但有所不同的是未见二次裂纹，如图 7－81 所示。

断口金相检查为正常的回火马氏体组织，如图 7－82 所示。硬度测试 561HV，折算洛氏硬度约 53 HRC。

7.3.4.2　分析与讨论

失效卡簧呈脆性断裂特征，宏观观察可见结晶状断口特征，微观下全部为沿晶＋少量韧窝断裂特征并可见二次裂纹，具有延迟断裂的特点，表明其断裂性质为氢致延迟断裂，即氢脆。

经外观观察发现，两处断裂位置对称沿径向分布，表明主要承受周向拉应力，其应力状态与卡簧实际工作受力相符，其承受的静拉应力为氢脆发生提供了必要的应力条件。从零件的加工制造工艺推测，氢可能来源于表面氧化处理前的除锈清洗工序。外观观察在断

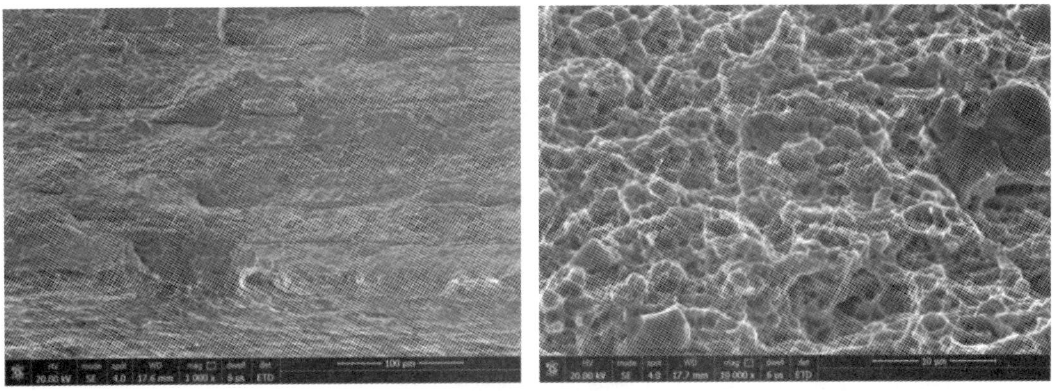

（a）宏观纤维区的韧窝特征

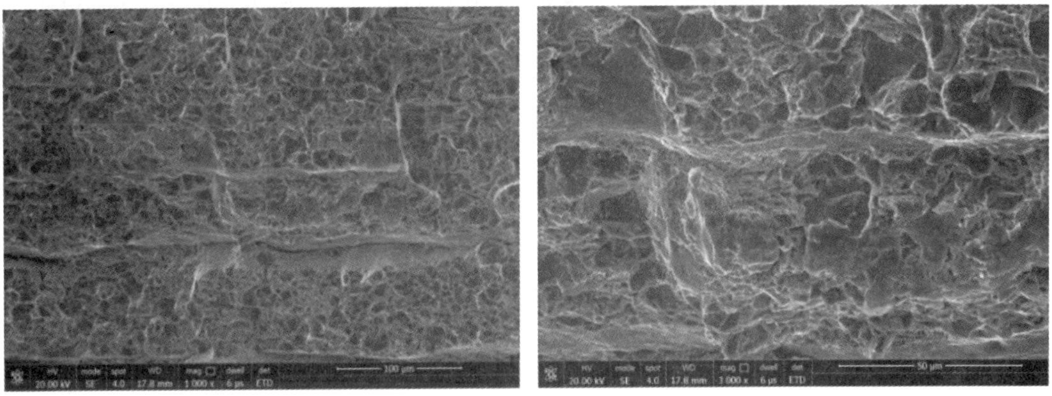

（b）宏观结晶状区的沿晶+少量韧窝特征

图 7－81　人工断口微观形貌

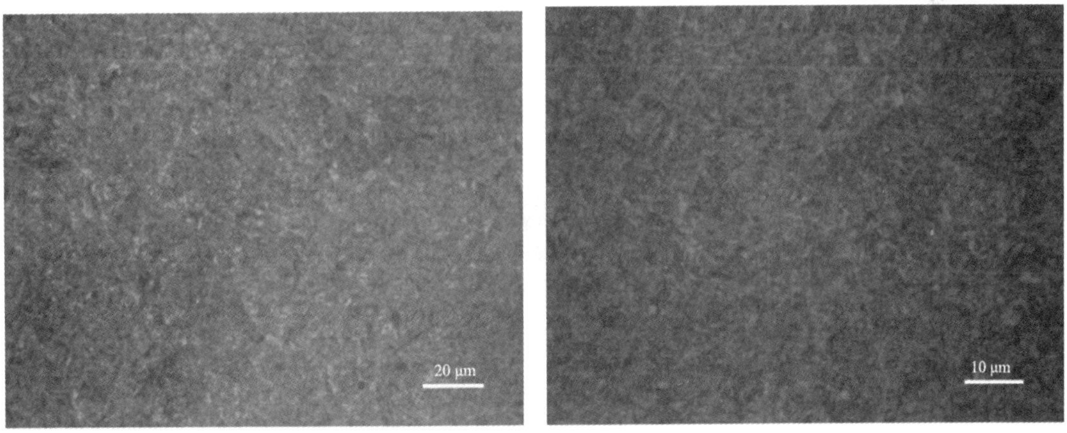

图 7－82　失效件金相组织

口附近以及支耳部位存在明显的挤压、摩擦和变形痕迹，其形成原因应为卡簧断裂后从卡槽脱出与其他运动部件发生接触所致。

人工冲击断口微观观察发现，其特征与失效断口有所不同，断面明显分为全部韧窝断裂区和沿晶为主＋少量韧窝混合断裂区，表明材料存在一定程度的回火脆性。回火脆性能显著提高氢脆敏感性，降低氢脆断裂的临界应力极限，从而增加氢脆发生倾向。硬度测试值达到 53 HRC，GB/T 959.1—2017《挡圈技术条件 弹性挡圈》提供了卡簧（也叫挡圈）热处理工艺参考硬度值，但不作为验收指标，对于直径小于 48 mm 的卡簧参考硬度值区间 47～54 HRC。测试硬度接近参考范围上限，推测其回火温度大致在 300 ℃，其回火温度处于第一类回火脆性温度（250～400 ℃）区间。另外，65Mn 合金钢有回火脆性的特点，零件热处理保证硬度接近上限时难以避免第一类回火脆性。

7.3.4.3 结论及启示

1）卡簧零件失效性质为氢脆，同时还存在回火脆性，回火脆性对氢脆起到了促进作用；

2）氢元素应来源于零件氧化处理前的酸洗除锈工序；

3）对于这种超高强度紧固件，由于氢脆敏感性极高，发蓝处理工艺应严格控制酸洗时间；

4）从卡簧零件技术条件来看，热处理工艺参考硬度并不十分合理，因为在硬度趋近上限时会落入第一类回火脆性温度区间，增大氢脆失效风险，从这一点来看，卡簧制造中的热处理工艺应尽量保证硬度值偏下限。

7.3.5 叉形销断裂分析

40Cr 叉形销在装配中发生断裂，叉形销主要加工工艺流程：车铣削→线切割（快走丝加工槽口）→热处理（真空淬火＋回火，保证硬度为 42～46 HRC）→线切割（慢走丝加工斜边）→表面发蓝处理。

7.3.5.1 试验过程与结果

宏观观察，零件整体呈深黑色，表面膜层较完整，断裂部位大致位于螺杆中部，未见明显机械损伤痕迹和塑性变形痕迹，如图 7-83 所示。

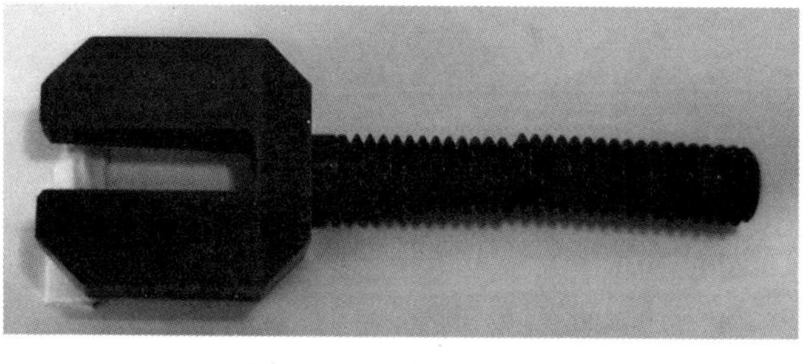

图 7-83 失效件整体外观

采用体视显微镜观察，裂纹从牙底起源向牙顶扩展，呈脆性断裂特征，断面较平坦，呈结晶状并可见光亮的小刻面特征，在一侧牙顶附近有剪切唇特征，整个断面几乎均呈高温氧化的金黄色，在源区一侧边缘可见发蓝液浸渗痕迹，如图 7-84 所示。

断口微观全部呈冰糖状脆性沿晶特征，晶粒表面可见明显的氧化，观察断口侧面，即牙底表面，未见明显的损伤痕迹，如图 7-85 所示。

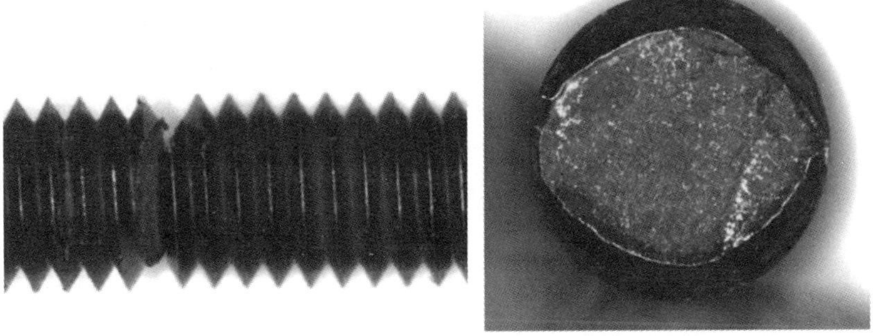

（a）外观　　（b）断口

图 7 - 84　外观及断口宏观形貌

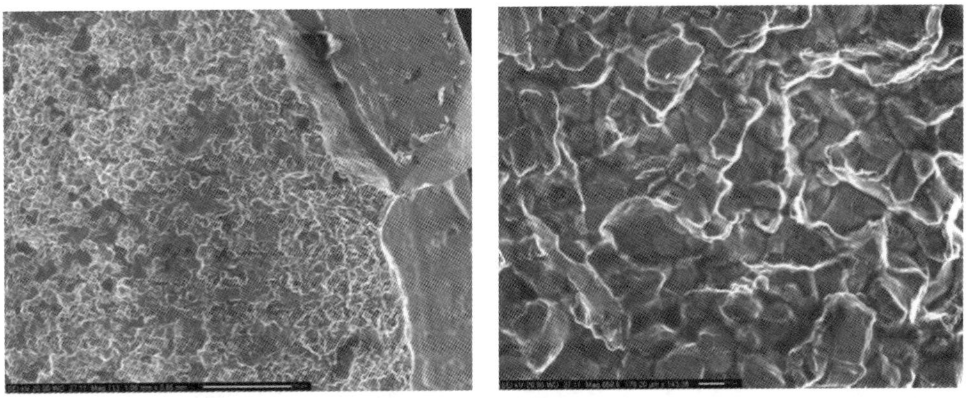

（a）全部的脆性沿晶特征

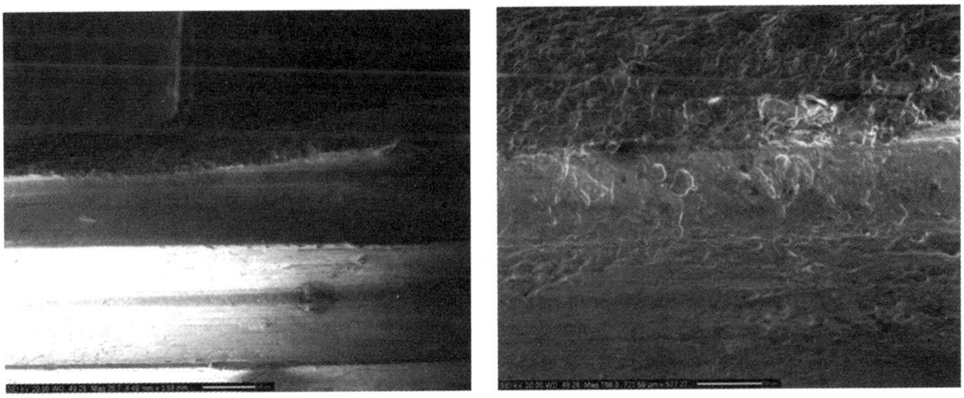

（b）侧面牙底表面形貌

图 7 - 85　失效断口微观形貌

人工冲击断口微观特征与失效件有所不同，为沿晶为主＋少量韧窝断裂特征，如图 7 - 86 所示。

同状态不同炉批零件（以下简称对比件）人工断口微观特征与失效件人工断口类似，同样为沿晶＋少量韧窝断裂特征，如图 7 - 87 所示。

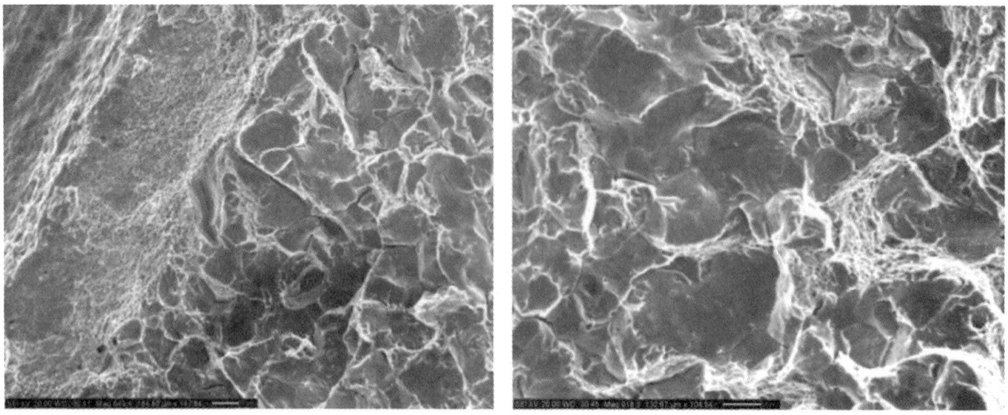

图 7-86　人工断口沿晶+少量韧窝特征

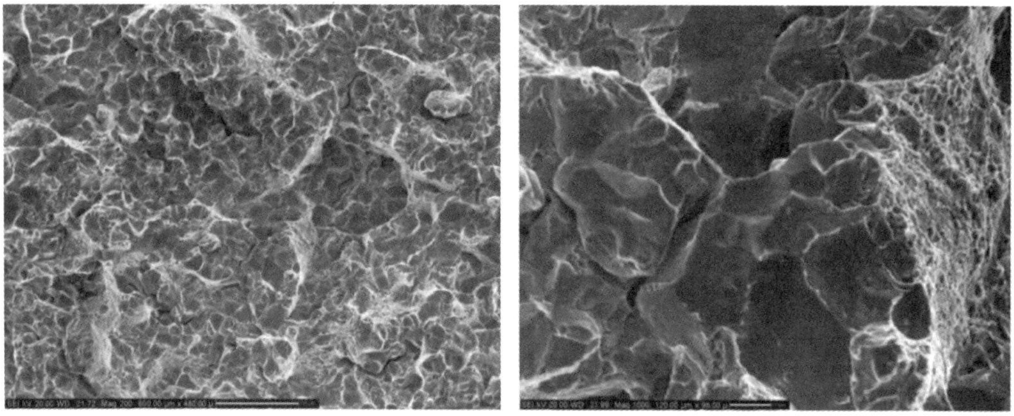

图 7-87　对比件人工断口微观形貌

断口 EDS 分析发现，心部区除基体组成元素 Cr、Mn、Fe 等外，还发现在发蓝液中有少量 Na 元素存在。另外 O 元素的质量分数约为 11%，表明氧化较重，宏观表现为金黄色。边缘发蓝痕迹区元素组成及含量大致与心部类似，但 O 元素的质量分数约为 17%，表明发蓝液渗入断面后造成了进一步氧化。瞬断区的组成元素为基体元素，未见污染，断面干净、清洁。牙底发蓝表面 O 元素的质量分数约为 33%，表明经过发蓝处理形成了致密膜层。

断口金相检查，紧邻断口附近可见两处明显的沿晶裂纹：一处裂纹大致从牙底萌生成一定角度向心部横向扩展，长度约 2 mm，裂纹线条瘦直刚劲；另一处裂纹位于断口下侧，呈断续网状分布，如图 7-88 所示。基体金相组织正常，为板条状的回火马氏体组织，整个剖面均可见明显的带状组织，在带状组织中心有大量塑性夹杂物，如图 7-89 所示。

对比件纵剖面金相同样可见带状组织，但与失效件有所不同，带状级别更低。另外塑性夹杂物数量明显较少，尺寸较小，基体组织同样为正常的回火马氏体，如图 7-90 所示。

硬度测试结果表明，失效件、对比件均达工艺要求上限 46 HRC。

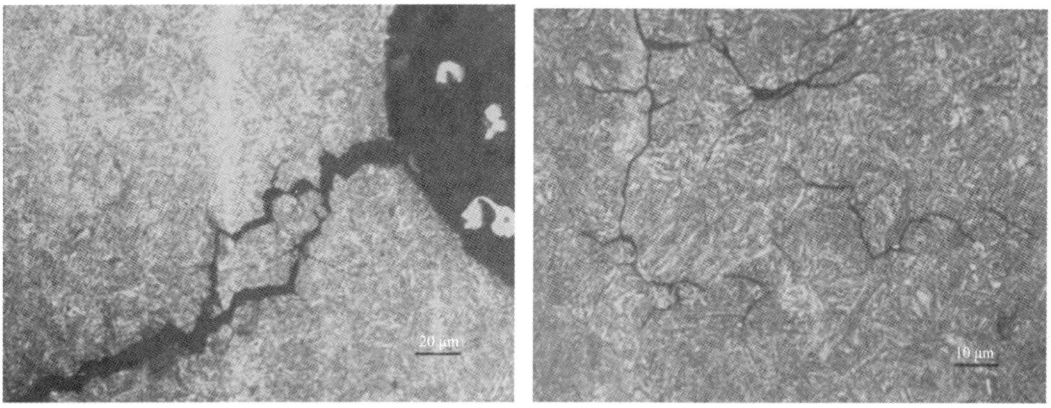

图 7－88　失效断口附近的沿晶裂纹特征

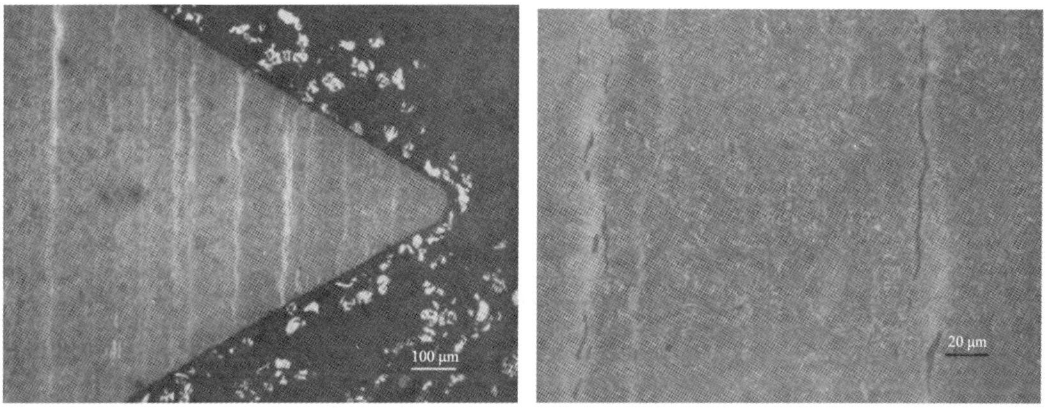

图 7－89　失效件塑性夹杂物及带状组织

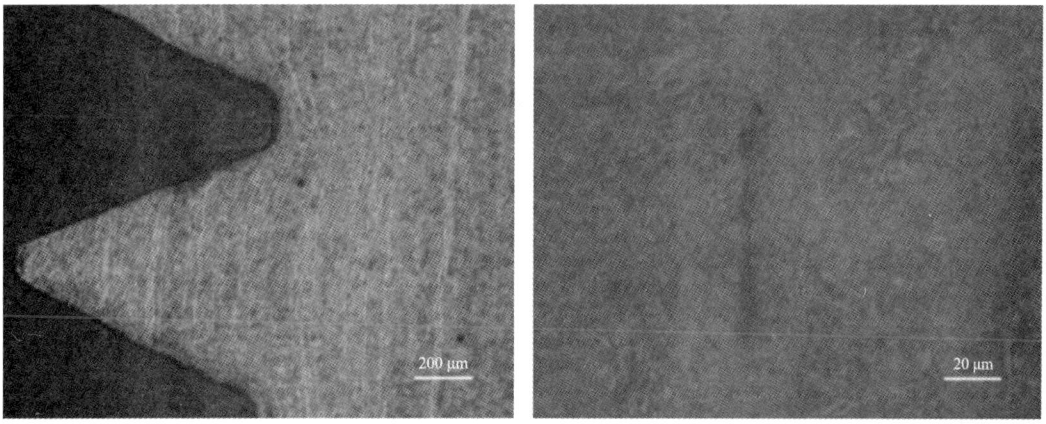

图 7－90　对比件纵剖面金相组织

7.3.5.2 分析与讨论

从观察断口宏观形貌来看，整个断面均呈高温氧化的金黄色，表明零件在淬火工艺阶段就已萌生裂纹；微观下全部是脆性沿晶断裂特征，金相组织为正常的回火马氏体，未见过热、过烧等组织热损伤特征，推断裂纹沿晶扩展主要应与材料中含氢量较高引起的晶界脆化有关。高温下氢原子扩散激活能较低，氢向应力集中的螺纹根部迁移、扩散速率加快，在热应力作用下发生氢致裂纹。受高温环境的影响，氢脆孕育期较短。

金相检查发现失效件基体中有明显的带状组织和大量塑性夹杂物，而对比件不明显，夹杂物具有较强的储氢和捕氢能力，从而会引起材料内部含氢量偏高。另外，塑性夹杂物棒材热变形加工中会降低 Ac_3 转变温度，从而促使带状组织生成，故在塑性夹杂物周围常常伴生带状组织。

失效件以及对比件人工断口微观下均呈沿晶＋少量韧窝断裂特征，表明材料存在一定程度的回火脆性。硬度测试值 46 HRC，组织为回火马氏体组织，推测回火温度约为 370 ℃，正落于 40Cr 第一类回火脆性温度（约 250～400 ℃）区间。

据掌握的情况，叉形销零件为某机构解锁的关键部件，设计选用 40Cr 材料。为满足叉形面具有较高的硬度和耐磨性要求，采用淬火＋低温回火，保证硬度为 42～46 HRC。40Cr 属广泛使用且较为廉价的中碳低合金钢，在调质状态（850 ℃淬火＋550 ℃回火，硬度约 30 HRC）具有较好的综合性能。当硬度升至 40 HRC 以后，材料脆性与氢脆敏感性均急剧增大。当材料还存在回火脆性时，又增加了氢脆敏感性，氢脆失效难以避免。事后调查也发现，同批零件在线切割（慢走丝加工斜边）加工工序中曾有两件发生自然断裂现象。

7.3.5.3 结论及启示

1）叉形销零件断裂性质为氢脆，同时零件还存在一定的第一类回火脆性，回火脆性对氢脆的发生起到了促进作用。

2）氢来源于原材料内部，含氢量偏高应与组织中存在的大量塑性夹杂物有关。

3）第一类回火脆性与第二类回火脆性有所不同，其脆性具有不可逆性，另外也无法通过回火后的快冷加以避免。鉴于叉形销零件的重要性，应采取降低材料硬度、提高回火温度来避免回火脆性，同时也可降低氢脆敏感性。

4）如必须保证零件硬度，可以更换综合性能更好的材料，如马氏体沉淀硬化型不锈钢的 0Cr17Ni4Cu4Nb。

7.3.6 蓄能器抱箍断裂失效分析

某特种底盘在跑了约 300 km 后发现 4 套蓄能器抱箍均发生断裂失效。蓄能器抱箍主要由底座、箍带和固定螺栓组成，其主要作用是固定蓄能器。一端钢制箍带固定蓄能器，另一端通过底座横向安装于车架纵梁两侧，底座与纵梁之间通过螺栓连接，如图 7－91 所示。拆解发现断裂件均为底座零件，该零件承受蓄能器自重引起的静载和交变振动载荷，蓄能器以及抱箍由德国 HYDAC 公司生产制造，底座零件牌号 DD13。

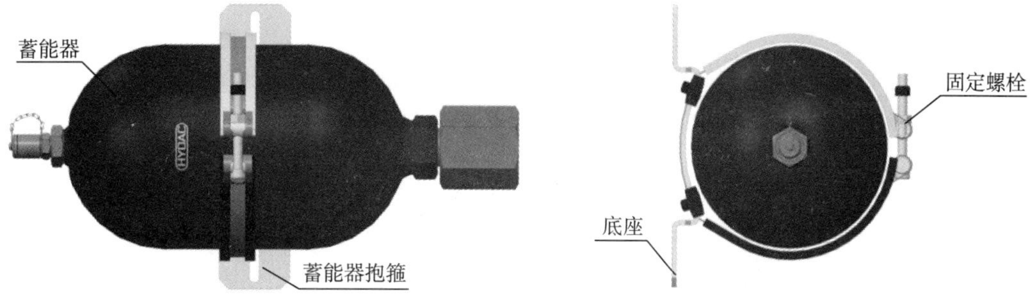

图 7－91　蓄能器抱箍三维模型

7.3.6.1　试验过程与结果

宏观观察，失效件整体呈对称的弧片状（分别编号为 1、2、3）。1 号件表面镀锌层较完整，两端安装槽部位有明显的螺栓接触痕迹。从接触痕迹的位置判断，分上安装槽（简称 A 侧）和下安装槽（简称 B 侧）。1 号件 4 处断裂，分别位于 A 侧以及对称 B 侧的卡口根部和 U 型槽口，简称 A1、A2、B1、B2，断裂区均未见明显的塑性变形特征，呈脆性断裂；2 号、3 号件断裂位置及特征与 1 号件类似，如图 7－92 所示。

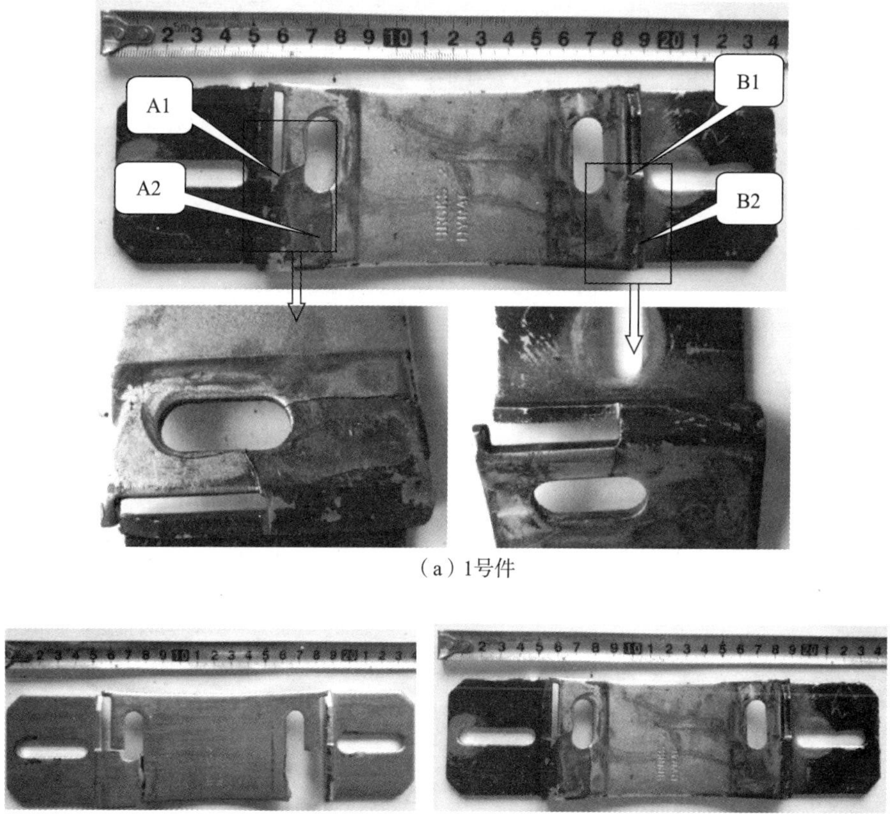

（a）1号件

（b）2号件　（c）3号件

图 7－92　失效件整体外观（内表面）

用体视显微镜观察断口，1 号件 A1 断面大面积磨损，边缘局部可见纤维状特征，心部局部可见人字纹特征，源区同样指向卡槽根部；对称的 B1 断面完全磨损，A2 断口裂纹同样从 U 型槽口起源向外侧撕裂扩展，B2 断口从外表面起源向内表面扩展，同样可见小刻面特征，边缘最显著，如图 7－93 所示。2 号、3 号件断口类似。

（a）A1断口

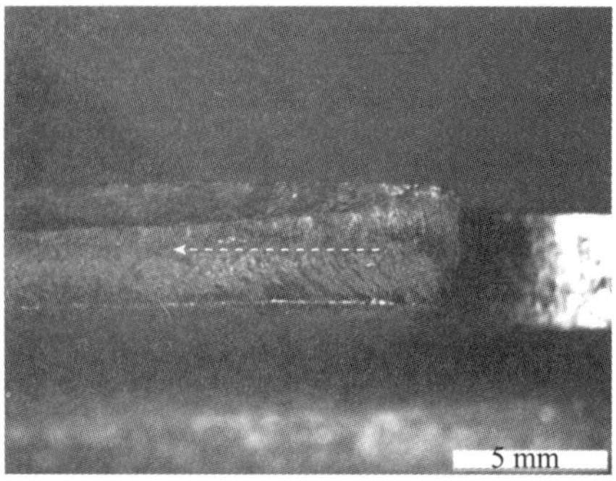

（b）A2断口

（c）B1断口

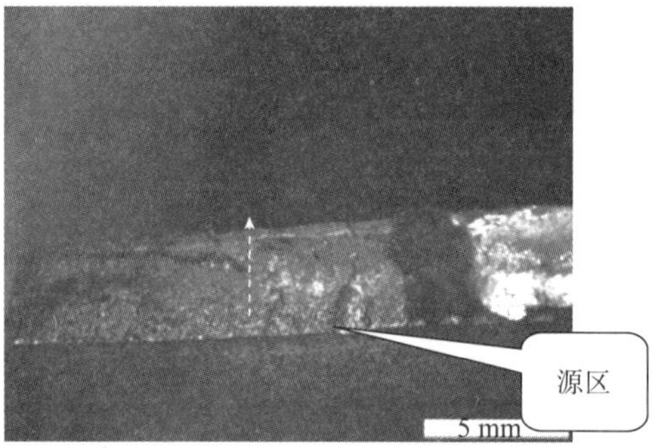

（d）B2断口

图 7－93　1 号件整体外观

人工弯折断口与失效件不同，呈纤维状塑性断口特征，断口附近材料变形量较大，表层同样可见小刻面特征，深度约 1 mm，如图 7－94 所示。

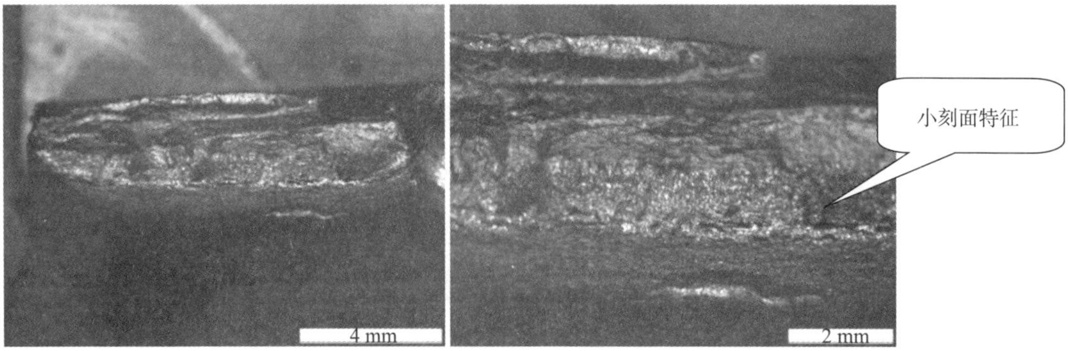

图 7－94　人工断口宏观形貌

在扫描电子显微镜下对 A1、B1、B2 断口进行微观观察。A1 断口人字纹特征区微观下呈准解理＋疲劳条带特征，表层同样以沿晶为主＋少量韧窝特征，如图 7－95 所示。

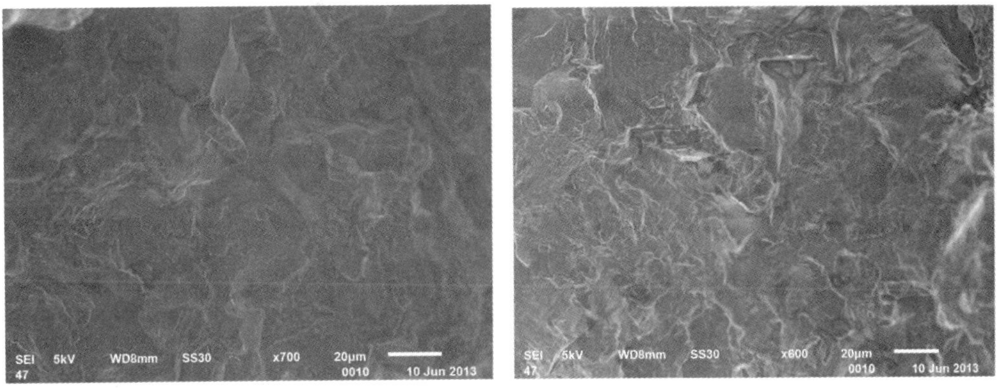

（a）表层的沿晶+少量韧窝特征　　（b）心部的准解理+疲劳条带特征

图 7－95　A1 断口微观形貌

B1 断口源区及边缘呈沿晶断裂特征，晶面可见滑移分离形成的涟波特征，源区未见冶金缺陷，B2 断口整体上均呈沿晶＋少量韧窝断裂特征，如图 7－96 所示。

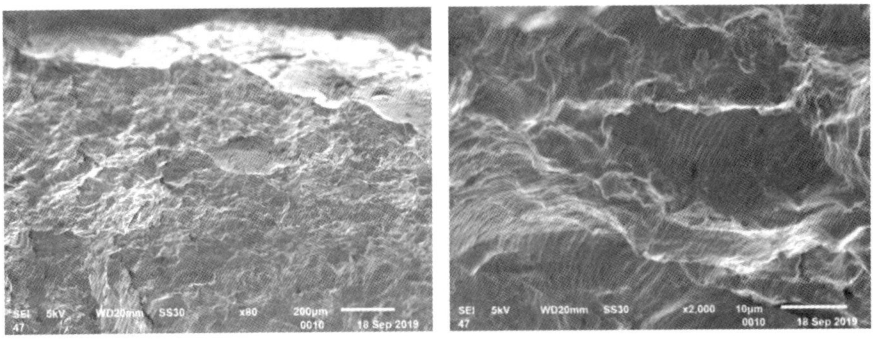

（a）B1断口边缘的沿晶+涟波特征

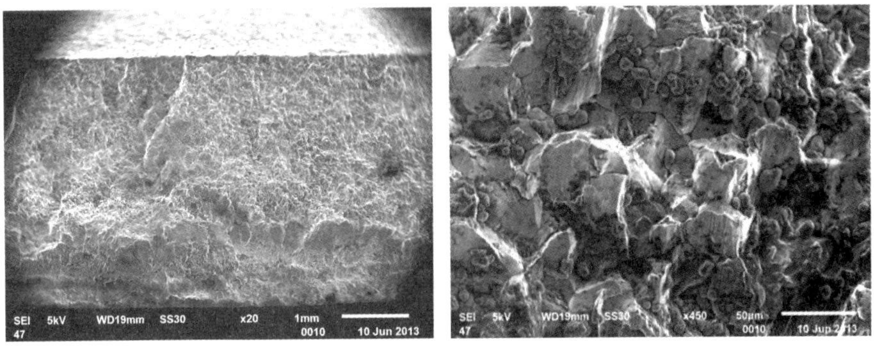

（b）B2断口的沿晶+少量韧窝特征

图 7－96　1 号件断口微观形貌

人工断口微观特征与失效件有所不同，表层呈沿晶断裂特征，晶面可见滑移分离的涟波特征，心部呈拉长韧窝和滑移分离断裂特征，如图 7－97 所示。

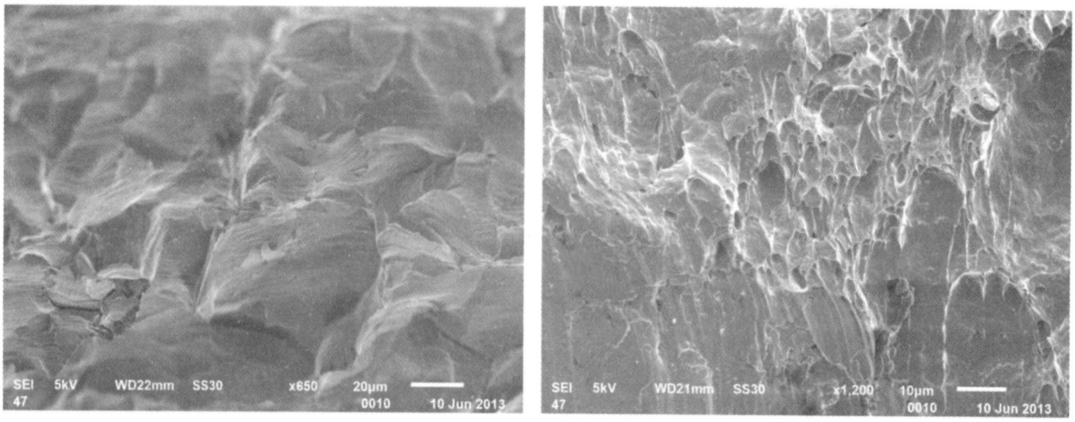

（a）表层的沿晶+涟波特征　　（b）心部的拉长韧窝+滑移特征

图 7－97　人工断口微观形貌

失效件金相组织检查均正常，为单纯的铁素体组织，晶粒等级 8 级，如图 7－98 所示。

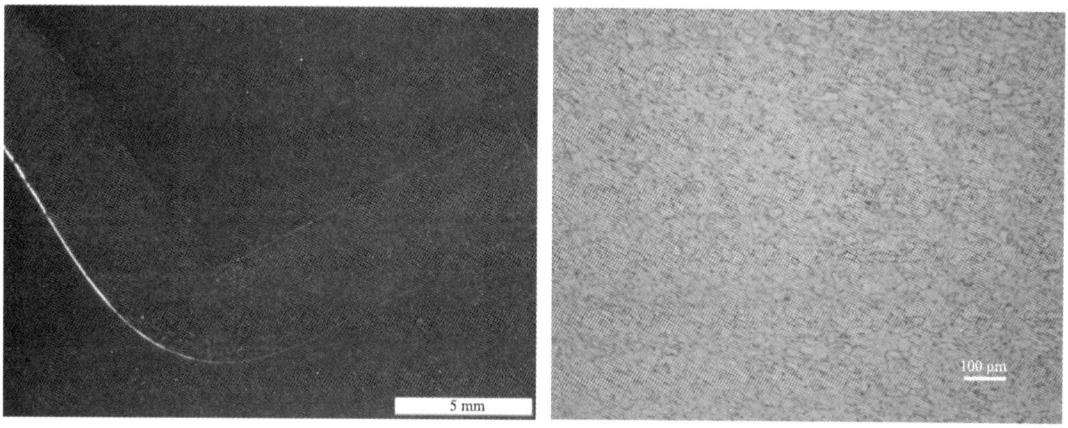

图 7－98　失效件金相组织

运用等离子发射光谱分析仪（ICP）和红外碳硫分析仪对失效件材质进行化学成分分析，材料组织元素较少，含量较低，与纯铁接近，失效件成分无明显差异。

测试 1 号、2 号、3 号件含氢量，平均含氢量分别为 5.9×10^{-6}、6.3×10^{-6}、5.8×10^{-6}，三件失效件含氢量无明显差异。硬度测试发现无明显差异，硬度值为 101 HV，换算强度约 370 MPa，与退火态纯铁接近。

对蓄能器抱箍底座进行应力仿真分析。根据抱箍的受载情况建立有限元模型，对底座安装孔进行固定约束，在蓄能器中心施加载荷。蓄能器及其安装附件的重量约为 120 N，3 倍冲击载荷（即 360 N）的仿真结果如图 7－99 所示，可见底座最大应力为150 MPa，底座材料的抗拉强度为 340 MPa，因此，蓄能器抱箍满足使用要求。

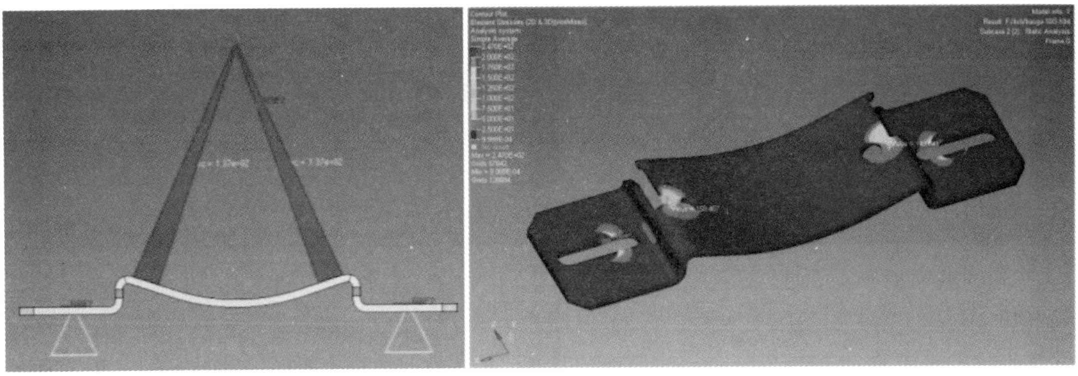

（a）有限元模型　　　　　　（b）仿真应力云图

图 7－99　抱箍底座应力仿真结果（见彩插）

7.3.6.2　分析与讨论

通过以上试验可知：

1）三件失效件断裂部位以及裂纹位置完全相同，且呈 A、B 两端对称损伤特征，损伤部位均集中在与箍带连接的开放槽口根部、U 型槽口边缘以及下安装槽（B 侧）与弧面交汇的圆角处，所有断裂均呈脆性断裂，未见明显的机械损伤特征。

2）裂纹起源于开放槽口根部，在源区、扩展前期及瞬断区均可见小刻面特征，越靠近表面，小刻面特征越显著。人工断口则呈纤维状塑性断口，但表层同样可见小刻面特征。

3）宏观小刻面特征微观下均是以沿晶为主的断裂特征，个别断口局部也可见疲劳条带特征。人工断口与失效件有所不同，整体呈拉长韧窝＋滑移特征，但表层仍呈沿晶＋滑移断裂特征。

4）失效件均呈单纯的铁素体组织，晶粒等级 7 级。

5）三件失效件含氢量无明显差异，约 6×10^{-6}。材质化学成分结果表明，不同失效件成分无明显差异，材料组成合金元素较少，含量较低，接近纯铁。

6）硬度测试表明，失效件硬度无明显差异，硬度数值为 101 HV，换算强度约 370 MPa，与纯铁强度大致相近。

7）应力仿真计算表明，正常工况条件的安全系数为 2，设计选型合理，裂纹出现部位为结构上应力最大的部位。

综合以上分析，底座的断裂性质为氢脆。影响材料发生氢脆的因素主要有含氢量、材料强度、应力水平、应变速率。材料强度越高，发生氢脆所需的临界含氢量就越低，含氢量测试结果仅有 6×10^{-6}，这对于类似纯铁低强度钢而言并不高，氢脆敏感性较低，氢脆临界应力水平较高。从应力仿真计算结果来看，工况应力水平应远低于氢脆临界应力，诱发氢脆极为困难。因此可以推测，可能存在异常的外载，外载达到了氢脆临界应力，从而引起氢脆。分析零件的制造工艺流程，氢应来源于表面镀锌过程。这类氢脆都属于第二类氢脆，裂纹形核是氢和应力交互作用的结果。随着应变速率增加，氢脆敏感性降低。故人工断口特征与失效断口有所不同，整体呈塑性的拉长韧窝＋滑移分离断裂特征，以至于表层同样出现沿晶特征，而组织也未见粗晶现象，表明氢脆裂纹先前已萌生，后期在弯折应力作用下因材料塑性较好，发生了滑移分离。

重点对零件装配要求和实际装配状态进行复查后发现，蓄能器抱箍装配完毕后只受蓄能器及其附件的重力作用及其纵向冲击载荷。检查同批实物装配，实际连接管路走向如图7－100所示，蓄能器与刚性闭锁阀连接的硬管安装方向相对于车架处于倾斜状态。调查获悉，蓄能器及其管路正常装配后，管路和转向拉杆距离较近，存在干涉风险，现场根据干涉检查情况对管路重新校形处理。校形时未拆解管路，在装配环境下人工将蓄能器左侧向车架外侧拉扯完成校形，因管路材质为不锈钢，且直径大（ϕ18 mm×2.0 mm），由此施加了较大的校形载荷，载荷传递至蓄能器安装底座产生附加弯矩，引起底座与箍带结合处应力增大。

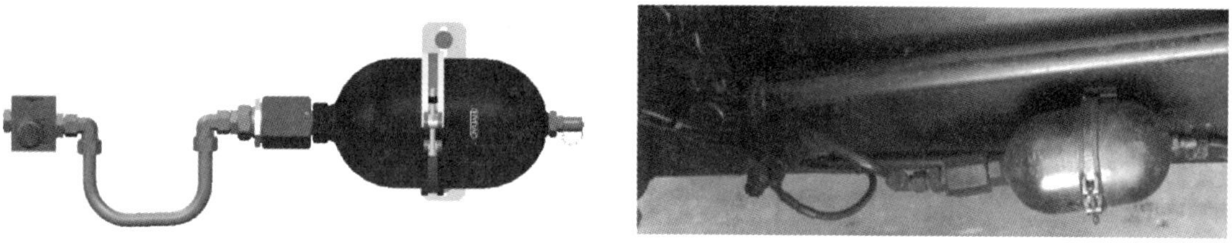

（a）设计模型示意图　　（b）实物安装照片

图7－100　蓄能器管路装配设计模型与实物对比

为了验证上述分析，对蓄能器底座弯矩工况进行有限元仿真计算，在蓄能器抱箍箍带中心点增加与校形产生的弯矩等效的载荷200 N。蓄能器抱箍底座最大应力为365 MPa，而底座材料的许用应力范围为340 MPa，安全系数为0.93，不能满足使用要求。在现场对故障件进行更换，管路复装时发现该处管接头确实存在“憋劲”现象，需对管路重新校形才能顺利安装，进一步验证了原因分析。

7.3.6.3　结论及启示

1）抱箍断裂性质为氢脆，裂纹起源于底座零件卡口根部以及下安装端过渡圆角表面，后期经历短暂疲劳扩展后最终发生断裂，氢来源于零件制造的镀锌环节；

2）氢脆应力来源于校形不当产生的附加载荷；

3）加强校形操作过程控制。

7.4　疲劳失效案例分析

7.4.1　扭杆断裂分析

某重型底盘车在行驶约1 700 km后，扭杆零件发生断裂。扭杆在试验中主要承受脉动扭转应力。扭杆材料牌号为45CrNiMoVA，淬火［（860±10）℃］＋回火［（400±

20)℃] 热处理，硬度为 47～51 HRC。零件主要制造流程：精加工→热处理→滚压强化（残余压应力大于 300 MPa）→预扭（预扭 5 次，累积残余角度不大于 8°）→酸洗→表面磷化→涂漆。

7.4.1.1　试验过程与结果

宏观观察，断裂部位在花键与过渡圆角交汇区域，主裂纹 1 条，次裂纹 2 条。主裂纹向花键端延伸约 10 mm，裂纹取向大致与零件纵轴线成 45°。裂纹途经的花键起始部位漆层剥落，金属基体外露并可见较严重的摩擦损伤痕迹。宏观未见塑性变形痕迹。呈脆性断裂特征，如图 7－101 所示。

图 7－101　断裂部位整体外观（箭头所示为主裂纹）

断口整体呈螺旋状特征，断面上可见粗大的放射状撕裂棱线，主裂纹源指向花键部位内部，主次裂纹交汇处可见明显的台阶。剖切后观察，可见明显的扇形，断面呈平坦、光滑的疲劳区，疲劳源位于花键前端的齿根处，如图 7－102 所示。

（a）原始断口　（b）剖切后断口　（c）源区及扩展区局部

图 7－102　断口宏观形貌

主裂纹扩展途经花键与过渡表面，可见机械损伤痕迹。齿底涂层完整，未见损伤痕迹。裂纹附近工作齿面可见严重的接触损伤痕迹带，局部可见齿面剥落呈凹坑状，如图 7－103 所示。其他齿接触痕迹较轻微。

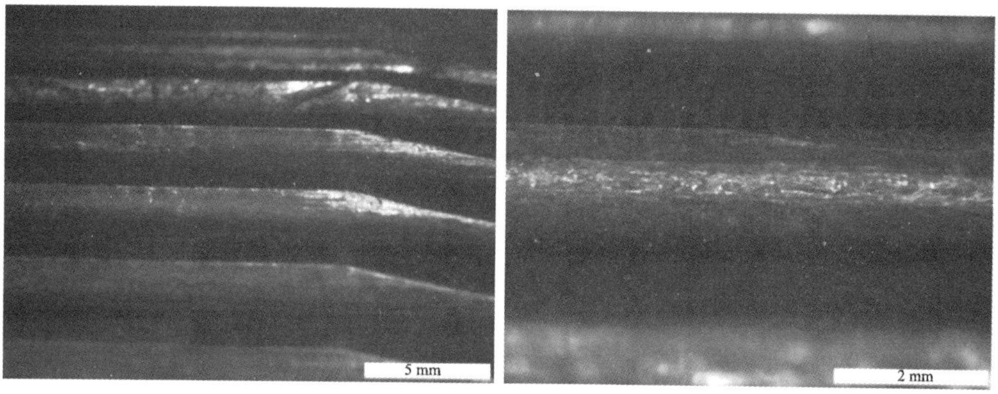

图 7－103　裂纹途经工作齿面宏观形貌

断口微观源区呈线源特征，有明显的疲劳台阶，未见缺陷，源区及附近主要呈准解理和沿晶混合特征；扩展前期局部可见疲劳条带特征；在疲劳扩展中后期主要以沿晶为主和少量的准解理特征；瞬断区主要呈准解理和韧窝特征，如图 7－104 所示。

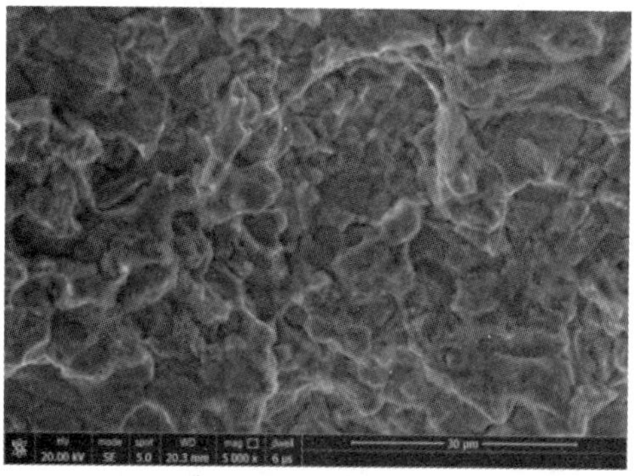

（a）源区及附近的沿晶+少量准解理特征

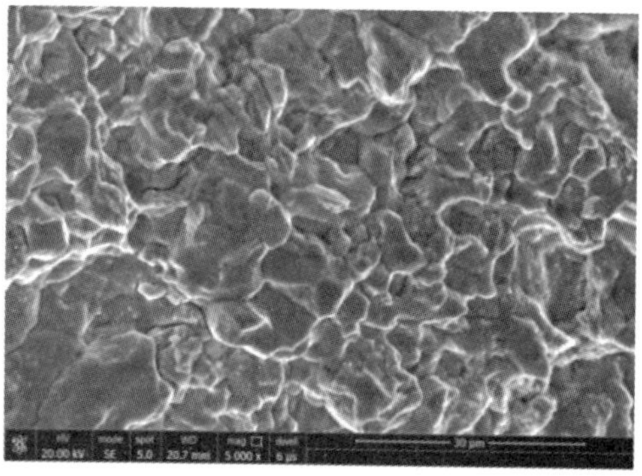

（b）扩展前期的沿晶+准解理特征

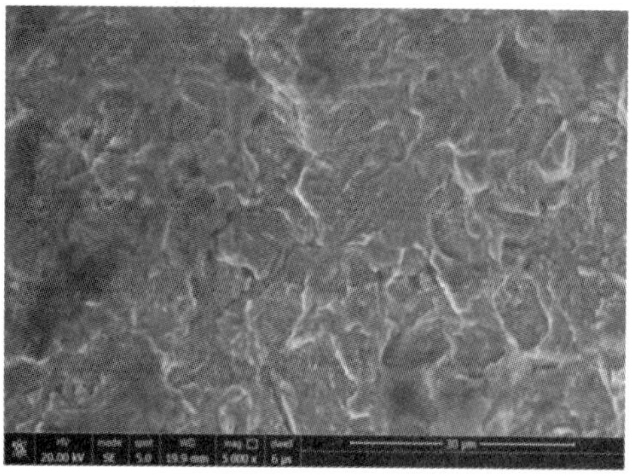

（c）扩展中后期的准解理+疲劳条带特征

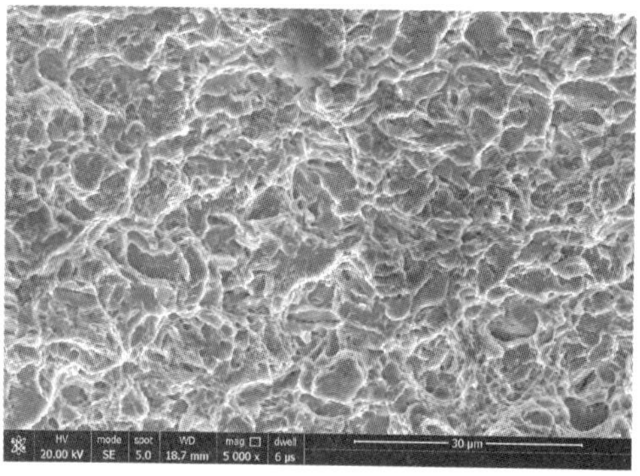

（d）瞬断区的韧窝+少量准解理特征

图 7－104　断口微观形貌

冲击试验断口准解理与韧窝混合断裂特征如图 7－105 所示，扩展区与失效件瞬断区特征一致，呈准解理和韧窝断裂特征。

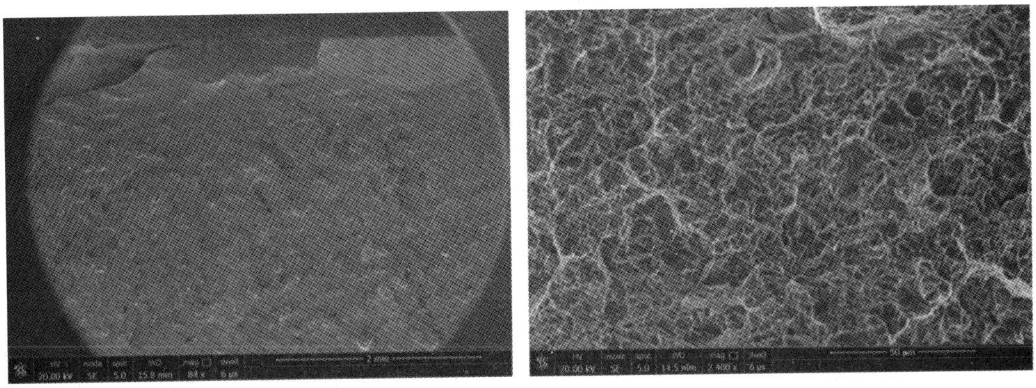

图 7－105　冲击试验断口准解理与韧窝混合断裂特征

断裂键齿横剖面金相检查，基体组织为正常的回火屈氏体，表层未见明显脱碳现象，如图 7－106 所示。在剖面上测试硬度梯度，发现表层至心部硬度均匀，无明显梯度，硬度值达到技术条件上限值 51 HRC。

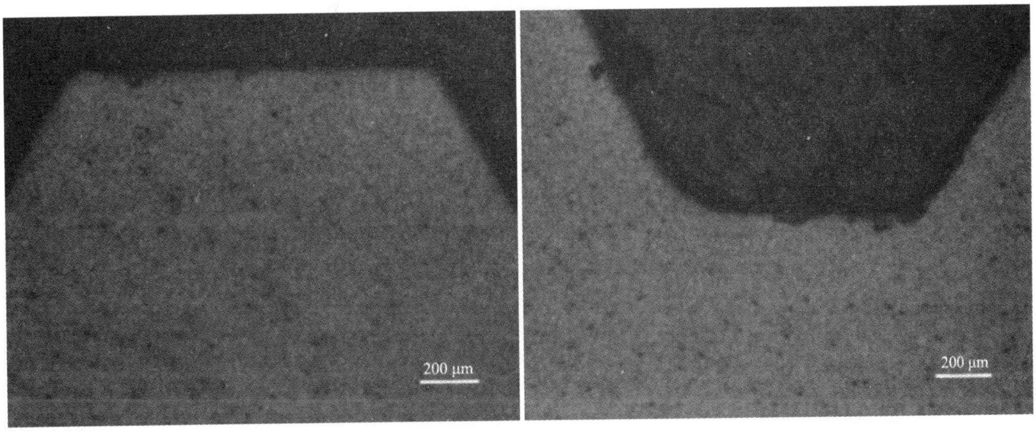

图 7－106　键齿横剖面金相组织

沿键齿纵剖面金相检查，在约 1/2 半径至心部区域可见轻微的带状组织，表层未见带状组织，如图 7－107 所示。

在光杆部位取样冲击试验，测得冲击吸收能量分别为 33 J、32 J、32 J，结果表明材料具有一定韧性，无回火脆性。

测试源区齿根及近邻齿根部残余应力，根部残余应力均为压应力，应力均值为 390 MPa，满足设计要求。

在断裂部位附近取样，运用氢氧分析仪测试含氢量，测得含氢量为 2×10^{-6}。

7.4.1.2　分析与讨论

由以上试验可知，扭杆断裂性质为扭转疲劳断裂，裂纹起源于花键起始端齿根。观察发现在疲劳扩展区有沿晶特征，表明在疲劳载荷下诱发出氢脆。沿晶特征数量受裂纹前端应力强度因子 K 影响，因在源区附近 K 值较小，故沿晶特征越多，随着裂纹扩展，K 值

（a）心部区域的带状组织　　（b）表层组织

图 7-107　键齿纵剖面金相组织

越大，沿晶特征逐渐向准解理特征过渡。从零件的加工工艺流程可知，零件在磷化处理前经酸洗，因此吸氢应来源于酸洗过程，含氢量测定为 2×10^{-6}。对于硬度在 51 HRC 的超高强度钢而言，2×10^{-6}的含氢量也足以引起氢敏感性，在循环应力下促使材料脆化，缩短零件疲劳寿命。

零件源区键齿部位金相组织正常，齿顶至齿根硬度分布均匀并达到上限 51 HRC，冲击韧性试验测得吸收能量 32 J，表明材料具有较高的强度和一定的韧性匹配。虽然目前还没有研究成果揭示出材料韧性与疲劳极限的对应关系，但总体来看提高材料韧性对延长疲劳寿命是有利的，特别是对于扭杆这类存在一定冲击循环扭转应力工况而言尤为重要。

在疲劳源萌生的花键齿根，工作中承受较大的脉动弯曲应力和扭转复合应力，同时又是结构上的应力集中区，故往往是裂纹的形核区。齿面宏观检查发现圆周工作齿面接触应力存在分布不均匀的现象，其影响因素主要有两点，即花键机械加工精度和装配对中性。另外从扭杆与内花键的装配关系和受力状态来看，扭杆工作中因各截面转动量差异性，从而在花键接触面上会造成接触应力不均匀的现象，其表现为接触的起始端接触应力大，末端接触应力小。从齿根部位的残余应力测试结果来看，残余压应力较高，满足设计要求，较高的残余应力可增加微裂纹闭合力，阻滞裂纹扩展，因此对延长零件疲劳寿命有利。

7.4.1.3　结论及启示

1）扭杆零件断裂性质为扭转疲劳；

2）失效原因与键齿面局部接触应力以及存在氢脆有关；

3）氢来源于零件制造中的酸洗工序；

4）对于扭杆这类工况恶劣的关重部件，需加强花键制造工艺中的关键工序控制和检验，以保证制造精度。另外在酸洗工序中必须严格控制酸洗时间，以减少吸氢，降低氢脆敏感性。

7.4.2　复合环形气瓶爆裂分析

复合环形气瓶爆破试验压力 58 MPa 未达到设计要求。爆破试验前经历强度、气密和 200 次水压疲劳试验。气瓶内胆由 TC4 钛合金超塑成形后激光焊接而成，外层缠绕芳纶纤维。

7.4.2.1　试验过程与结果

从外观上看，爆裂气瓶有一处环向破口，破口处复合材料包裹层撕裂外翻，其他部位包裹层完好，气瓶整体无明显变形。扒除复合材料包裹层后发现钛内胆上有一条连贯裂纹，裂纹按特征分为周向和环向，周向扩展大半个圆周后一端接近环向裂纹后终止，另一端沿气瓶横向继续扩展一圈后形成环向裂纹，气瓶在此横向断裂，如图 7－108 所示。

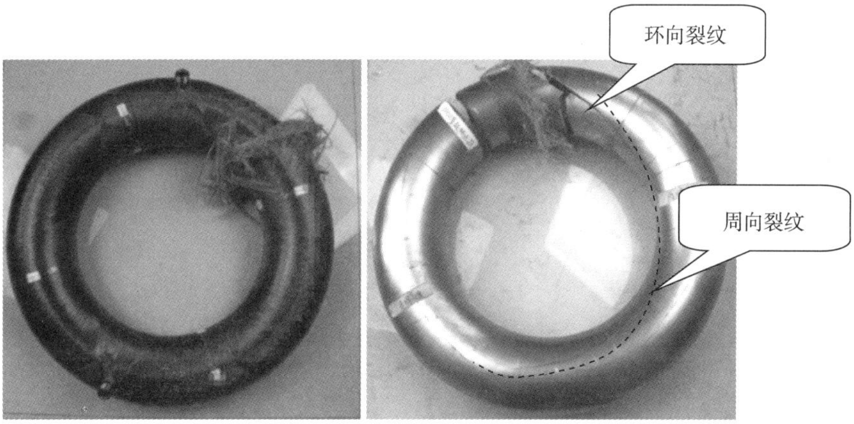

图 7－108　钛内胆整体外观

周向裂纹扩展途经内、外焊缝各一处，裂纹整体平直，在两处焊缝处发生明显偏折。裂纹沿内焊缝曲折扩展长度约 70 mm，沿外焊缝扩展长度约 12 mm，如图 7－109 所示。周向、环向裂纹扩展途经的焊缝表面未见明显机械损伤与焊接缺陷。周向裂纹除途经的焊缝区外，均呈快速扩展斜断口特征。环向裂纹包括焊缝均呈快速扩展的斜断口特征。在环向裂纹与周向裂纹交汇的尖角处断面呈剪切断口，该区为终断区，如图 7－110 所示。总体来看，环向裂纹应由周向裂纹扩展形成，裂纹交汇段呈 V 形斜断口，其他区域为单向斜断口。

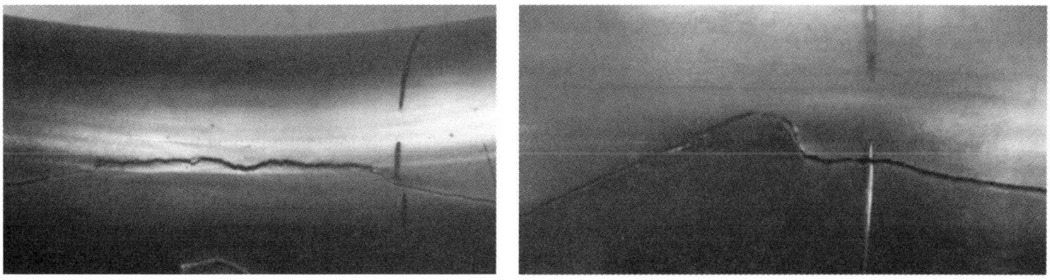

（a）内焊缝　　（b）外焊缝

图 7－109　周向裂纹途经焊缝外表面形貌

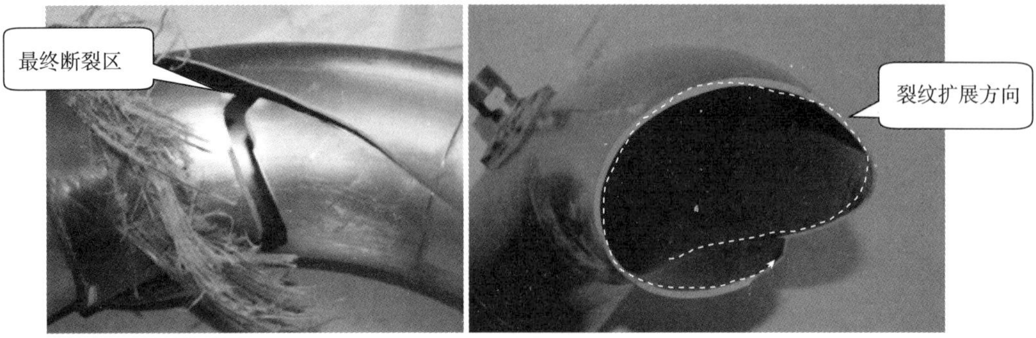

图 7－110　环向裂纹外观及断口形貌

环向断口均呈塑性纤维状特征，终断区可见剪切挤压损伤，V 形断面可见裂纹快速扩展形成的人字纹，裂纹源头指向周向裂纹区，如图 7－111 所示。

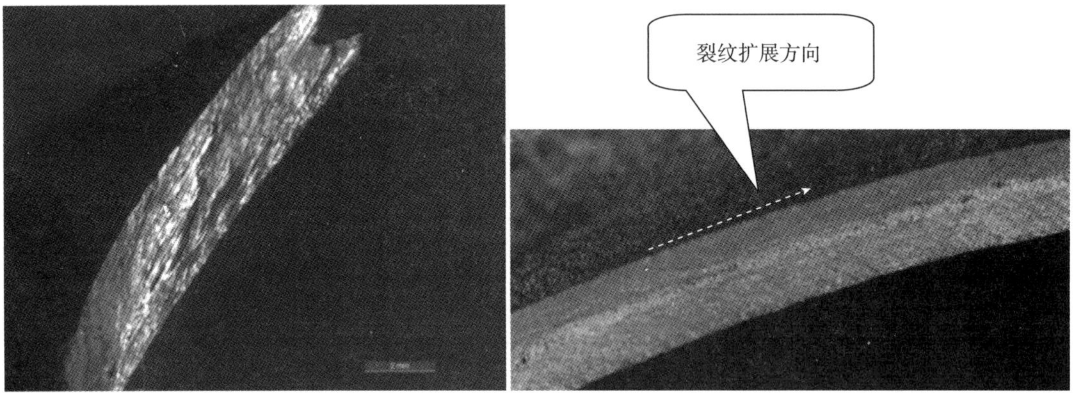

（a）终断区断口　　（b）V形斜断口

图 7－111　环向裂纹断口主要特征区宏观形貌

观察周向内、外焊缝区裂纹断口，外焊缝裂纹沿内侧焊趾部位扩展，而后延伸到焊缝内部，断口呈快速扩展的斜断面，焊缝未见异常损伤和焊接缺陷，如图 7－112 所示。

周向内焊缝裂纹也沿内侧焊趾部位扩展，而后延伸到焊缝中部，从外侧看，裂纹中段为焊缝收弧段。焊缝收弧段断口有三角形平坦区，两侧均为斜断面，靠内侧焊趾部位的平坦区边缘可见多个金黄色更为平坦的小平面，深约 1.4 mm，其轮廓不规则，如图 7－113 所示。整体来看，裂纹起始于焊缝内焊趾根部。

微观观察焊缝裂纹断口，环向内、外焊缝断面微观均为撕裂韧窝特征，为快速过载断裂区，周向裂纹外焊缝斜断面也均为典型撕裂韧窝，如图 7－114 所示。

周向内焊缝金黄色小平面为沿针状马氏体基体开裂的准解理特征，未见损伤与焊接缺陷。小平面外周均为韧窝特征，边界过渡区可见很小的疲劳扩展区，有明显的疲劳条带特征，断口其他区域均为韧窝特征，如图 7－115 所示。平坦区边缘其他小平面特征与此基本一致。

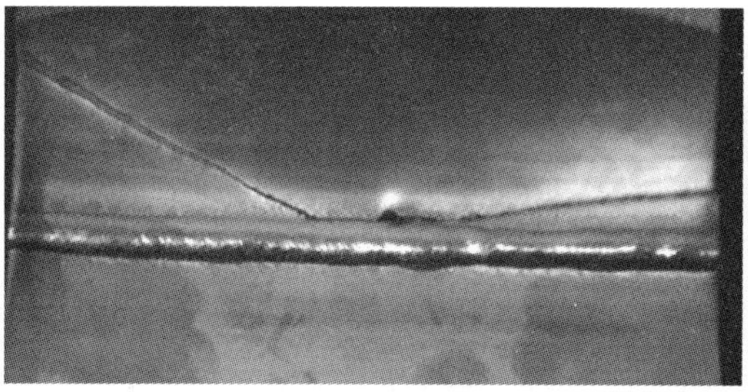

（a）内表面

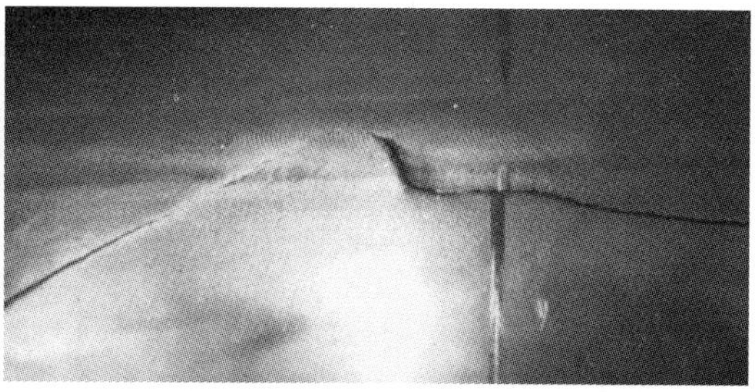

（b）外表面

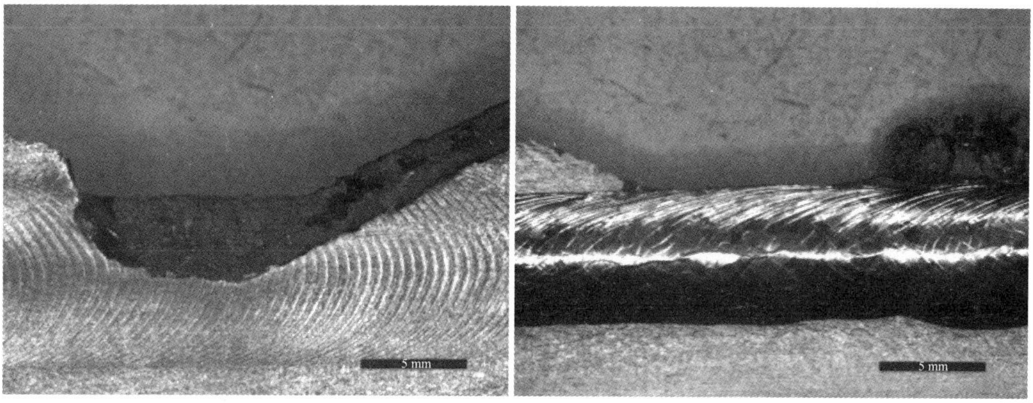

（c）断口局部

图 7－112　周向裂纹外焊缝及断口形貌

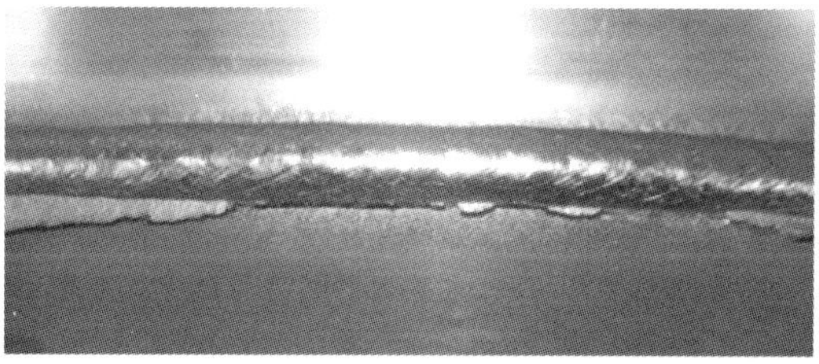

（a）内侧表面

（b）外侧表面

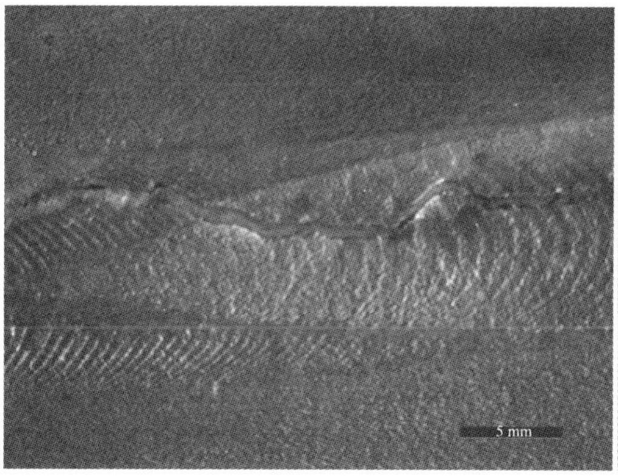

（c）外侧收弧段

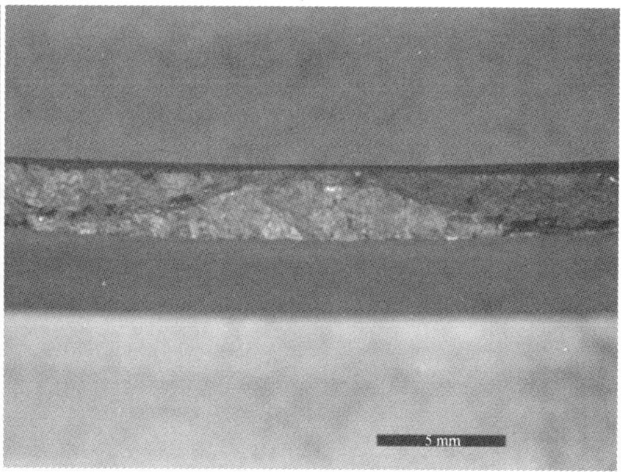

（d）断口上的小平面

图 7－113　周向裂纹内焊缝裂纹及断口形貌

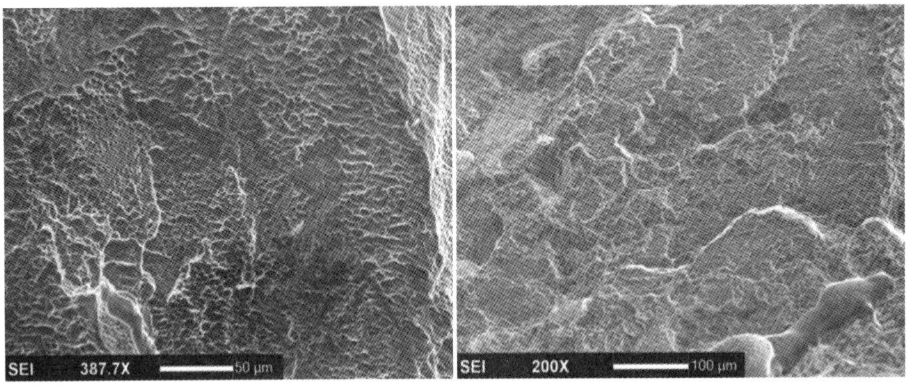

（a）环向裂纹焊缝　　（b）周向裂纹外焊缝

图 7－114　断口微观撕裂韧窝特征

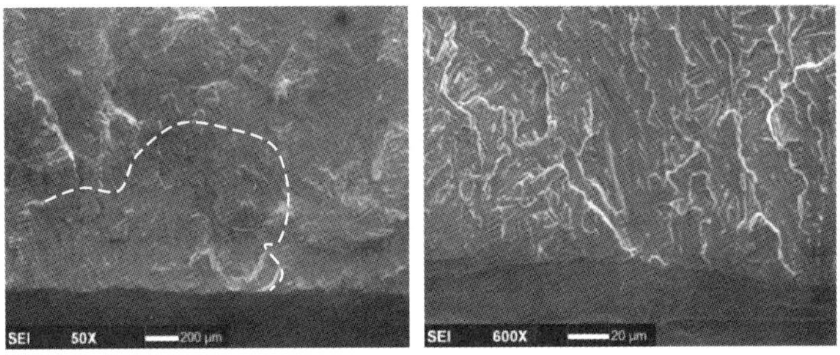

（a）焊趾裂纹源区准解理特征

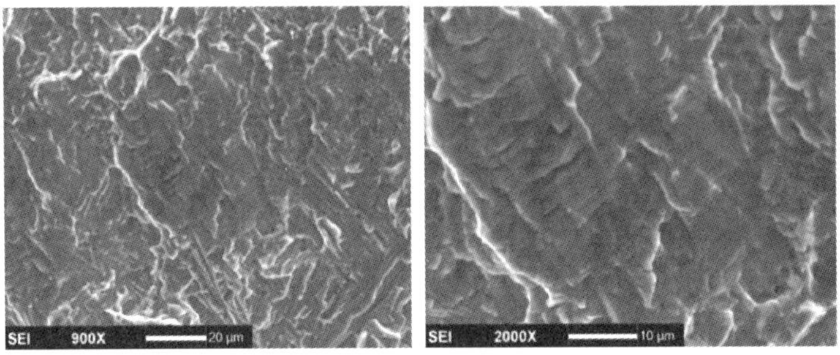

（b）准解理与瞬断过渡区的疲劳条带特征

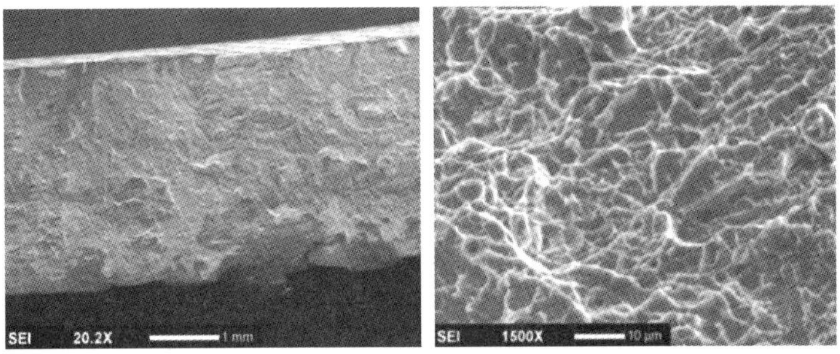

（c）瞬断区的韧窝特征

图 7－115　周向裂纹内焊缝断面微观形貌

焊缝横向、焊趾根部纵向人工断口宏观断面均呈银灰色、纤维状特征，微观下两个断面均呈韧窝特征，未见准解理特征，如图 7-116 所示。

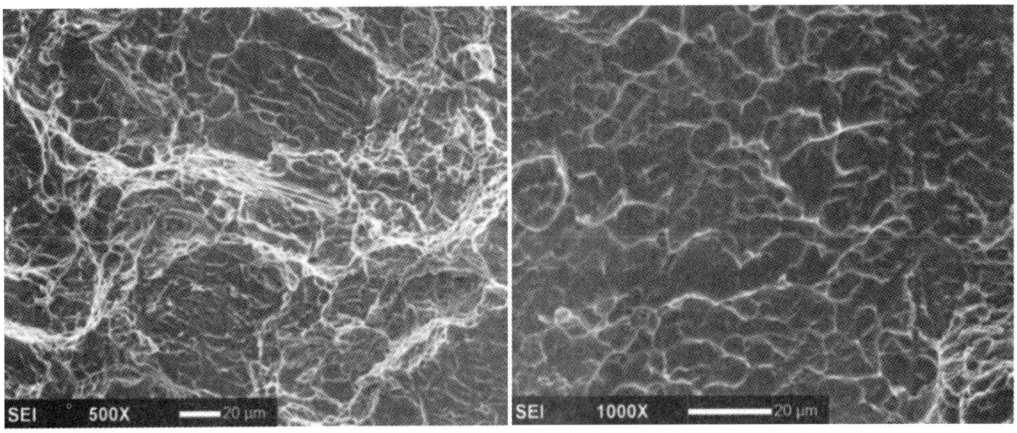

(a) 横向断口　(b) 焊趾处纵向断口

图 7-116　焊缝人工断口微观形貌

准解理小平面与韧窝区能谱成分分析对比发现，小平面区 O 元素含量相对较高。

内焊缝裂纹源区（平坦区）、斜断面区横剖面低倍检查形貌基本一致，晶粒较粗大，热影响区晶粒逐渐减小，平坦区附近可见焊道收尾形成的二次焊接区。源区断口为焊接马氏体组织，基体为等轴组织，微观组织未见异常；外焊缝横剖面组织与内焊缝基本一致，胆壁母材为细小等轴的 $\alpha+\beta$ 组织，如图 7-117 所示。

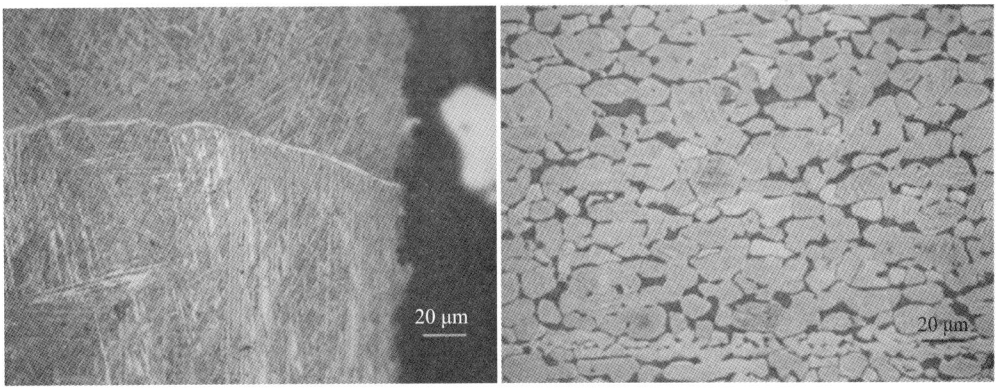

(a) 源区断口　(b) 母材

图 7-117　焊缝断口及母材金相组织

7.4.2.2　分析与讨论

由以上观察发现，环向裂纹由周向裂纹扩展形成，环向裂纹与周向裂纹交汇后整体形成一条连贯裂纹。环向裂纹途经内、外两处焊缝形成横断面，所有断面均为快速扩展的斜断口。周向裂纹扩展途经内、外焊缝各一处，除内侧焊缝区裂纹断面局部存在平坦区外，其余均为快速扩展的斜断口，内侧焊缝断面的平坦区应为裂纹源。

裂纹源位于内焊缝收弧段的焊趾，断面可见多个更为平坦且呈淡金黄色的小平面，小平面微观下呈脆性的准解理断裂特征，焊缝横向人工断口、焊趾部位纵向人工断口均呈韧性断裂特征，未见脆性的准解理特征。在准解理与瞬断的韧窝特征区之间可见疲劳条带特征，表明裂纹后期经历了疲劳扩展阶段。分析发现，淡金黄色准解理特征区氧含量相对较高，特征区数量多，面积小，表明焊接过程中气体保护不足，未能完全隔绝外界环境，致使焊缝遭受外界环境气体侵害，发生环境吸氧、吸氢现象。焊缝吸氢后在焊接应力诱导下迅速大量地从焊缝表面向内部迁移、聚集，局部最大迁移深度接近衬壁中心，在随后的大致冷却阶段，焊接应力达到了开裂危险应力，未经过“延迟”的孕育期就直接发生瞬时过载开裂，造成环境吸氢条件下的氢脆裂纹。

从钛合金温色变化规律推测，氢脆裂纹的形成温度约 400 ℃。钛合金化学性质较活泼，在常温下表面可生成较致密的氧化膜。随着温度的升高，在 250 ℃开始吸氢，500 ℃开始吸氧，600 ℃开始吸氮。温度对钛合金吸氢的影响主要体现在氢的扩散速度和钛合金与氢的反应速度。低温下扩散困难，随着温度升高，吸氢会变得明显，当温度高于 300 ℃时，扩散激活能明显降低，扩散加剧，反应速度加剧，生成大量的氢化物。从钛合金的吸气特性可以看出，在 400 ℃高温条件下，吸氢行为较剧烈，因此未经过孕育就瞬时开裂。钛合金氢脆与一般钢件不同，其氢脆机理是氢与钛反应生成氢化物诱发的氢脆，属第一类氢脆，具有不可逆的特点，断口微观一般呈准解理特征。

零件激光焊接工艺规定，焊接采用氩气保护，在焊接收弧段，进给速度保持恒定，在起收弧交汇处，激光功率开始衰减，直至起收弧段重叠段长度达到 150 mm 后降至零，此后进给速度再逐渐减小至零。在此过程中氩气流量（16 L/min）应始终保持恒定，待进给速度降至零后再关闭氩气阀门。根据焊接工艺分析，氩气保护不充分应与焊接收弧阶段气瓶余气储量不足有关。

7.4.2.3　结论及启示

1）气瓶钛内胆首先在内侧焊缝收弧段焊趾部位产生氢脆微裂纹后呈疲劳扩展，而后在最后一次打压试验中发生了过载爆裂失效。

2）微裂纹性质应为氢脆裂纹，氢的来源应与焊接收尾阶段保护气体不充分引起的环境吸氢有关。

3）加强零件在收弧阶段的保护气的控制。对于此类封闭性焊缝，收弧的方法是保持恒定的进给速度直至始尾交汇点，随后激光功率逐渐衰减，当进给量达到 150 mm 时衰减至零，此后进给速度再减速，在此过程中保护气的气压和流量保持恒定。

7.4.3　轮辋连接螺栓断裂分析

某重型越野车在正常行驶过程中发现右七桥轮毂与轮辋连接螺栓发生断裂，全轮总共 11 枚，断裂 5 枚，检查发现其余 6 枚完好螺栓预紧力均有不同程度下降。按车辆维护保养要求，车辆行驶里程每 5 000 km 检查预紧力并加强控制，保证预紧力矩 500 N · m。距上次预紧检查后车辆行驶了大约 4 000 km，累计行驶了约 8 000 km。连接螺栓为进口件，材料牌号、规格不详，强度等级设计 8.8 级。

7.4.3.1　试验过程与结果

外观观察，4 枚螺栓断裂位置大致相同，均在光杆部位，距离螺栓头部约 22 mm，分别编号 1～4，5 号件在螺杆处断裂。从与完好件表面痕迹比对来看，断裂位置大致在螺母旋合的螺纹处。所有件表面呈镀锌处理的黄绿色，失效件与完好件螺栓头防转凸台均发生剪断损伤，其中 1～4 号失效件螺杆部位可见严重的挤压和摩擦损伤痕迹，5 号件断口附近螺纹磨损缺失，完好螺栓旋合处至收尾段螺纹磨损较重，如图 7－118 所示。

（a）1~4号断裂螺栓

（b）完好及5号断裂螺栓

图 7－118　连接螺栓整体外观

1 号断口呈脆性双向弯曲平断断口，断面平坦，大面积发生机械摩擦损伤，但仍可见裂纹起源于对称外周两侧边缘向心部扩展，最终在中心交汇处断裂，交汇处形成汇集台阶，台阶略呈“S”形；在裂纹源区附近，可见明显向外发射的裂纹扩展棱线，外周边缘因挤压变形和材料塑性流动呈薄壁卷边。2～4 号件断口特征与 1 号件断口类似，但断面擦伤痕迹更重。

5 号件断口特征有所不同，呈旋转弯曲断口特征，同样可见大量的擦伤痕迹，裂纹起源于外周边缘，多处起源，扩展区断面更为细密、平坦，瞬断区位于中心，相对较粗糙，在扩散区可见以瞬断区为中心的弧线特征，如图 7－119 所示。

断口源区宏观体视观察，1 号件断口源区擦伤痕迹较重，仅可见从源区向中心辐射的裂纹扩展棱线特征，源区呈线源特征，2～4 号件断口特征类似；5 号件断口源区多处，呈线源特征，在扩展区可见大量的弧线特征，弧线中心指向中心瞬断区，弧线扩展区约占断面的 1/3，如图 7－120 所示。

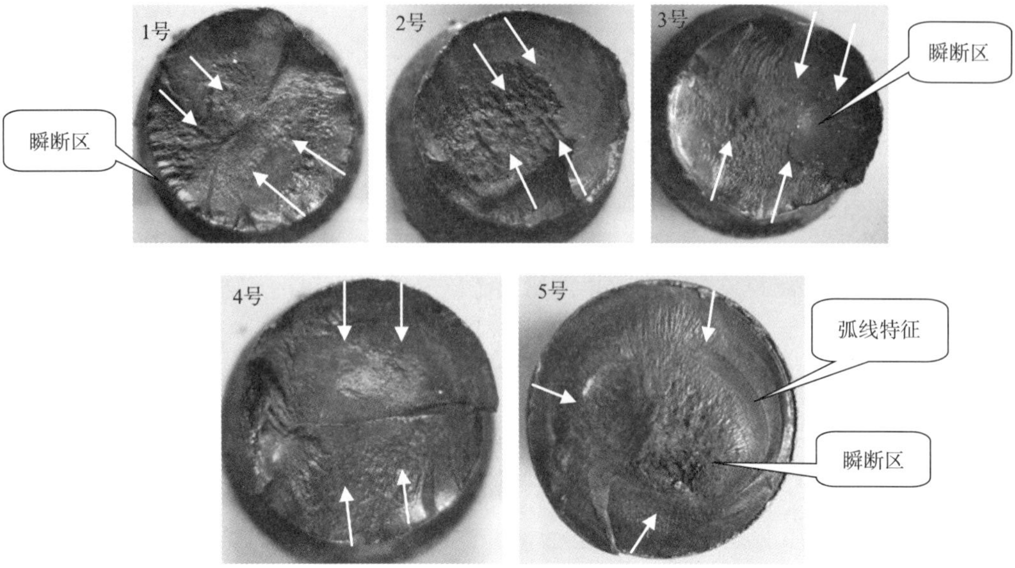

图 7－119　失效螺栓断口

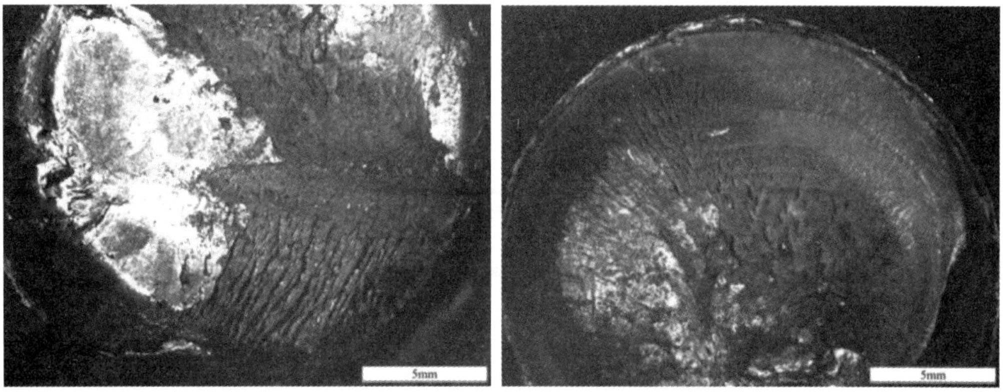

图 7－120　1 号、5 号件断口宏观形貌

断口采用电子显微镜微观观察，1 号件断口大面积擦伤，源区已破坏，在扩展区同样有较重的氧化腐蚀特征，但隐约可见准解理基体上的疲劳条带特征；2～4 号件断口微观特征与 1 号件类似；5 号件断口扩展区也可见疲劳条带特征，瞬断区可见韧窝特征，如图 7－121 所示。

对断口横剖面金相检查，1 号件呈正常调质热处理状态下的回火索氏体组织，表层有挤压摩擦形成的微裂纹损伤以及纤维组织特征，同时可见 0.15 mm 深度的脱碳组织；2～5 号件组织特征与 1 号件类似，另外 5 号件表层材料有共晶硅组织存在，表明有铸铝材料转移，如图 7－122 所示，推测铸铝材料源于螺栓与轮毂接触摩擦转移所致。

在失效件杆部横剖面测试硬度梯度（边缘至心部），测试结果如图 7－123 所示。边缘至心部硬度略有差异，表层略高于心部。此外表层因存在脱碳现象，因此硬度略有降低。

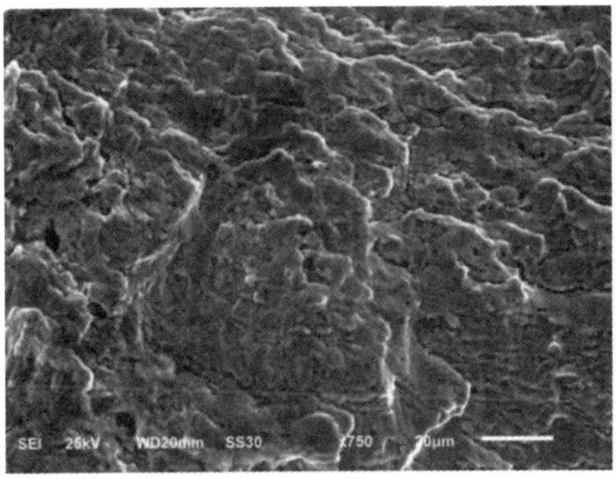

（a）1号件扩展区的疲劳条带特征

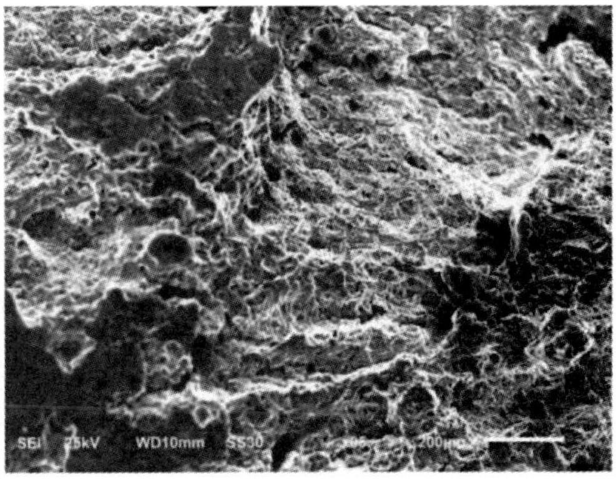

（b）5号件中心瞬断区的韧窝特征

图 7－121　断口微观形貌

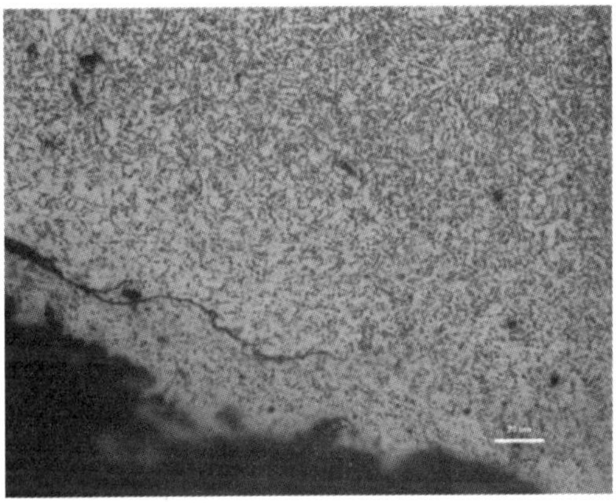

（a）1号件边缘

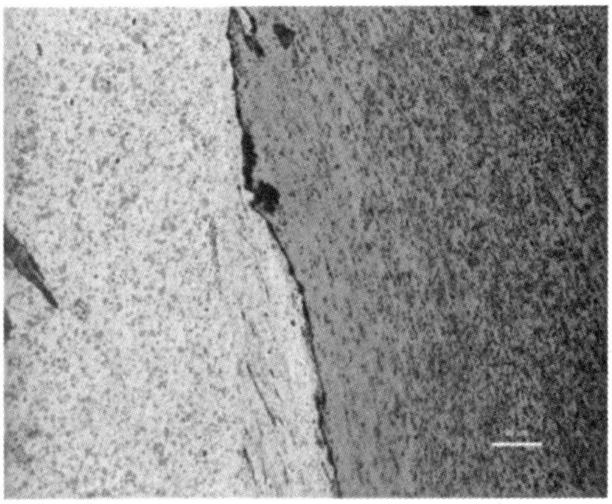

（b）5号件边缘

图 7－122　断口横剖面金相组织

从整体来看，1～5 号失效件硬度无明显差异，表层换算洛氏硬度约为 26 HRC，心部换算洛氏硬度约为 24 HRC，心部较表层硬度约低 2 HRC。硬度测试结果满足设计要求的 8.8 级强度。材质成分分析结果表明与低合金钢 40CrNi 接近。

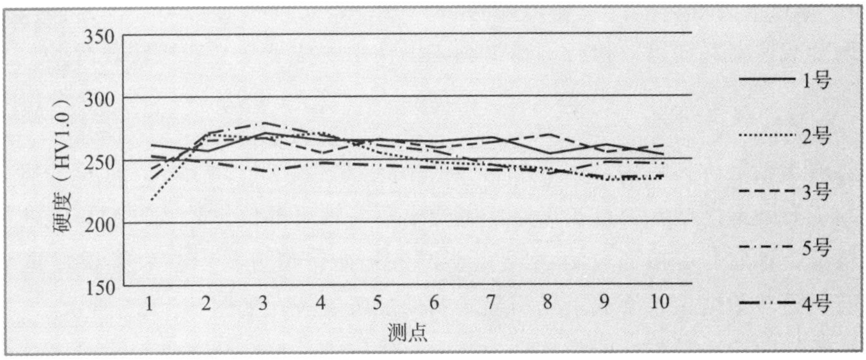

图 7－123　失效件横剖面边缘至心部硬度梯度曲线图

7.4.3.2 分析与讨论

通过以上试验可知，失效连接螺栓金相组织正常，表层有轻微脱碳现象，硬度满足8.8级强度设计要求，材质化学成分发现与国内低合金钢40CrNi较为接近。

4枚螺栓（1～4号）均呈双向弯曲的疲劳断口特征，5号螺栓呈旋转弯曲疲劳断口特征，裂纹均起源于外周表面，呈线源特征。表明5枚螺栓的断裂性质均为弯曲疲劳断裂，其中4枚为双向弯曲疲劳断裂，1枚为旋转弯曲疲劳断裂。

1～4号螺栓断裂位置大致相同，距离螺栓头端面约22 mm，据了解为轮辋与轮毂装配接触面，该部位为弯曲载荷最大的危险截面。从痕迹判断，5号螺栓断裂的位置应为与螺母配合接触面，该部位同样也是螺纹承载最大的危险截面。观察发现，疲劳源起始于弯应力最大的表层，同时表层存在轻微的脱碳，促进了疲劳裂纹的早期萌生。

螺纹紧固件发生弯曲疲劳破坏通常与预紧力不足有关。预紧力不足会造成螺栓受到附加弯矩，在交变载荷条件下降低零件疲劳强度，同时会加剧螺栓表面机械接触损伤，因此失效件表面有环向微裂纹损伤，同轮拆解下来的完好螺栓螺纹有严重磨损，防转凸台发生了剪切断裂。按保养手册规定，车辆应每行驶5 000 km检查螺栓预紧力并控制到设计要求的500 N·m，由此推测，本台车可能并未按规定要求进行预紧力检查。

7.4.3.3 结论及启示

1）轮毂与轮辋连接螺栓的断裂性质为弯曲疲劳断裂；

2）连接螺栓预紧力不足导致了疲劳断裂；

3）加强执行管理，严格落实车辆保养手册关于预紧力的检查和控制要求；

4）螺栓预紧力保持里程数将会呈现出逐渐下降趋势，而螺栓疲劳断裂的风险将会逐步增加，应根据实际工况，在达到一定里程数后缩短预紧力检查周期，同时定期检查螺栓的损伤情况，必要情况下予以更换。

7.4.4 减速器输出轴断裂分析

某地面基站天线在执行俯仰动作时出现异常，拆解后发现其中的1套减速器输出轴断裂，输出轴通过平键连接齿轮传递转矩，设计最大工作转矩416 N·m，最大破坏转矩520 N·m。减速器为进口部件，输出轴材料牌号、热处理状态均不详。俯仰操作由双电机驱动，两套减速器共同等效执行。输出轴在工作中主要承受交变扭转载荷。

7.4.4.1 试验过程与结果

减速器输出轴呈阶梯结构，大径尺寸35 mm，小径尺寸25 mm，直角轴肩，小端轴外圆表面加工有腰形键槽，裂纹扩展途经键槽末端与轴肩部位。检查同期服役的另一套输出轴损伤情况，轴肩与键槽部位表面较完整，未见损伤痕迹，但在一字键槽尾端（近轴肩）加工有一处转角结构，槽底可见明显的铣削加工痕迹，如图7-124所示。

观察故障件断口，呈脆性断裂特征，断面起伏较大，按特征大致分为A区、B区和C区，如图7-125所示。A区在槽口附近，断面平坦、细密；B区断面较粗糙，断面略有起伏，可见小刻面特征和从 A 区发散的裂纹扩展棱线特征；C 区断面摩擦较重，呈方向性的光滑变形特征。综合断口宏观形貌判断，裂纹扩展大致经历两个阶段，即前期剪切 A 区和后期扩展 B 区，C 区应为终断区。

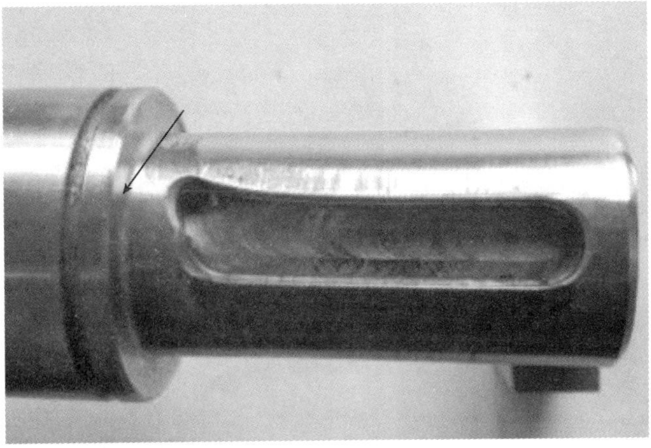

图 7－124　完好输出轴局部外观

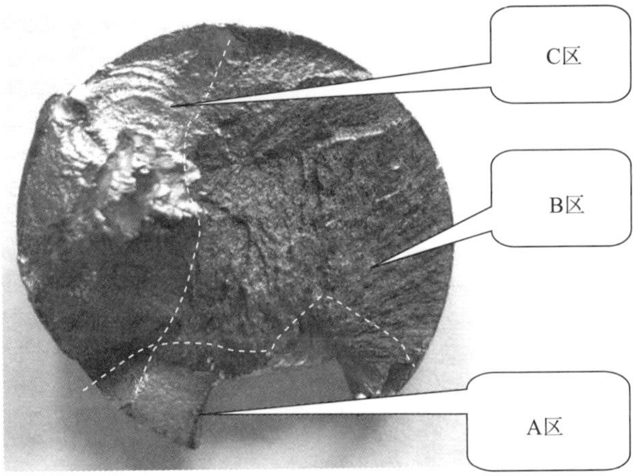

图 7－125　失效断口整体外观

断口采用体视显微镜观察，裂纹扩展前期沿槽口边缘形成两处平坦的剪切小平面，简称扩展 1 区、2 区。扩展 1 区断面平坦、细密，在边缘可见一处小角度取向的更小平面，断面略粗糙，有显著的弧线特征，弧线中心指向槽口侧表面，表明裂纹疲劳起源，该区域为疲劳扩展区，槽口侧表面为疲劳源区，疲劳源呈线源特征，源区摩擦损伤较重，如图 7－126（a）所示。扩展 2 区断面特征与 1 区类似，但未出现疲劳扩展区。综合判断扩展 1 区应为主扩展区，2 区为次扩展区。

在裂纹后期扩展区断面较粗糙，呈暗灰色，整体均可见小刻面特征和数量较多的扩展棱线特征，局部可见机械损伤痕迹；终断区因摩擦挤压断面光滑，在外周边缘还可见方向性明显的摩擦痕迹，如图 7－126（b）、（c）所示。

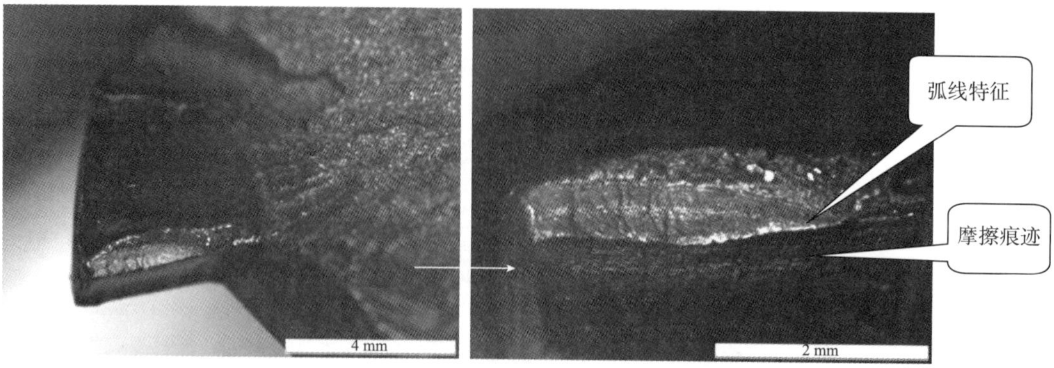

（a）疲劳源区及前期扩展1区

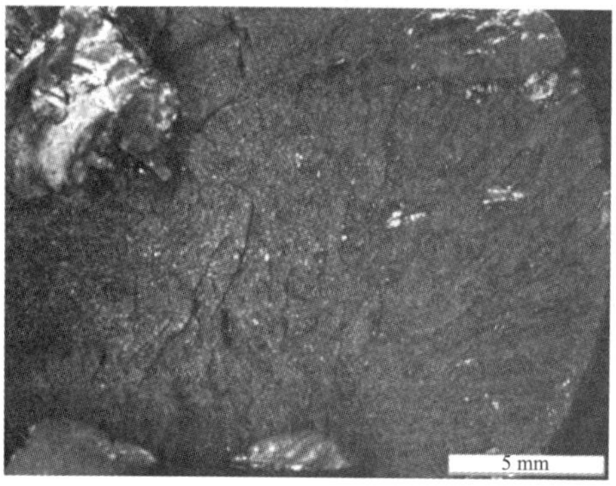

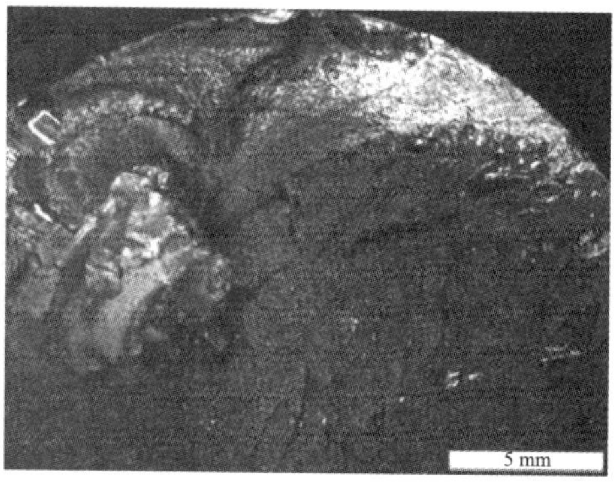

（b）后期扩展区　　　　（c）终断区

图 7－126　失效断口宏观形貌

疲劳源区侧表面可见明显的挤压痕迹和少量塑性变形特征，原始机械加工痕迹依旧可见，对称槽口表面挤压和摩擦损伤痕迹较重，如图 7－127 所示，为断裂造成的二次损伤。完好轴一字槽口末端转角侧面有明显的挤压痕迹，且越靠近末端转角部位，机械损伤痕迹越重。

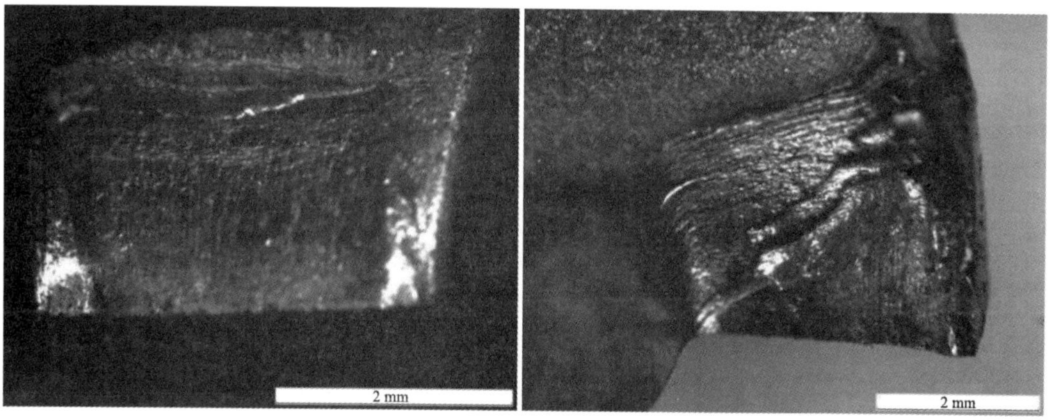

图 7－127　疲劳源区及对侧表面宏观形貌

断口采用电子显微镜进行微观观察，疲劳源位于键槽工作表面，呈线源特征，可见源区向外辐射的撕裂棱线，源区磨损痕迹较重；在疲劳扩展区，可见准解理基体上的疲劳条带特征；前期扩展主区（1 区）、次区（2 区）微观下均呈剪切韧窝断裂特征；后期扩展区全部呈脆性的准解理断裂特征；终断区摩擦损伤痕迹最重，但局部仍可见到韧窝断裂特征，如图 7－128 所示。

人工断口微观下也可见大量的准解理断裂特征，与故障件类似，同时还有韧窝断裂特征。测试故障件及完好件小径横切面硬度梯度，发现从边缘向心部硬度均呈递减趋势，测试边缘洛氏硬度值为 24 HRC，心部硬度值低，为 22 HRC，如图 7－129 所示。

断口横剖面（键槽横剖面）金相检查，观察发现边缘至心部均呈网状、针状铁素体＋珠光体＋回火索氏体组织，完好件组织类似，如图 7－130 所示，可以推断零件应为调质热处理状态。

参照 GB/T 13320—2007《钢质模锻件　金相组织评级图及评定方法》对调质组织进行评级，评定为 8 级。组织评级总共分 8 级，1 级（单纯回火索氏体组织）最优，8 级（珠光体＋网状及块状铁素体＋回火索氏体组织）最差，一般认为 1～4 级为合格。850 ℃正火处理后检查组织，为块状及网状铁素体＋片状珠光体组织，网状铁素体组织未得到明显改善，如图 7－131 所示。

对减速器输出轴进行强度仿真分析，边界条件设置为固支电机轴的一端，在齿轮模型上施加静转矩 520 N · m。平键与电机轴、齿轮在受压一侧采用绑定约束，在可分离侧采用无摩擦接触条件，结果应力云图如图 7－132 所示。

可以看出，输出轴正转时应力峰出现位置在末端过渡圆角部位，与故障件裂纹萌生的位置基本一致，应力峰值达到 800 MPa，静载安全系数约为 1.1。相比于正转，反转应力峰同样也出现在过渡转角部位，但是应力峰值相对较低，仅为 600 MPa，安全系数约为 1.5。

7.4.4.2　分析与讨论

通过以上断口宏微观观察、金相组织检查、化学成分分析、硬度测试和应力仿真计算，结果发现：

1）裂纹在键槽末端转角过渡圆角表面萌生，向轴肩扩展，呈脆性断裂特征。

2）裂纹源仅 1 处，呈线源特征，磨损痕迹较重，断裂起始于疲劳裂纹，从疲劳区面积占比相对较小来推测，疲劳扩展阶段较短暂，疲劳应力水平相对较高。

3）从断口特征和面积来看，断裂大致经历了三个阶段，即前期短暂疲劳缓慢扩展阶段，中期的扭转剪应力作用下快速扩展阶段，后期大面积的快速撕裂扩展直至断裂。

4）在裂纹快速撕裂扩展的后期，断面全部为脆性的准解理特征，与人工断口特征类似，说明材料脆性较大，有利于裂纹的扩展。

5）疲劳源未见明显机械损伤和材料缺陷。

6）同期完好件表面检查未见裂纹损伤，但在故障件断裂的对应部位，键槽工作面有明显的挤压和摩擦接触损伤痕迹，且越接近转角，损伤痕迹越重，其损伤较故障件重，推测为故障件在断裂进程中引起机构应力重新分配的机械损伤。

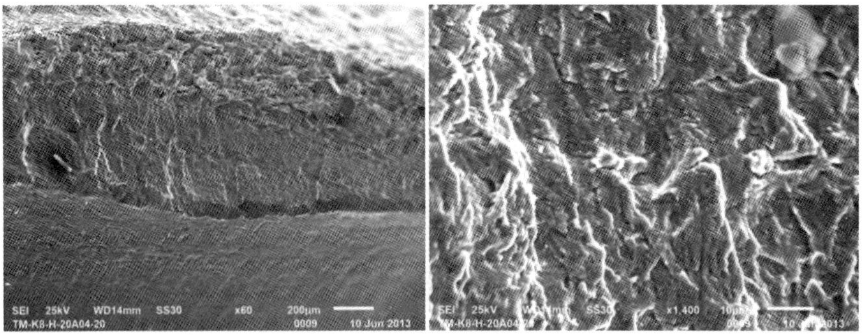

（a）疲劳扩展区的准解理+疲劳条带特征

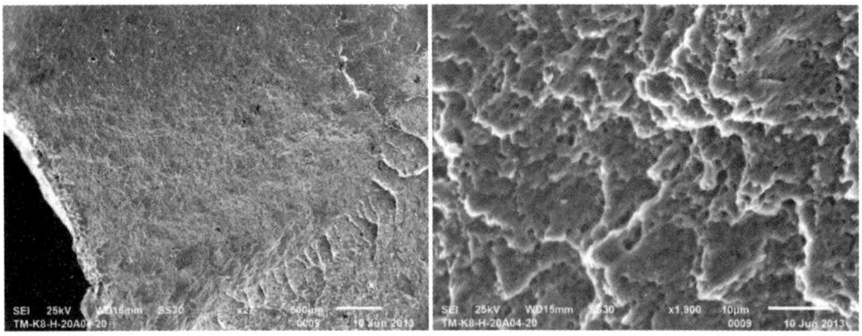

（b）前期扩展主区（1区）、次区（2区）的剪切韧窝特征

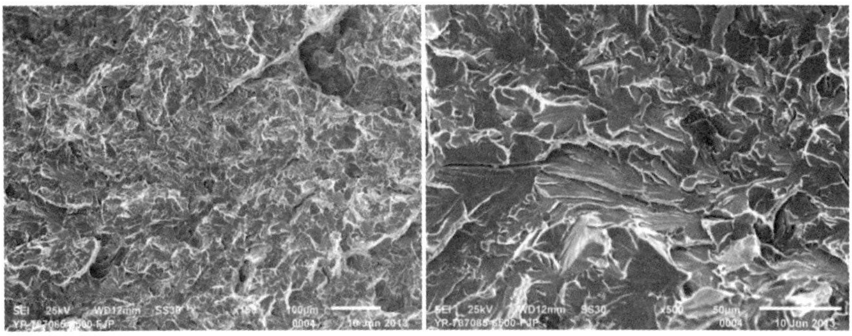

（c）后期扩展区的准解理特征

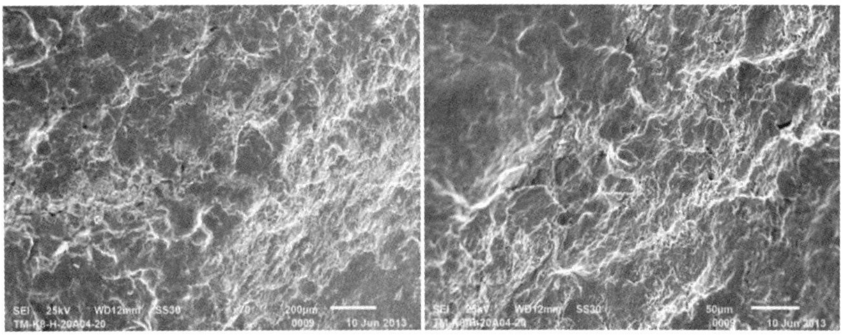

（d）终断区的大量摩擦损伤痕迹+韧窝特征

图 7－128　故障断口微观特征

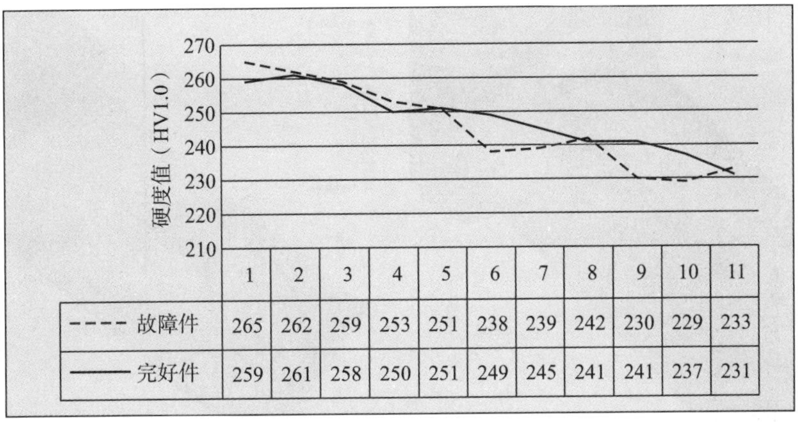

	1	2	3	4	5	6	7	8	9	10	11
---- 故障件	265	262	259	253	251	238	239	242	230	229	233
—— 完好件	259	261	258	250	251	249	245	241	241	237	231

图 7 - 129　小径横剖面边缘至心部硬度梯度曲线

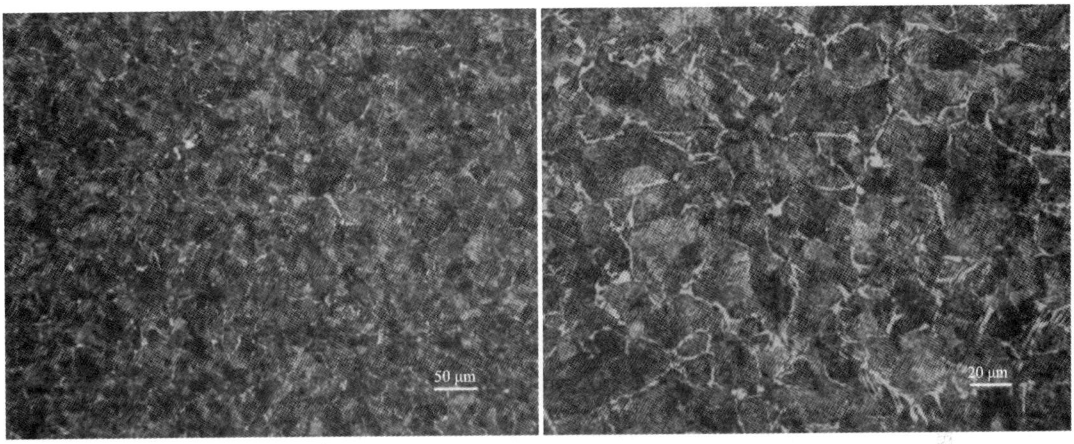

图 7 - 130　故障件及完好件键槽横剖面金相组织

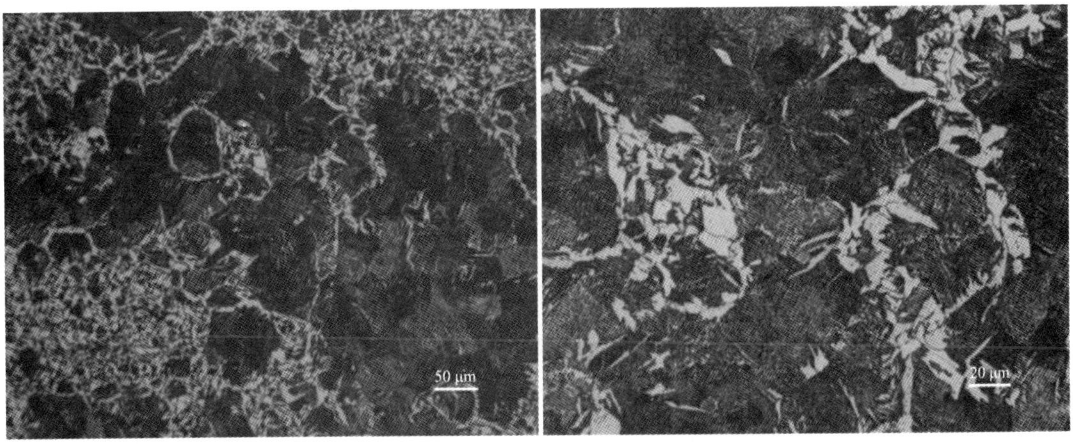

图 7 - 131　850 ℃正火处理金相组织（块状及网状铁素体＋片状珠光体）

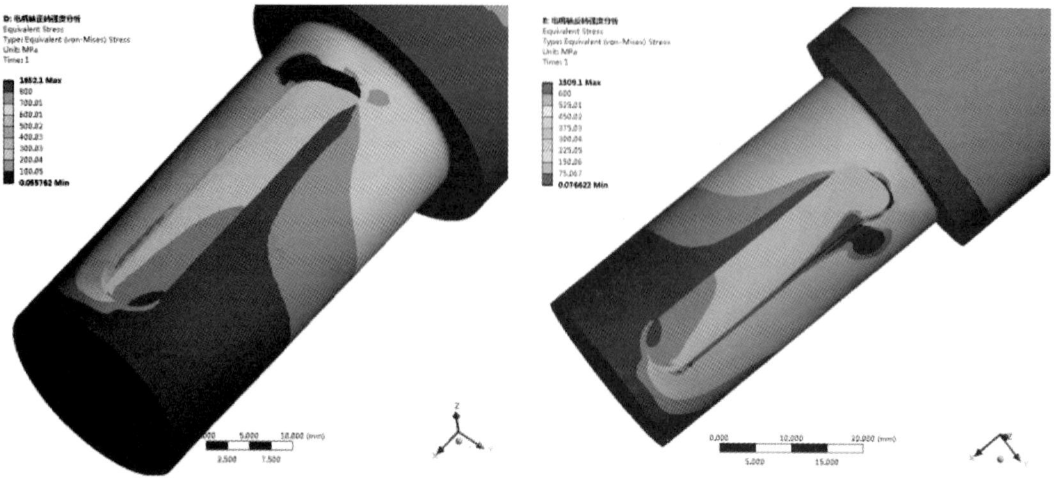

（a）正转应力云图　　（b）反转应力云图

图 7-132　输出轴正反转应力云图（见彩插）

7）材料化学成分分析表明，故障件材料牌号相对于 45 号碳素结构钢，硬度测试结果以及金相组织检查均相互印证故障件应为调质热处理状态。

8）硬度测试发现，失效件横剖面外周边缘至心部存在一定程度的硬度梯度，从边缘向心部硬度递减，边缘硬度值为 24 HRC，心部硬度值为 22 HRC，造成内外硬度差异的原因应与材料的淬透性有关。

9）金相组织对比检查发现，失效件与完好件组织完全相同，均呈网状、块状及针状铁素体＋珠光体＋回火索氏体组织，其中网状铁素体多呈封闭网状，参照 GB/T 13320—2007《钢质模锻件 金相组织评级图及评定方法》评定组织为最差的 8 级，一般认为 1～4 级合格。

10）850 ℃正火热处理后发现，组织为网状、块状铁素体＋片状珠光体组织，网状铁素体组织无明显的改善。

11）应力仿真计算结果发现，输出轴正、反转工作中应力均出现在键槽末端过渡圆角处，且正转时应力峰值远高于反转工况，正转应力峰值出现的位置与故障件裂纹萌生位置较吻合。

裂纹萌生位置通常由应力集中程度和材料强度共同决定。应力仿真计算结果表明，输出轴转动工况下应力峰值均出现在应力集中的过渡圆角处。另外从键槽工作面的接触痕迹判断，该部位的接触应力水平较其他区域要高，从而为裂纹萌生创造了有利条件。虽然在 520 N·m 静转矩加载条件下危险截面还有一定安全系数，但是在交变循环转矩载荷工况下，安全裕度降低，疲劳破坏风险会增加。复查同批其他输出轴键槽结构，全部为一字键，末端无转角结构。由此推测，在减速器结构的装配环节，键槽经历二次机械加工造成过切现象。

在裂纹扩展后期，几乎全部为脆性的准解理断裂特征。金相组织检查发现从边缘至心部均存在大量的网状铁素体组织，表明脆性的准解理断裂特征的出现与网状铁素体组织有关。有研究表明，网状铁素体组织会降低材料韧性，引起疲劳强度下降，这对承受交变载荷零件尤为不利。一般认为网状铁素体组织是不允许存在的缺陷组织。网状铁素体组织一般认为多形成在热加工阶段，由加热温度过高或冷却速度过快所致。这类缺陷组织具有遗传性，只有通过长时间高温扩散退火才能改善。

7.4.4.3　结论及启示

1）减速器输入轴断裂性质为疲劳断裂，疲劳裂纹萌生在键槽末端转角处的过渡圆角表面；

2）键槽结构上的应力集中对裂纹萌生起到了促进作用，同时材料组织不良降低了零件疲劳强度，对早期的疲劳失效也起到了促进作用；

3）裂纹扩展大致经历了三个阶段，即前期短暂疲劳缓慢扩展阶段，中期扭转剪应力作用下的快速扩展阶段，后期大面积的快速撕裂扩展直至断裂阶段；

4）加强输出轴零件锻造工艺过程控制和金相组织质量检验，避免缺陷组织零件进入下道制造环节。

7.4.5　工艺爆炸螺栓断裂失效分析

1 号鉴定产品在跑车运输试验中，舱段间连接的两枚工艺螺栓发生断裂，总共有 8 枚沿圆周均布，螺栓安装拧紧力矩为 189 N · m，螺纹规格为 M24×2 mm。螺栓由材料牌号为 30CrMnSiA、直径为 45 mm 的棒材加工制造，材料标准为 GB/T 3077—2015。螺栓制造主要工艺流程：粗车削→调质热处理（保证硬度 32～36 HRC）→精车削→铣削→发蓝处理。

7.4.5.1　试验过程与结果

在产品拆解现场勘察发现，舱段端面沿圆周均布 8 枚螺栓，从小端往大端方向观察，两枚断裂螺栓（编号 1、2）分布在Ⅰ、Ⅱ象限，其中 1 号件在圆周的最高点位置，2 号件分布在紧邻的次高点位置，如图 7 - 133 所示。

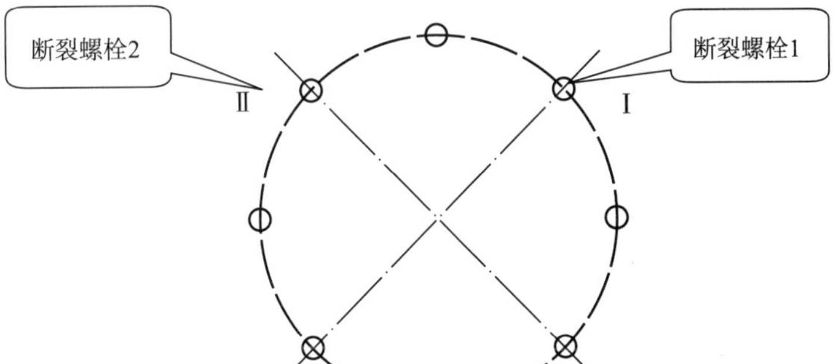

图 7 - 133　断裂螺栓分布位置示意（从小端往大端方向观察）

两枚螺栓均在与螺套旋合的第一扣螺纹处发生断裂，舱段螺孔端面附近有明显的机械接触痕迹，如图 7－134 所示。

图 7－134　1、2 号螺栓安装接触面外观

完好螺栓发蓝膜层较完整，旋合螺纹处涂抹有润滑脂，失效螺栓断裂位置距离端部均约 20 mm，断口外周螺牙完好，膜层完整，未见损伤痕迹，如图 7－135 所示。

图 7－135　断裂位置对比

1 号断口整体呈脆性平断口特征，断面平坦、细密，裂纹源两处，称为源区 1、源区 2，均位于螺纹牙底根部，大致在舱体径向与螺纹径向交汇的外周边缘。源区未见机械损伤及缺陷，有轻微氧化痕迹，较其他区域颜色深；两处裂纹整体呈放射状扩展，扩展面积各占总断面的 40%，在扩展区有明显的放射扩展台阶和疲劳弧线特征；裂纹汇集后向对称内侧边缘扩展，后期扩展区同样可见疲劳弧线特征。只是弧线方向逐渐由正弧度向反弧度转变并向瞬断区呈收敛特征。瞬断区断面呈光滑的剪切特征，整个断面几乎全部为疲劳扩展区。

2 号螺栓断口特征分三个区：1 区是平坦的扇形断面，表面可见多条疲劳弧线，边缘可见起源于螺纹牙底的棱线，为裂纹起源区；2 区是平坦但相对粗糙的快速扩展区，呈暗灰色塑性纤维状断面；3 区为最终断裂区（瞬断区），位于源区对侧，呈斜断面，边缘可见塑性变形，为最终断裂发生部位。断口附近螺纹损伤情况与 1 号螺栓基本一致，加工也未见明显异常，如图 7－136 所示。

（a）1号　　（b）2号

图 7－136　失效断口外观

断口采用体视显微镜观察，1 号件断口两处裂纹源均起源于螺纹牙底根部，呈线源特征，未见明显损伤及冶金缺陷，源区附近有明显的氧化痕迹，瞬断区断面光滑，如图 7－137 所示。

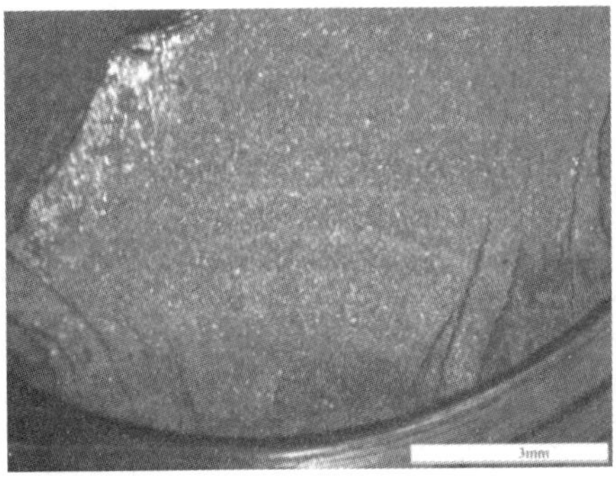

（a）源区1

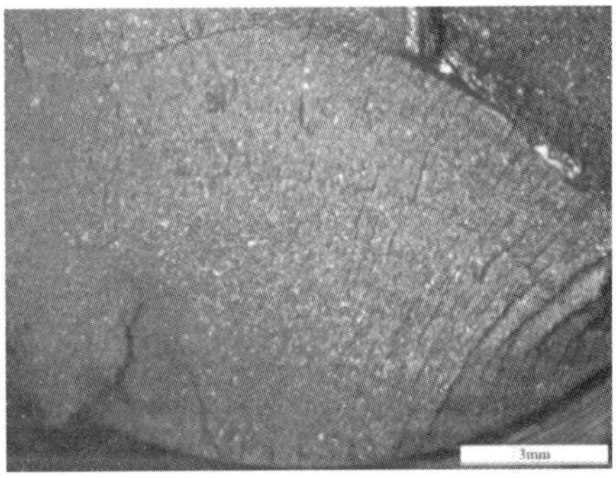

（b）源区2

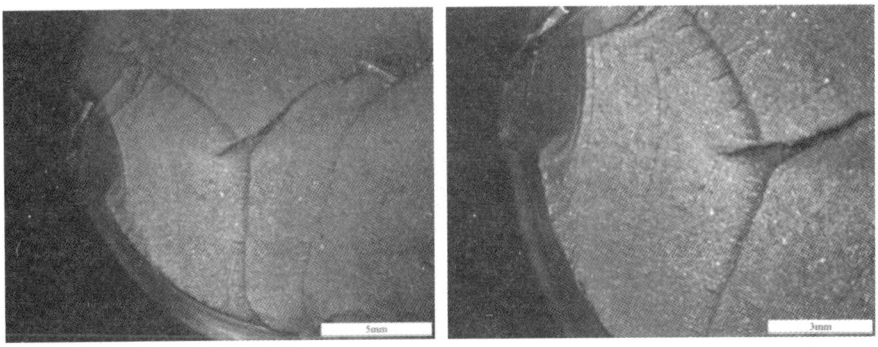

（c）瞬断区

图 7－137　1 号件断口宏观形貌

2 号件断口宏观形貌与 1 号件断口类似，只是源区附近断面更为光滑、光亮，氧化痕迹相对较重，快速扩展区呈粗糙的纤维状特征，瞬断区为光滑的剪切斜断面，如图 7－138 所示。

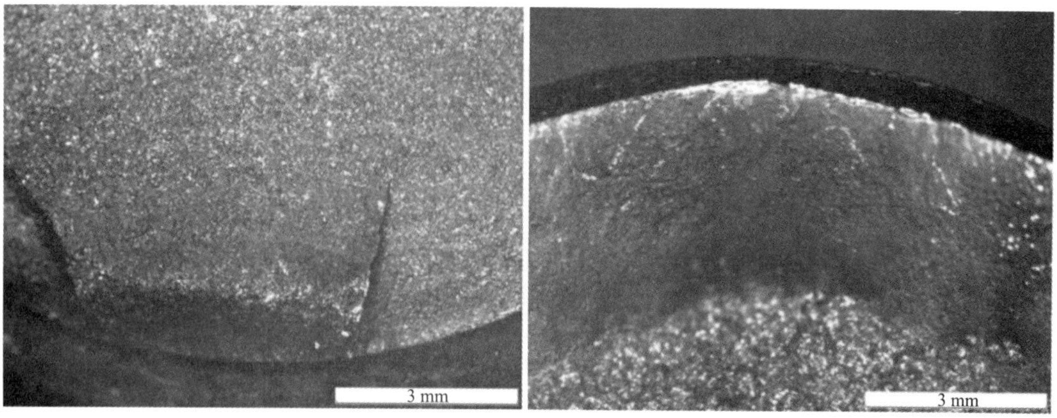

（a）源区　　（b）瞬断区

图 7－138　2 号件断口宏观形貌

1 号件断口裂纹源区侧面螺纹、螺牙完整，表面发蓝膜层完好，未见损伤痕迹。2 号件断口源区侧面特征与 1 号件类似，如图 7－139 所示。

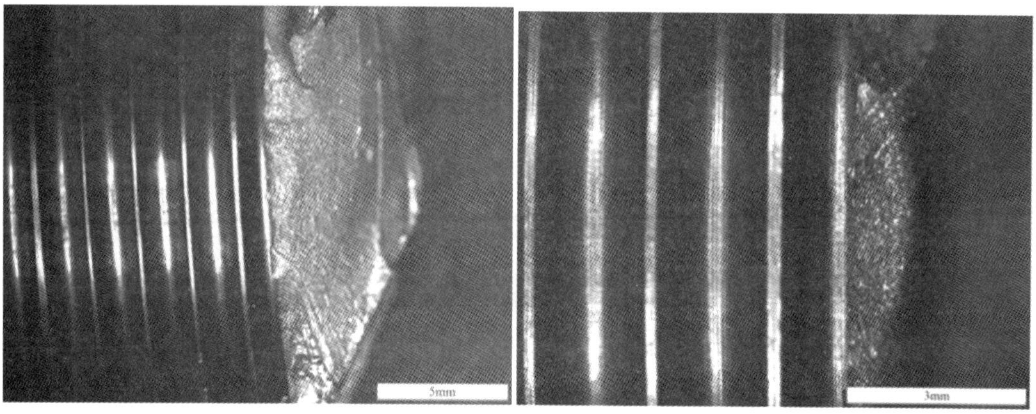

图 7－139　1 号、2 号件源区侧面宏观形貌

断口采用电子显微镜进行微观观察，1 号件螺栓左右两侧断面源区均由多个小线源组成，源区未见明显加工缺陷；源区断面局部可见沿晶特征，并且局部可见起源于表面沿晶区的现象，其余大部分断面为准解理特征，微观可见细密疲劳条带；源区 1 和源区 2 特征无明显差异，如图 7－140 所示。

螺栓裂纹扩展随着裂纹发展沿晶区逐渐增多，疲劳条带明显加宽，微观塑性变形特征增加，并且在断面上可见多条明显弧线；倾斜的瞬断区断面为韧窝特征，其间分布大量沿晶二次裂纹，如图 7－141 所示。

纵向人工断口大部分为韧窝断裂，螺纹表层可见一个晶粒尺度的沿晶断面，晶粒表面光滑，无断裂特征；断面内部可见沿纵向带状分布的沿晶＋韧窝混合断面，其沿晶断裂区占比很高，并且可见明显沿晶二次裂纹，如图 7－142 所示。

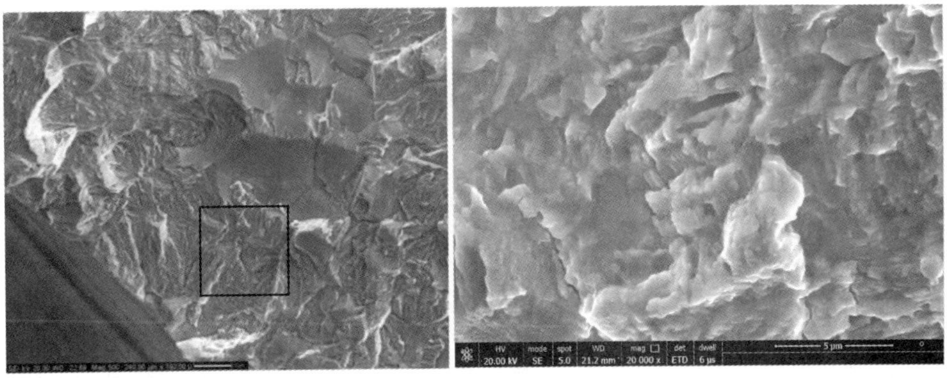

（a）源区1　　（b）源区2

图 7－140　1 号件螺栓断口源区微观形貌

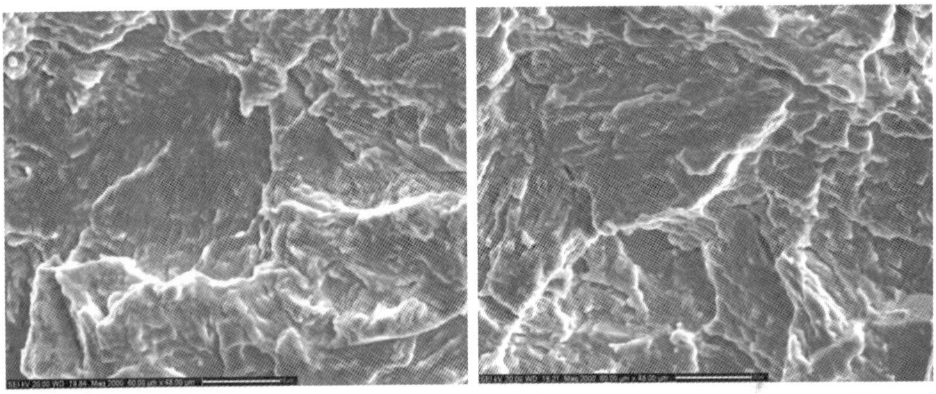

（a）扩展中期准解理+疲劳条带特征　　（b）扩展后期准解理+疲劳条带特征

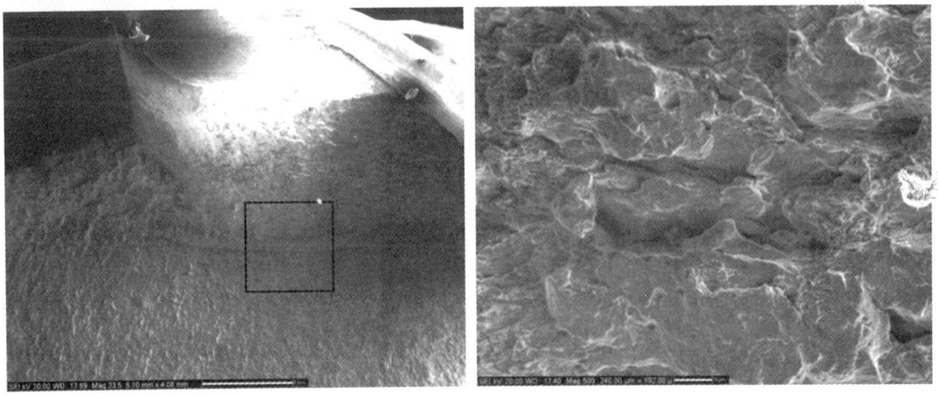

（c）瞬断区的韧窝+沿晶二次裂纹特征

图 7－141　1 号件螺栓断口扩展区及瞬断区微观形貌

2 号件断口源区及疲劳扩展区断面微观特征与 1 号件断口类似，在快速扩展区微观呈沿晶＋韧窝混合特征，沿晶区占比较高，可见明显的沿晶二次裂纹；倾斜的瞬断区特征与 1 号件一致，同样为韧窝和沿晶二次裂纹特征，如图 7－143 所示。

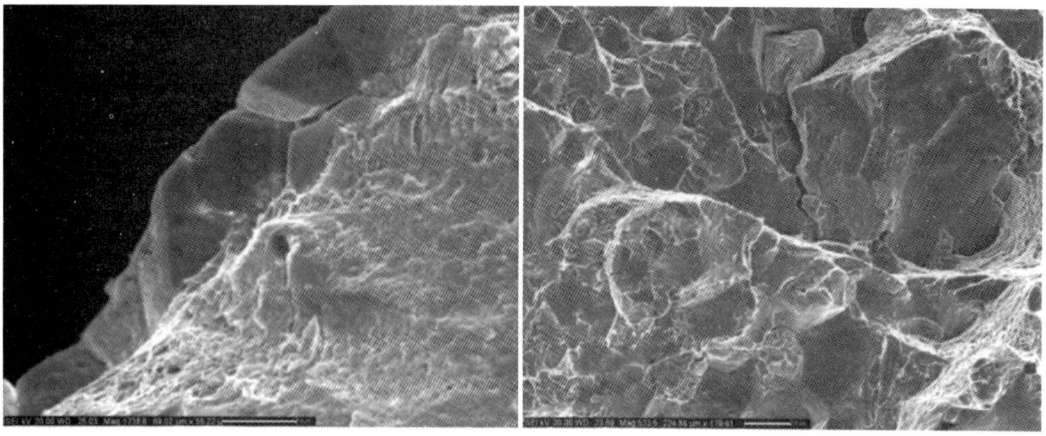

（a）螺纹表面沿晶断面　　（b）心部沿晶+韧窝特征

图 7－142　1 号螺栓纵向打断断面微观形貌

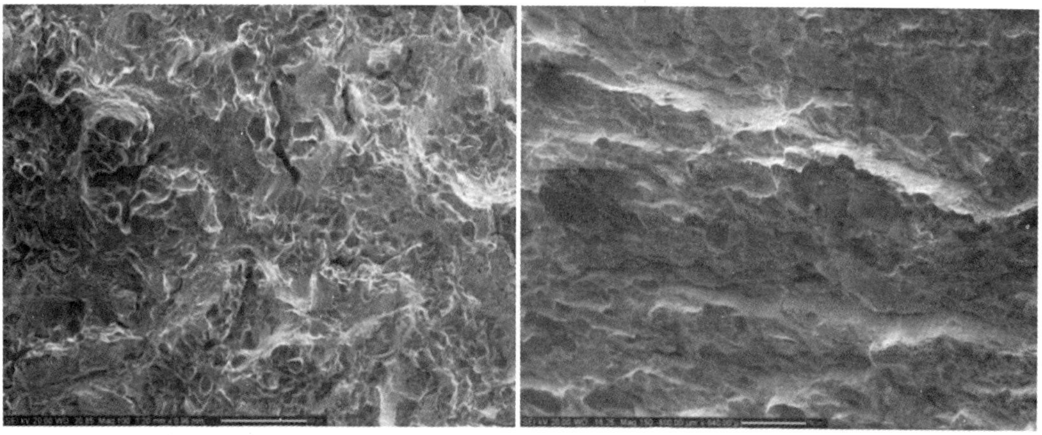

（a）快速扩展区的沿晶+韧窝特征　　（b）瞬断区的沿晶+韧窝特征

图 7－143　2 号螺栓断口微观形貌

2 号螺栓纵向人工断口微观形貌与 1 号类似，基本呈准解理特征，有细微的塑性撕裂痕迹。在表层一个晶粒尺度出现沿晶特征，心部为沿晶＋带状分布的韧窝特征。

失效螺栓螺纹部位横、纵剖面金相检查，均为回火索氏体组织，表面未见脱碳等异常组织。在螺纹表面可见细小沿晶裂纹，由表面向内部延伸，裂纹曲折，如图 7－144 所示；对送检的原材料进行组织观察，低倍可见明显的纵向带状组织，如图 7－145 所示。

在两根断裂螺栓上测试维氏硬度。两根螺栓硬度相当，纵向剖面硬度略高于横向，根据 GB/T 1172—1999 换算为洛氏硬度，总体处于技术要求 32～36 HRC 上限。

在两根断裂螺栓和原材料上取样进行含氢量测试，1 号螺栓含氢量分别为 3.0×10^{-6}、1.0×10^{-6}，2 号螺栓含氢量分别为 2.1×10^{-6}、1.7×10^{-6}，原材料氢含量分别为 0.3×10^{-6}、0.1×10^{-6}。结果表明，两根断裂螺栓含氢量均远超原材料，最高达到 3×10^{-6}。

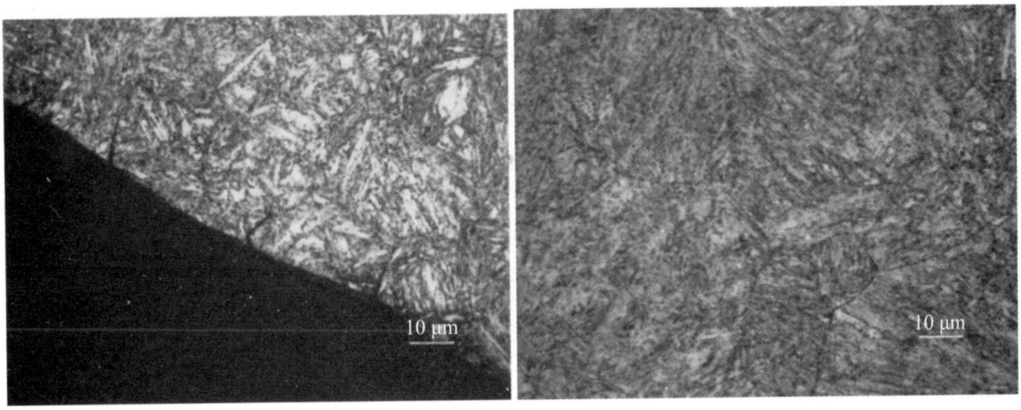

（a）螺纹底部组织与裂纹　（b）心部组织

图 7-144　1 号螺栓横剖面金相组织

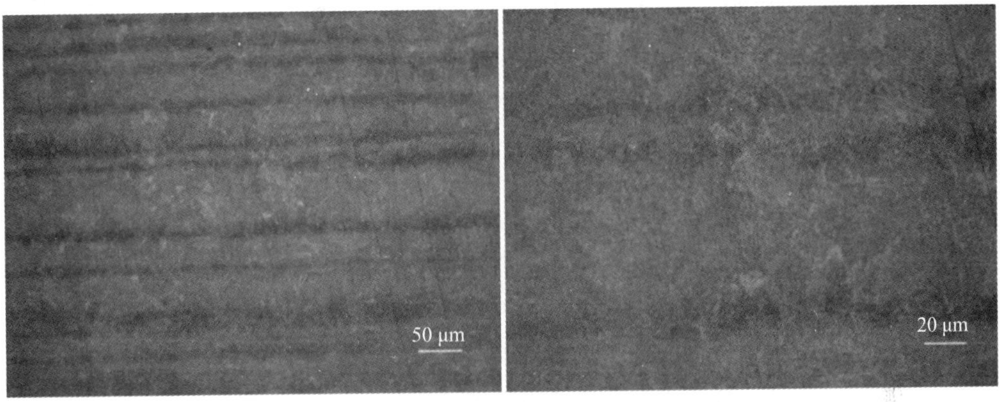

图 7-145　1 号螺栓纵剖面金相组织

7.4.5.2　分析与讨论

通过以上试验可知：

1）两根失效螺栓均断裂于框架结合面，断面均由平坦区和倾斜区组成。平坦区宏观可见疲劳弧线，微观可见疲劳条带，表明断裂性质应为疲劳断裂。

2）两根失效螺栓断面微观特征基本一致，其中 1 号螺栓疲劳源有两处，2 号螺栓疲劳源仅一处。疲劳源在与螺套配合的第一扣螺纹牙底表面处萌生并大致向对称侧扩展，在疲劳源区未见机械损伤和缺陷。

3）1 号螺栓有两个主源区，疲劳区占断面面积 90%以上；而 2 号螺栓只有一个主源区，疲劳区占比略高于 50%。

4）两根螺栓源区断面局部可见沿晶特征，并且局部可见起源于表面沿晶区的现象，其余大部分断面为准解理特征。在扩展区随着裂纹发展，沿晶区逐渐增多，疲劳条带明显加宽，微观塑性变形特征增加，倾斜的瞬断区断面为韧窝特征，其间分布有大量沿晶二次裂纹。

5）两根螺栓纵向人工断口大部分为韧窝断裂，螺纹表层可见一个晶粒尺度的光滑、干净沿晶特征，断面内部可见沿纵向带状分布的沿晶＋韧窝混合特征，其沿晶断裂区占比较高，并且可见明显的沿晶二次裂纹。

6）螺栓螺纹表面可见细小微裂纹，金相剖面也可见由表面向内延伸的沿晶裂纹。

7）两根螺栓组织一致，均为回火索氏体，失效件与原材料均可见纵向分布的带状组织。

8）两根螺栓硬度相近，处于技术要求上限。

9）两根螺栓含氢量均远超原材料，最高达到 3×10^{-6}。

两根螺栓断口宏观可见疲劳弧线特征，微观可见疲劳条带，表明其断裂性质应为疲劳断裂。疲劳源在螺套配合的第一扣螺纹牙底表面，源区未见损伤与冶金缺陷，说明起源与零件的表面质量关系不大，与实际受力有关。对于螺纹副来讲，第一扣配合螺纹牙底断裂是螺纹连接副最为常见的一种破坏形式，原因是螺纹旋合段轴向载荷具有显著梯度分布的特点。第一扣螺纹牙底受力约占总载荷的 30%，承载最大，后面各扣螺纹依次递减。

观察发现，疲劳源区附近有氧化痕迹，2 号件较 1 号件痕迹更重、更光滑。这是因为在裂纹萌生扩展的初期阶段，扩展速率较慢，在介质环境中暴露时间相对较长，加之断面之间的反复挤压和摩擦作用，源区附近往往会出现明显的氧化和光滑的接触痕迹，这种特征是机械疲劳源区的典型形貌特征。另外还发现，1 号件疲劳弧线形状在裂纹扩展中发生改变，从正弧度转变成反弧度，2 号件疲劳弧线也逐渐扁平化。其原因是螺纹外周存在结构上的应力集中，造成外周裂纹扩展速率较内部缓慢。

断口微观发现表面存在很薄的晶界弱化层，从螺栓生产工艺来看，其表层晶界弱化应该与表面发蓝工艺有关。螺栓表层晶界受到腐蚀或氧化的影响，约 1 个晶粒深度的晶界失去强度（产生的沿晶断面无断裂特征），因此，这种表面沿晶损伤对螺栓抗疲劳性能不利。

两根螺栓组织、硬度基本符合要求，其断裂失效与材料热处理质量无直接关系。失效件和原材料均观察到了纵向带状组织，这种成分偏析应该是打断断口出现不同断裂特征带状相间分布的原因之一，也对断面沿晶区的出现有一定影响。

两根失效螺栓整个断面上均可见局部沿晶断裂区，人为打断断面同样如此，这说明失效螺栓材料存在特殊的脆性，高强钢脆性大对疲劳性能不利。螺栓材料为 30CrMnSiA 钢，可能引发其材料脆性的因素包括氢致脆性和回火脆性。从测氢结果来看，失效螺栓局部含氢量可达到 3×10^{-6}，这对于 1 100 MPa 左右的高强钢来讲具备了产生氢致脆性的条件。对比测试发现，失效件含氢量远高于原材料，说明氢应该来源于表面处理工序，表面处理中过度酸洗等处理会导致严重吸氢，这与前面观察到的表面沿晶损伤分析结果相印证。另一方面，对于 M24 的螺栓来讲，表面处理吸氢较难导致整个截面内均存在沿晶脆性，应该还有其他诱因。金相组织检查发现材料内部有带状成分偏析，这种 C 元素偏析会使得局部的氢脆敏感性产生差异，促进局部氢致脆性的发生。另外，从失效螺栓硬度来看，虽然处于技术要求上限，但并未处于回火脆性温度对应的硬度区间，正常情况下不会出现回火脆性，但在明显成分偏析的情况下，也可能引发局部脆性的出现。无论上述哪种情况，均会加速裂纹扩展速率，对螺栓抗疲劳性能产生不利影响。

断口宏观观察还发现，1 号螺栓有左右两个对称的疲劳源，并且 1 号、2 号螺栓断面可见多条明显疲劳弧线，这均体现了螺栓实际受力特点。在跑车运输试验中，弹体最上侧的螺栓出现破坏，且断裂特征如此特殊，一方面可能与弹体支撑状态或异常振动有关称。另一方面也可能与螺栓装配预紧均匀性有关。这些均会导致个别螺栓受力增大，或承受额外的弯曲载荷。

综合分析认为，1 号、2 号失效螺栓均为疲劳断裂，其疲劳断裂的原因主要与异常的受力状态有关，材料自身存在脆性对断裂也有一定影响。材料脆性主要与含氢量较高、原材料存在带状偏析有关。

7.4.5.3　结论及启示

1）1 号、2 号失效螺栓均为疲劳断裂，其疲劳断裂的原因主要与异常的受力状态有关，材料自身存在脆性对断裂也有一定影响。

2）螺栓材料脆性主要与含氢量较高以及原材料存在带状偏析有关。

3）复查产品的实际装载支撑状态、连接装配情况，查找引起异常振动的来源。

4）高强钢表面处理前的酸洗应作为关键工序加以控制，重点记录酸浓度、清洗时间，避免过度吸氢和表面沿晶腐蚀。

7.4.5.4　复查验证

对产品装载现场勘查后发现，产品尾部柔性支撑座与产品脱离，未能起到支撑作用，支撑面距离产品约有 5 mm 的间隙，异常振动载荷来源于此，进一步查明发现装配操作不到位，而工序检验又未能发现，属于典型管理问题，已进行归零处理。

7.5　腐蚀失效案例分析

7.5.1　螺钉组件表面多余物分析

某产品在密封箱内存储约 10 个月，开箱检查发现多枚镀锌螺钉组件表面附着有大量的白色绒毛状和粉末状多余物。螺钉组件由螺钉、平垫片和弹垫片组成，是外购标准件，螺钉、平垫片均由碳钢制造，表面经镀锌处理，弹垫片由不锈钢制造。

7.5.1.1　试验过程与结果

宏观观察发现，螺钉头部附着大量白色粉末状的多余物，杆部螺纹附着多余物量相对较少，有明显的酸臭刺激性气味；平垫片表面同样被大量白色并伴有刺激性气味的白色粉末状多余物覆盖；弹垫片可见金属光泽，附着有极少量刺激性白色粉末状物，如图 7 - 146 所示。

超声清洗后观察，螺杆部位镀层相对完好，头部镀层出现大量缺失；平垫片接触面外侧镀层同样大量缺失，内侧镀层则较完好；弹垫片清洗后表面完整，如图 7 - 147 所示。

图 7 - 146　螺钉组件整体外观形貌

（a）螺钉

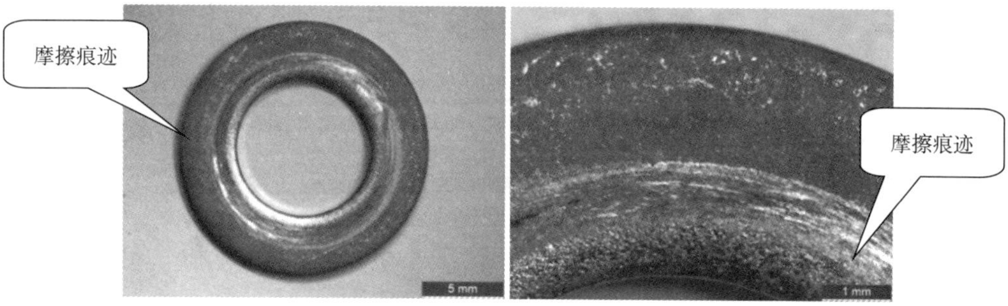

（b）平垫片

图 7 - 147　清洗后螺钉组件外观形貌

微观观察，白色粉末多呈短棒形态并堆积成絮状，如图 7 - 148 所示。螺钉头、平垫片镀层大面积缺失，呈孤岛状，局部镀层钝化膜呈网状开裂，如图 7 - 149 和图 7 - 150 所示。

EDS 能谱分析表明，镀层遭受腐蚀并生成了以锌的氧化物为主的腐蚀产物。平垫片镀层缺失表面主要成分为 Fe 以及少量的 Zn、O 元素，表明镀层已完全缺失，基体局部外露。螺钉镀层分析情况与平垫片类似。白色多余物红外光谱分析发现有两处比较明显的吸收峰，前一处高波数吸收峰值说明样品中含有少量水分，后一处低波数吸收峰值说明为无机物吸收峰范围，如图 7 - 151 所示。

螺钉纵剖面金相检查，头部位置镀锌层基本缺失，但铁基体表层较为完整，呈回火索氏体组织，如图 7 - 152 所示。

图 7 - 148　白色多余物微观形貌

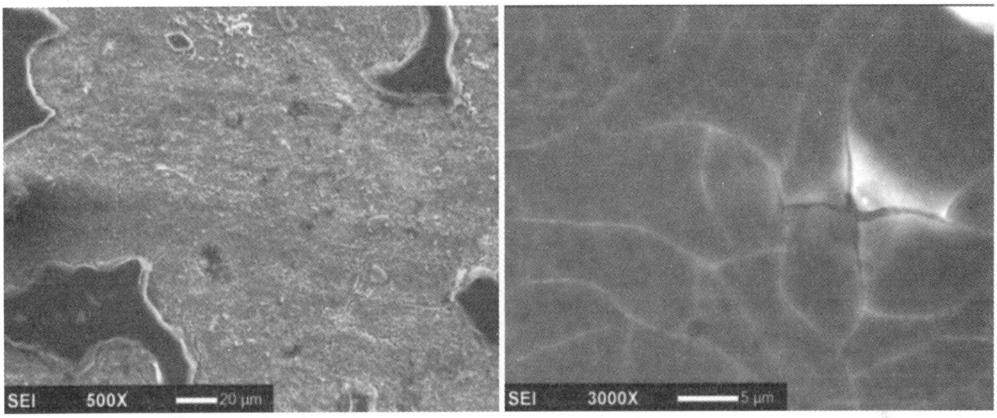

（a）镀层缺失呈孤岛状　（b）完好镀层钝化膜破裂

图 7 - 149　螺钉头镀层微观形貌

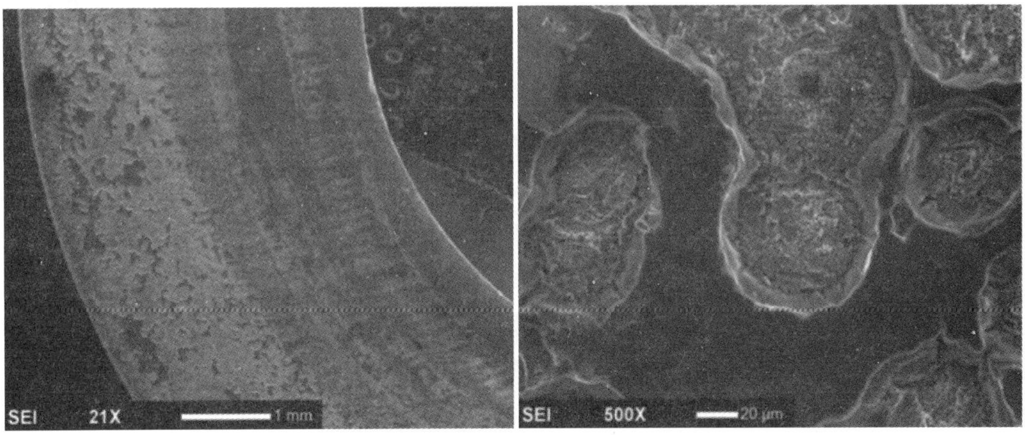

图 7 - 150　平垫片镀层表面微观形貌

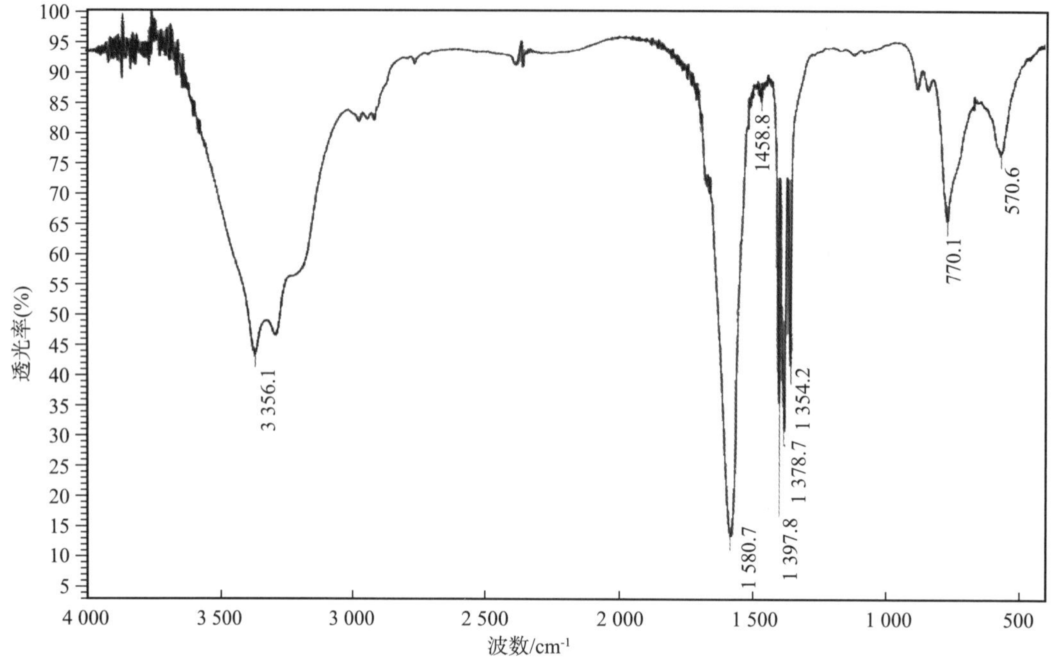

图 7-151　白色多余物红外光吸收峰谱

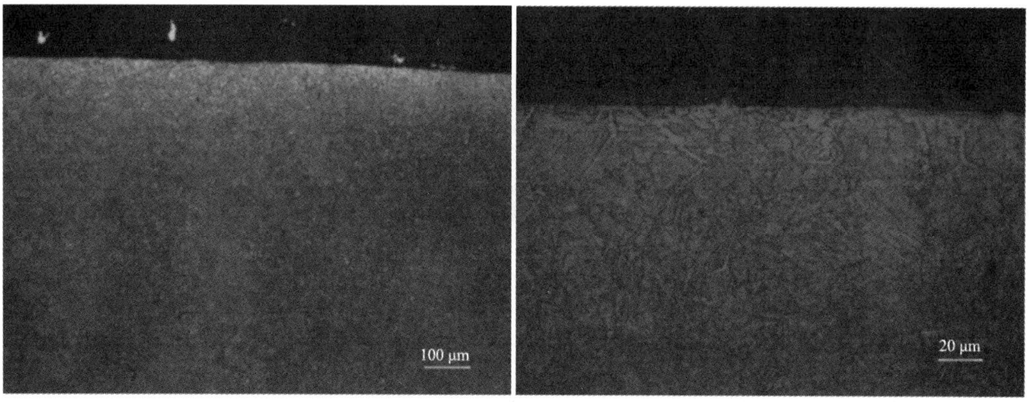

图 7-152　螺钉头纵剖面金相组织

7.5.1.2　分析与讨论

试验表明，螺钉组件镀锌层发生了均匀腐蚀，腐蚀造成铁基体外露并生成了大量的白色腐蚀产物，其主要成分为锌的水合（或碳酸）氧化物。产品放置在密闭箱体中约 10 个月，对于镀锌件而言，在密闭的，湿度、温度适宜的条件下极易发生腐蚀，俗称“霉变”。另外，从腐蚀产物具有刺激性气味这一点来看，镀层表面可能滋生了霉菌并发生了微生物腐蚀，霉菌的啮噬及新陈代谢产物可能进一步加剧了腐蚀，以至于红外光谱分析未检测到霉菌的典型有机物吸收峰，可能与霉菌的数量过少有关。另复查发现，产品在装箱前曾有用丙酮清洗相关零件表面的经历，由此推测，丙酮可能未能挥发完全，残存在箱体内诱发了有机气氛腐蚀。

7.5.1.3　结论及启示

1）螺钉组件镀锌层发生了均匀腐蚀并生成了白色的锌的腐蚀产物。

2）腐蚀的发生与箱体内特殊的腐蚀环境有关。

3）镀锌件在适当的温、湿度环境及有机气氛环境下极易诱发大气腐蚀、有机气氛腐蚀和微生物腐蚀。在多种复合环境下腐蚀速率会加快，腐蚀现象也会更严重。镀锌件存放环境条件应加以控制。

7.5.2　安装支架零件表面颜色异常分析

安装支架零件在最终阳极氧化处理工序后发现多件颜色异常。该批零件由 60 mm 厚度 2A12H112 铝合金轧制板材加工制造，表面处理采用硫酸阳极化工艺，自然着色后水合封孔，机械加工工序间进行了固溶＋96 h 自然时效处理。

7.5.2.1　试验过程及结果

失效件所有表面均呈黑色，色泽暗淡，完好件呈铝合金基体本色，有明显金属光泽，如图 7－153 所示。

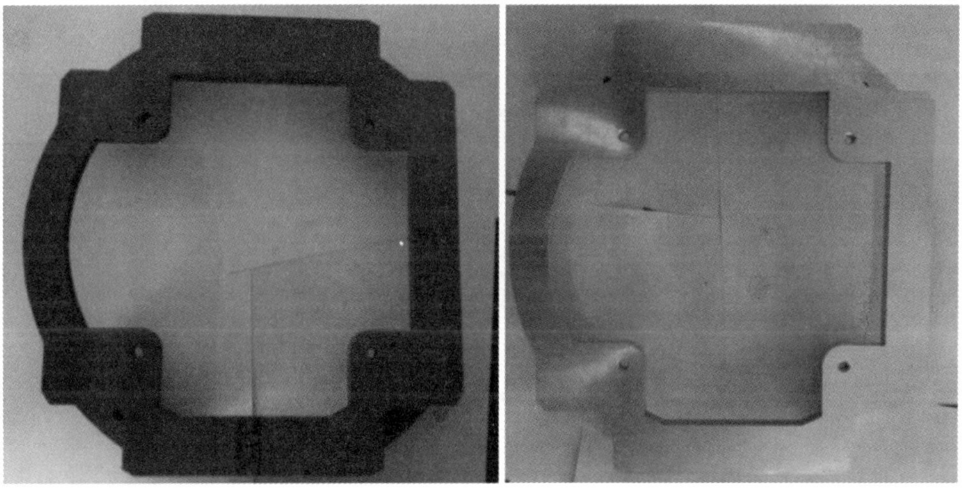

（a）失效件　　（b）完好件

图 7－153　零件外观对比

体视对比观察，失效件表面未见氧化膜，而是沉积黑色的疏松腐蚀物，隐约可见晶粒轮廓，金属基体局部外露。完好件表面可见完好、致密的氧化膜，如图 7－154 所示。

失效件、完好件 ICP 材质化学成分分析符合标准要求，失效件与完好件的主要元素、杂质元素含量极相近，无明显差异，表明失效件与完好件应为同一批原材料。

检查失效件纵剖面金相组织，发现第二相大量脱溶析出分布于基体，呈沙滩状，沿形变方向拉长，晶界无明显沉淀带，呈平衡态组织；完好件与失效件组织完全不同，强化相弥散析出分布于基体，晶界有明显的沉淀带，呈固溶时效处理后组织状态，如图 7－155 所示。

（a）失效件　　（b）完好件

图 7－154　零件表面宏观形貌对比

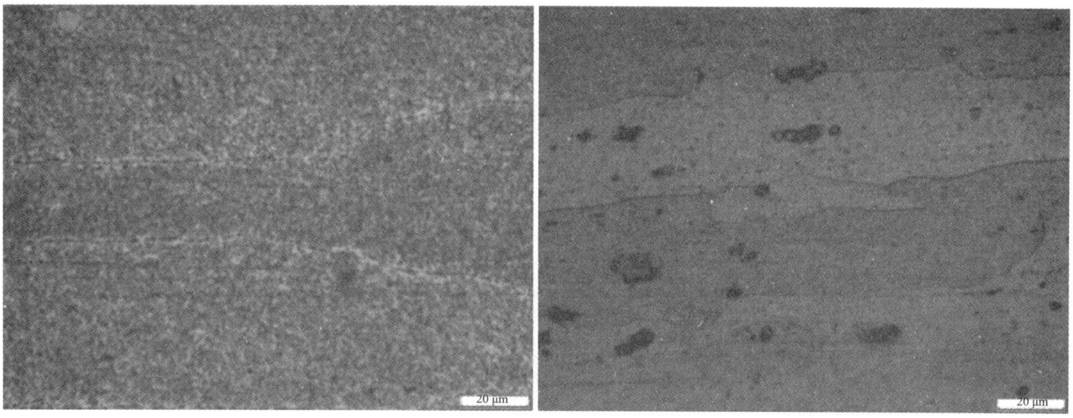

（a）失效件　　（b）完好件

图 7－155　纵剖面（板材厚度纵向）金相组织对比

失效件硬度实测值为 60 HBW，完好件硬度实测值为 136 HBW，硬度试验结果与金相检查结果吻合。失效件呈未强化热处理的软态，完好件呈强化热处理后的硬态。

7.5.2.2　分析与讨论

由试验可知，表面处理后颜色异常，零件组织、性能状态与完好件完全不同，呈平衡组织的软态，而完好件呈强化组织的硬态。失效件在阳极氧化处理工艺中发生了腐蚀并形成了黑色腐蚀产物。

阳极氧化处理工艺是目前主流的一种提高铝合金零件耐蚀性、耐磨性的工艺方法，原理是将铝合金零件作为阳极置于电解质溶液中，利用电解作用，使其表面生长一层氧化膜，这层氧化膜的厚度、孔隙率直接决定膜层的特性，与电解液组成、电流密度、电压、温度、时间等氧化处理工艺参数密切相关。失效件与完好件为同批原材料同批加工，并经同批阳极氧化处理，理论上氧化处理工艺参数相同，但呈软态的零件没有生成氧化膜层，反而发生了腐蚀，其主要原因是，相对硬态零件而言，软态零件组织中强化相大量脱溶析出，晶格畸变小，从而降低了晶格对导电电子的散射，合金的电导率增大，诱发电流密度过大，促使零件接触面电解液温度急剧升高，抑制了氧化膜生长，而发生了电腐蚀。

从零件的制造工艺流程来看，零件在厂内完成机械粗加工及固溶时效处理，转外协单位继续机械精加工，最后返厂阳极氧化处理。复查厂内部热处理工艺记录未发现异常，随炉试样测试结果合格，表明热处理过程受控。从化学成分分析结果来看，异常零件与正常零件应为同一批原材料，可以排除外协单位私自代料加工的可能。综合以上分析认为，零件性能软化应与外包公司私自增加热处理工序有关。随后在一次对外包公司的突击质量审核发现，部分零件曾增加热校形处理。

7.5.2.3　结论及启示

1）颜色异常零件在阳极氧化处理工艺中发生了全面电腐蚀，腐蚀生成了黑色产物；

2）热校形工艺改变材料原有的固溶时效状态，引起强化相大量异常析出，从而导致阳极氧化处理工艺中零件表面电流密度过大造成电腐蚀；

3）外包公司更改制造工艺流程，增加了热校形处理，这是一起管理失控引发的失效问题。

7.5.3　导管泄漏分析

某导管部件在服役中发生泄漏，多件高压过滤器出现不减压的现象。拆解故障导管部件和高压过滤器后检查发现，导管存在一处泄漏点，过滤器过滤网及进出口部位有大量红褐色多余物。导管及过滤器部件均属于供气系统组件，还包括气源部件——气瓶，工作压力为 30 MPa，工作介质为压缩空气，气瓶经过滤器与导管连接，导管将气源输送给相关部件。

导管材料为 1Cr18Ni9Ti，规格为 ϕ12 mm×1 mm，弯折后焊接成形。过滤器包括滤芯和骨架，滤芯材料为 304 不锈钢，骨架材料与导管相同，过滤器外购，起减压和过滤的作用。经过滤器减压后，压力降低至 15 MPa。复合环形气瓶外层材料为芳纶纤维，内衬材料为氯化丁基橡胶。

气瓶主要制造工艺流程：盐型芯成形→橡胶内衬层成形→纤维层成形→喷胶→清洗型芯→内窥镜检查→相关试验（强度、气密等）→外形、外观检验。

7.5.3.1　试验过程与结果

导管泄漏点局部外观如图 7－156 所示，外壁存在一处泄漏穿孔，未见其他损伤，导管内壁基本被红褐色多余物覆盖。

滤芯由滤网和骨架组成，滤网表面附着有大量红褐色粉末状多余物，在对滤芯进行解剖时，有大量红褐色多余物从滤网溢出，如图 7－157 所示。气瓶橡胶内衬内壁表面发现有亮斑状污染痕迹，经去离子水反复清洗后，内壁表面呈光洁的颗粒状形貌，污染痕迹消失，如图 7－158 所示。

图 7-156　导管泄漏点局部外观（箭头所指为泄漏点）

（a）滤网　（b）骨架

图 7-157　过滤器滤芯外观

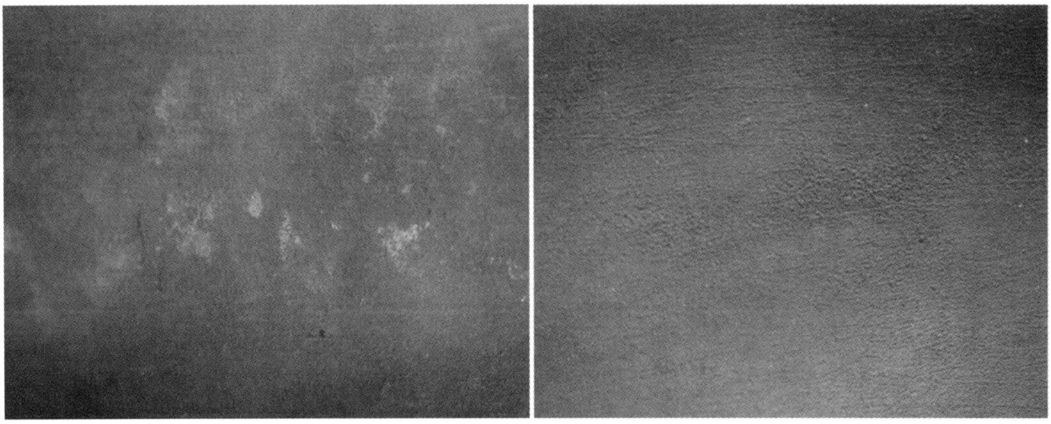

（a）清洗前　（b）清洗后

图 7-158　橡胶内衬表面清洗前后形貌对比

以上观察表明，导管与过滤器滤芯均被腐蚀，导管内壁腐蚀较严重，红褐色多余物应为腐蚀产物。使用后的气瓶内壁也存在较多污染物。

微观观察泄漏部位形貌，可见有大量的点蚀坑并纵深发展，一处孔洞穿透管壁，点蚀坑呈蚁穴状形貌，坑底及周边覆盖有大量泥纹状腐蚀产物，如图 7－159 所示。过滤器滤芯腐蚀物分布于滤网节点处。橡胶内衬内壁微观形貌如图 7－160 所示，可见块状、结晶状污染物。从污染物的形貌来看，可能为一种盐类。

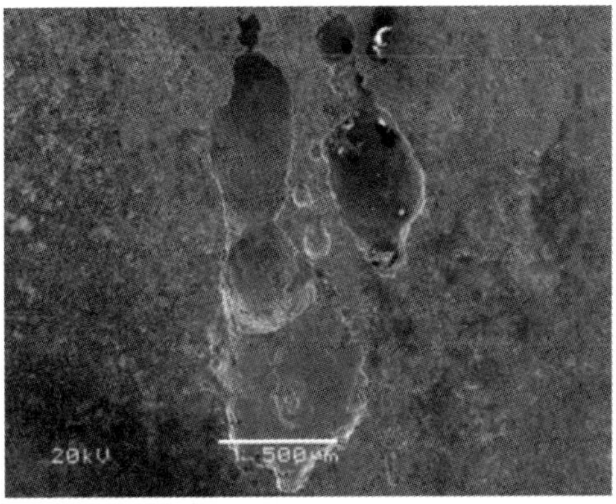

图 7－159　点蚀坑微观形貌

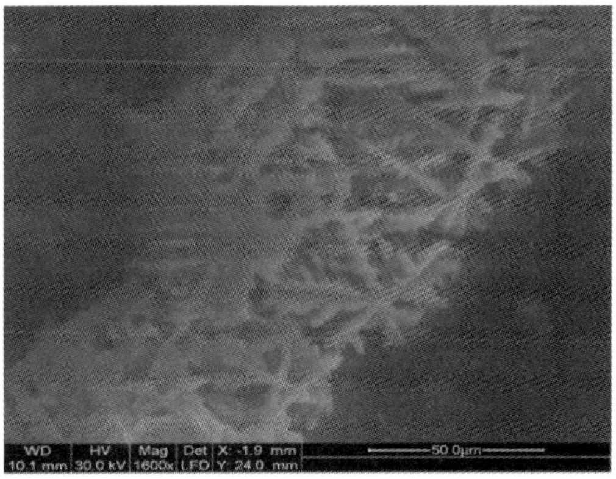

图 7－160　橡胶内衬内壁微观形貌

滤芯、导管腐蚀物 EDS 能谱分析发现，O 元素含量极高，主要为氧化铁，其他除了基体所含元素之外，还有 K、Na、Cl 等元素的存在，其中 Cl 元素的质量分数达 6%。气瓶橡胶内衬表面污染物能谱分析发现有 K、Na、Cl 元素的存在，其中 Cl 元素的质量分数高达 40%，表明污染物的主要成分为氯盐。

7.5.3.2　分析与讨论

从以上试验可知，导管部件发生了氯离子引起的点蚀，点蚀穿孔形成泄漏，产生的大量红褐色腐蚀产物的主要成分为氧化铁，俗称铁锈。

从供气系统组成结构可知，环形气瓶工作介质为干燥压缩空气，工作压力为 30 MPa，介质经过滤器过滤并减压至 15 MPa 后通过导管输送气压到相关部件，理论上不存在腐蚀环境条件。从导管、过滤器滤芯腐蚀产物和气瓶橡胶内衬污染物 EDS 分析均发现有盐类存在，盐的成分为氯化钠。

从气瓶制造主要工艺流程推断，氯元素应来源于气瓶内衬成形工艺中清洗不彻底所残留的盐类，芯模与胶片包覆层之间增加了一层双飞粉作为隔离层，隔离层会与氯盐发生粘连现象，从而造成氯盐清除不净，而内窥镜检查又无法发现的现象。再对同批次多件气瓶注入去离子水清洗，取水样测定电导率。结果发现，初次清洗取出的水样电导率范围在 17.8～130 μs/cm，多次清洗后的水样电导率降至 3.5 μs/cm 以下。由此表明，气瓶确实存在清洗不净的现象，有氯盐残留。

对失效导管连接的气瓶解剖后检查发现，在橡胶内衬表面可见大量液滴和液体流痕。由此表明，气瓶的气体介质含水量较多，湿度较大，并非为干燥气体。回顾产品装配及交付状态，装配有气瓶的产品在测试完成后，在不带压状态下交付用户，交付后不定期开展供气系统功能检查。检查前由气源站向气瓶充压至 30 MPa，充气气源先经－50 ℃露点检查，功能检查完毕后手动开启气瓶放气嘴阀门，在大气环境下排放瓶内压缩气体。排放实质是一个吸热的物理过程，伴随着瓶内温度降低，内压力也将不断减小，并会出现一个瞬时的负压，造成大气回吸直至内外压力平衡，回吸的大气经管路进入气瓶。由此可见，气瓶在工作中与大气进行了气体交换，湿度较大的大气气体回吸入瓶内，导致气瓶内残存的盐分水解形成腐蚀能力极强的氯离子，待下次功能检查时，饱含氯离子的潮湿气源将气体输送至过滤器、导管等部件，腐蚀由此发生。

导管选用奥氏体不锈钢 1Cr18Ni9Ti，合金中加入了大量的 Cr、Ni 元素，以达到提高基体电位和促使表面钝化的作用，因此具有较好的耐蚀性。但在氯离子环境中，不锈钢极易发生以点蚀为主的腐蚀，且随着氯离子浓度升高，点蚀倾向增大。不锈钢氯离子腐蚀的吸附理论认为，氯离子具有极强的吸附能力，能在钝化膜表面形成吸附点并争夺、排挤掉氧形成金属氯化物，吸附点成为点蚀的蚀核，钝化膜遭受破坏，氯化物的水解酸化又加速腐蚀，金属表面由钝化状态转变为活化状态。

综合以上分析认为，导管在氯离子环境介质下发生了点状腐蚀，气瓶残留的盐分和外界水分进入共同导致氯离子产生，从而最终导致了导管发生泄漏失效。

7.5.3.3 结论及启示

1）导管发生氯离子环境下的点蚀，点蚀穿孔并造成了泄漏失效，同时腐蚀产物堆积导致过滤器不减压。

2）气瓶内衬芯模清洗不彻底，致使氯盐残留并与功能检查引入的水分发生水解，形成了氯离子腐蚀环境。

3）从橡胶内衬成形后的清洗工艺来看，物理清洗方法很难将内壁附着的氯盐去除干净。鉴于氯离子又具有极强的腐蚀性，避免发生腐蚀的根本方法是采用无腐蚀性的材料来成形芯模，另外还需完善供气系统功能检查时的排气操作，规定在内压高于大气压时结束排气，避免大气回吸引入水分。

7.5.3.4 工艺改进

经过反复论证，确定采用砂芯成形工艺方案，重点从橡胶内衬包覆改进、砂芯成形、砂芯使用性、砂芯清洗方法等方面开展研究。经过近半年的努力，砂芯成形工艺方案获得成功。成形后的复合环形气瓶从根本上消除了腐蚀源。强度考核试验表明，新工艺复合环形气瓶各项性能均满足设计要求，其中气密性更优于盐芯，在气瓶制造中得到推广运用。

7.5.4 端框零件表面黑斑分析

某端框零件机械精加工完毕存放一周后发现，多件零件接触端面有黑斑特征，零件由 2A70 铝合金锻环加工制造，锻环外径 1 427 mm，内径 1 278 mm，粗加工工序后进行了固溶时效热处理。

7.5.4.1　试验过程及结果

宏观观察，黑斑特征积聚于端面，用体视显微镜观察表面完整性遭到破坏，黑斑呈湖泊状坑群，坑底颜色较深，呈暗黑色，正常区域呈金属银白色，如图 7－161 所示。

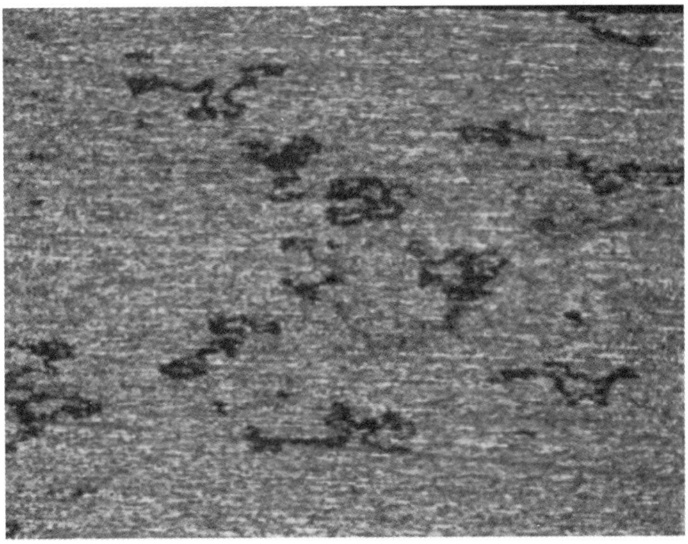

图 7－161　黑斑宏观形貌

用电子显微镜微观观察黑斑原始表面形貌，可见切削刀痕痕迹明显，少数凹坑连接呈湖泊状，大量呈点状分布于基体。微抛光后观察点状或湖泊状凹坑清晰可见，如图 7－162 所示。

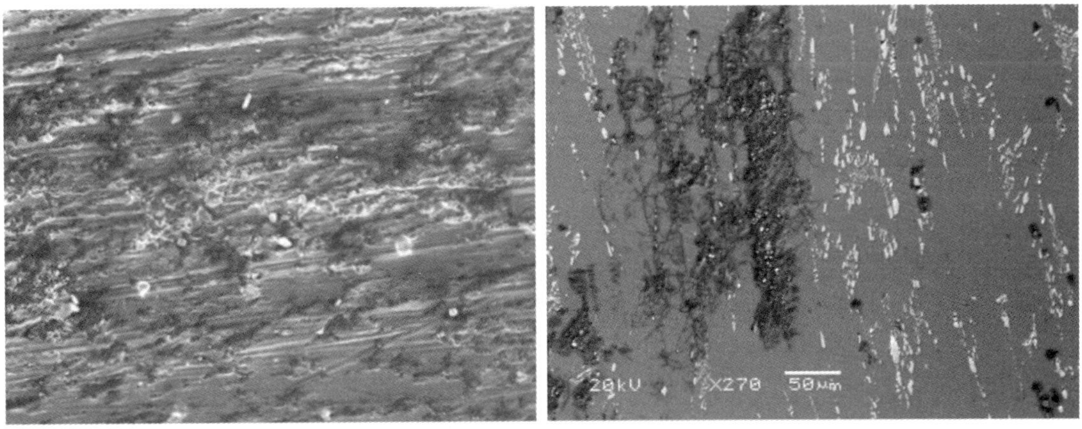

（a）原始状态　　（b）微抛光态

图 7－162　表面微观形貌

金相检查黑斑表面，强化相呈弥散质点分布基体，黑斑区粗大难溶相变形破碎不足，多呈块状积聚分布，而正常区域难溶相大致呈离散分布，未见明显的积聚特征，如图 7－163 所示。

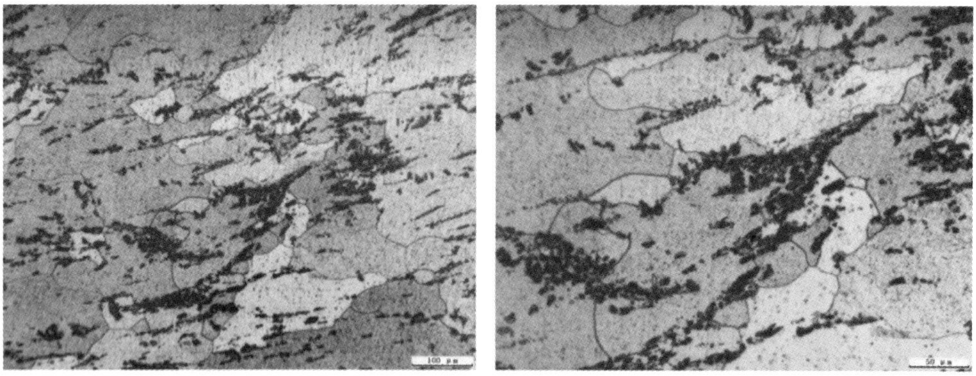

图 7-163 黑斑区金相组织

7.5.4.2 分析与讨论

以上试验表明，零件端面发生斑点状局部腐蚀，生成了黑色的腐蚀产物，发生在粗大难溶相积聚区。

零件选用牌号 2A70 铝合金锻件加工制造，2A70 属 Al-Mg-Cu-Fe-Ni 系五元铝合金，具有中等强度和良好的耐热强度。合金化学成分及相组成较为复杂，S 相为主要强化相，同时还存在大量含 Fe、Ni、Si 的难溶相。锻造变形未能将原始粗大的难溶相完全破碎，从而造成了微观组织的不均匀，这种组织的不均匀在腐蚀环境条件下，因电位差异诱发电化学腐蚀。

从零件加工工艺可知，零件机械粗加工工艺主要是车削，车削中使用了切削液，加工完成后切削液未完全清除干燥，随后搁置在托盘上，在与托盘接触的零件的端面形成了一个相对封闭的空间，端面残液不能畅流而滞留下来，形成了腐蚀发生必不可少的环境条件。

7.5.4.3 结论及启示

1）零件表面发生了斑点腐蚀，形成了黑色的腐蚀产物；

2）材料微观组织不均匀以及零件在加工后防护不到位，共同导致了腐蚀的发生；

3）大规格锻造零件，组织均匀性较差，对电化学腐蚀较敏感，故对于此类零件，在加工工序间应做好表面防护，减小工序间停留时间，尽快进行阳极氧化处理。

7.5.5 折叠翼扭杆断裂分析

折叠翼扭杆零件历经存储试验 1 年后多件发生断裂，试验状态为持续静扭力，扭角 120°。材料牌号为 NL-2，属 Fe-Ni-Co-Mo 系马氏体时效钢，固溶温度为 820 ℃，时效处理温度为 510 ℃。零件加工工艺主要为线切割。

7.5.5.1 试验过程与结果

宏观观察，失效零件表面可见有红褐色的锈蚀痕迹，呈脆性斜断口，断面干净，较粗糙，有光亮的结晶状特征，一侧边缘可见有较重的摩擦痕迹，如图 7-164 所示。

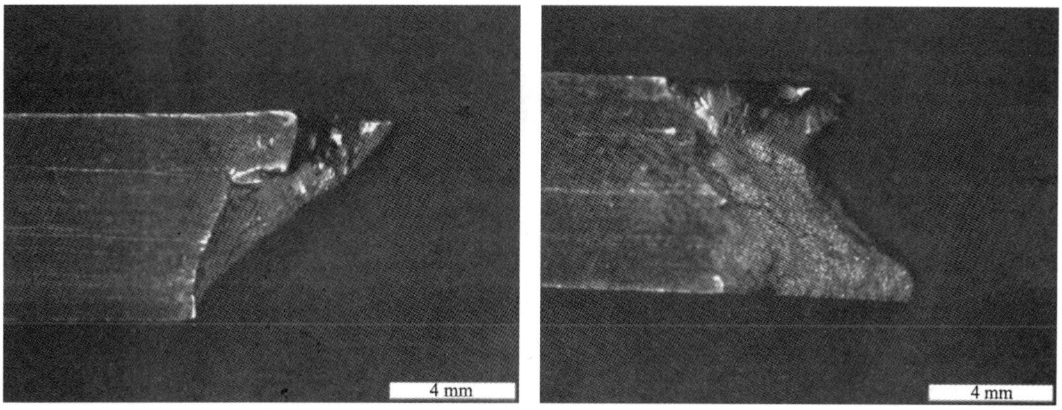

图 7-164　断口宏观形貌

断口微观观察，宏观结晶状区全部呈冰糖状的沿晶特征并可见二次裂纹特征，如图 7-165 所示。人工冲击弯折断口边缘可见明显的剪切唇特征，微观为剪切韧窝特征，局部有少量的脆性沿晶特征区。沿晶区特征与故障断口类似，其他区域均为韧窝特征，如图 7-166 所示。

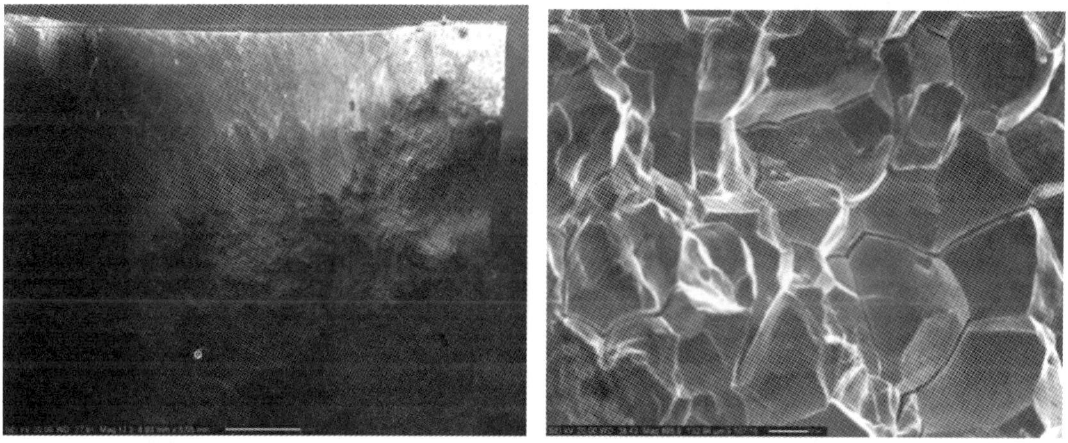

图 7-165　失效断口的全部沿晶特征

断口金相检查发现，晶粒边界清晰，表层 0.2 mm 区域可见明显的沿晶裂纹，基体为板条状马氏体组织，如图 7-167 所示。材质化学成分符合标准要求，含氢量测试结果为 2×10^{-6}。

7.5.5.2　分析与讨论

从以上试验来看，失效件受长期的扭转静载，断裂具有延迟特征，断口呈脆性沿晶断裂特征。人工冲击断口整体呈韧窝断裂特征，金相检查表层可见沿晶裂纹，含氢量为 2×10^{-6}。表明断裂性质应为氢致延迟断裂。

NL-2 属 18Ni（200）型马氏体时效硬化超高强度钢，具有高强韧性、低硬化指数、

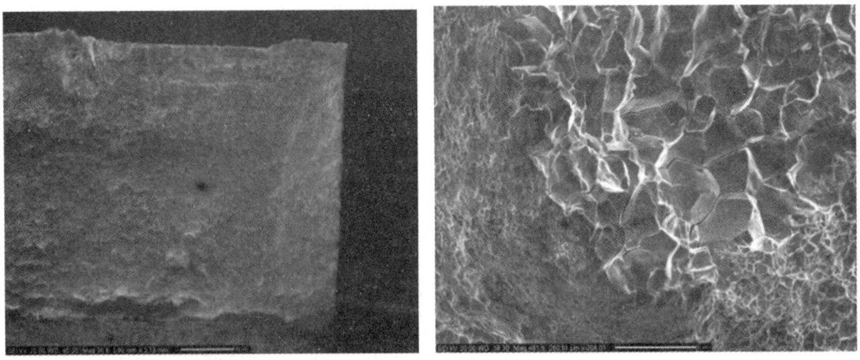

（a）剪切唇局部的沿晶特征

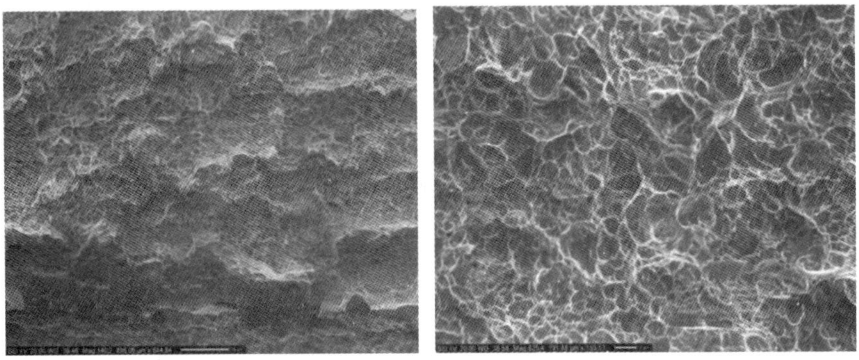

（b）其他区域的韧窝特征

图 7－166　人工断口微观形貌

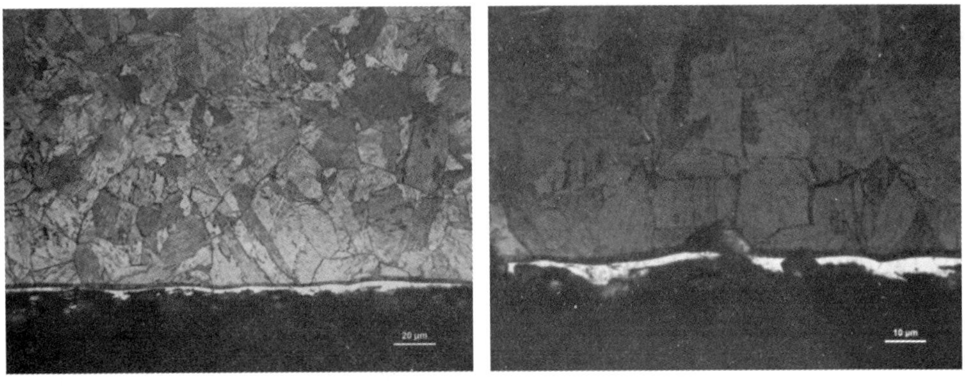

图 7－167　断口边缘金相组织

时效处理后变形小、热处理工艺简单等特点，但此类材料抗应力腐蚀性较差。从零件表面黄褐色的腐蚀痕迹结合应力状态分析认为发生了应力腐蚀。勘察试验现场发现并无温度控制，属相对开放的自然环境，腐蚀在所难免。在应力腐蚀的诱导下，腐蚀反应产生的氢为氢脆创造了条件。由于材料强度高，应力大，氢致断裂的临界含氢量较小，2×10^{-6}含氢量足以发生氢脆。查阅试验工艺，明确规定应定期涂抹防锈油防护。

7.5.5.3　结论及启示

1）折叠翼扭杆零件失效性质为应力腐蚀诱导下的氢致延迟断裂。

2）氢来源于应力腐蚀生成产物。

3）这是一起管理失效引起的失效案例，工艺明确规定有防护处理措施，但执行中没有得到落实。从管理失控致因论的角度，需要加强人员的培训、教育、监督和考核。

参考文献

[1] 张栋，钟培道，陶春虎，等．失效分析［M］．北京：国防工业出版社，2004.

[2] 余焜．材料结构分析基础［M］. 北京：科学出版社，2010.

[3] 机械工业理化检验人员技术培训和资格鉴定委员会．金相检验［M］. 北京：中国计量出版社，2008.

[4] 屠海令，干勇．金属材料理化测试全书［M］. 北京：化学工业出版社，2006.

[5] 丁惠麟，辛智华．实用铝、铜及其合金金相热处理和失效分析［M］. 北京：机械工业出版社，2007.

[6] 胡世炎．破断故障金相分析［M］．北京：国防工业出版社，1979.

[7] 陶春虎，刘庆瑔，刘昌奎，等．航空用钛合金的失效及其预防［M］．北京：国防工业出版社，2002.

[8] 陶春虎．紧固件的失效分析及其预防［M］．北京：航空工业出版社，2013.

[9] 黄振东．钢铁金相图谱［M］. 北京：中国科技文化出版社，2005.

[10] 工程材料实用手册编辑委员会．工程材料实用手册［M］. 北京：中国标准出版社，1988.

[11] 上海交通大学《金相分析》编写组．金相分析［M］. 北京：国防工业出版社，1982.

[12] 燕翔，张军．瞬时热曝露对 BTi-62421S 钛合金组织和性能影响研究［J］. 航天制造技术，2013（1）：31-35.

[13] 燕翔，李娜．自制螺栓表面裂纹成因分析［J］. 失效分析与预防，2010，5（4）：243-247.

[14] 燕翔，万里园，刘德林．弹性卡箍断裂原因分析［J］. 失效分析与预防，2013，8（4）：241-243.

[15] 燕翔，张振宇，黄芳．某气瓶包带断裂原因分析［J］. 失效分析与预防，2012，7（2）：132-134.

[16] 余永宁．金属学原理［M］. 北京：冶金工业出版社，2000.

[17] 崔忠圻，覃耀春．金属学与热处理［M］. 北京：机械工业出版社，2007.

[18] 盛国裕．工程材料测试技术［M］. 北京：中国计量出版社，2007.

[19] 陶春虎，刘高远，恩云飞，等．军工产品失效分析技术手册［M］. 北京：国防工业出版社，2009.

[20] 张栋．机械失效的痕迹分析［M］. 北京：国防工业出版社，1996.

[21] 韩德伟，张建新．金属试样制备与显示技术［M］. 长沙：中南大学出版社，2005.

[22] 张文志，韩清凯，刘亚忠，等．机械结构有限元分析［M］. 哈尔滨：哈尔滨工业大学出版社，2018.

[23] 黄维平，杨永春，陈常龙，等．结构有限元分析基础及 ANSYS 应用［M］. 北京：中国铁道出版社，2017.

[24] 胡世炎．机械失效分析手册［M］. 成都：四川科学技术出版社，1998.

[25] 中国机械工程学会材料学会．疲劳分析方法及应用［M］. 北京：国防工业出版社，1991.

[26] 王广生，石康才，周敬恩，等．金属热处理缺陷分析及案例［M］. 北京：机械工业出版社，1997.

[27] 杨春晟，曲士昱．理化检测技术进展［M］. 北京：国防工业出版社，2012.

[28] 周瑞发，韩雅芳，李树索．高温结构材料［M］. 北京：国防工业出版社，2007.

[29] 常新龙，胡宽，张永鑫，等．导弹总体结构与分析［M］. 北京：国防工业出版社，2010.

[30] 赵志远．铝和铝合金牌号与金相图谱速用速查及金相检验技术创新应用指导手册［M］. 北京：中国知识出版社，2005.

[31] 王习术．材料力学行为试验与分析［M］. 北京：清华大学出版社，2010.

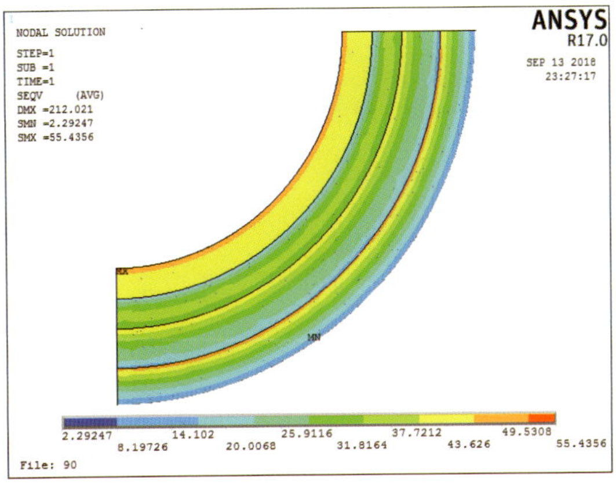

（a）外表面

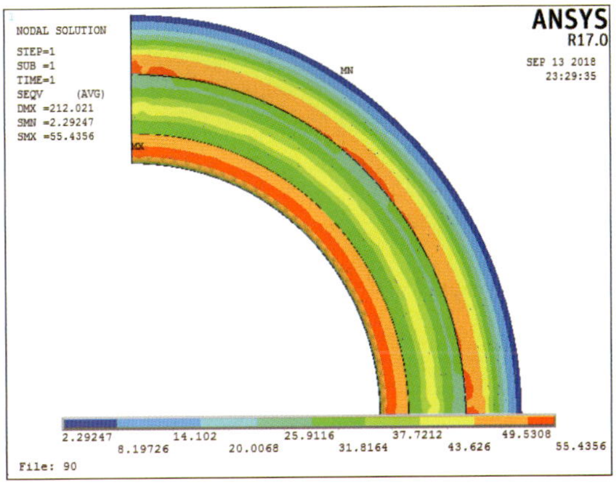

（b）内表面

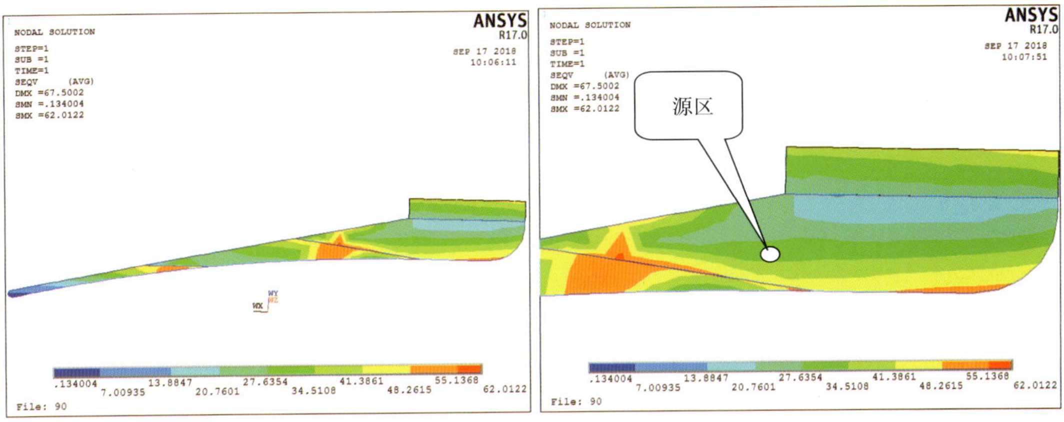

（c）径向截面

图 1－3　失效件等效应力分布云图（P9）

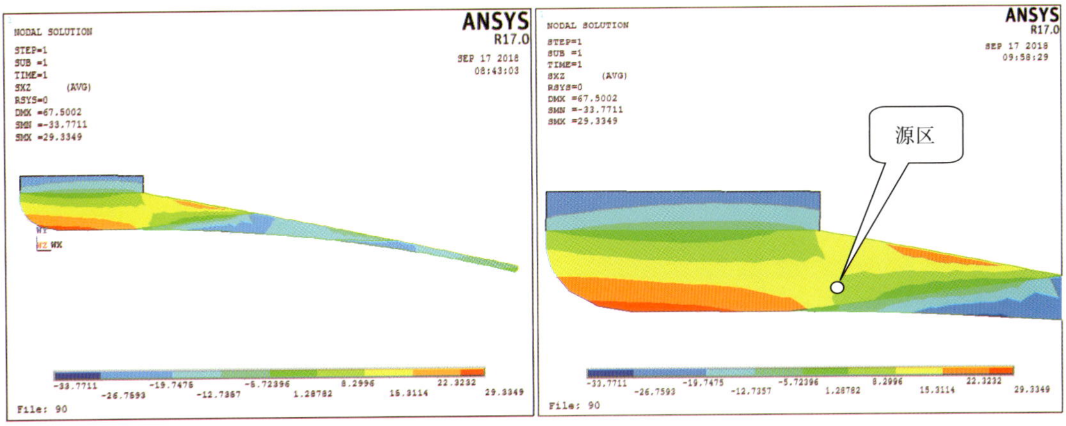

图 1－4　失效件切应力分布云图（P10）

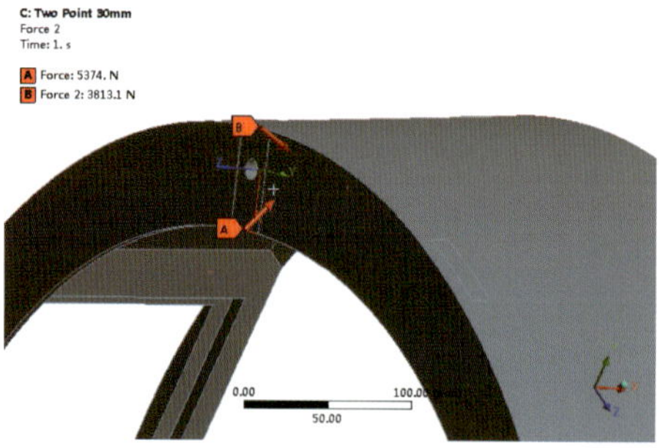

(a) 载荷及边界条件

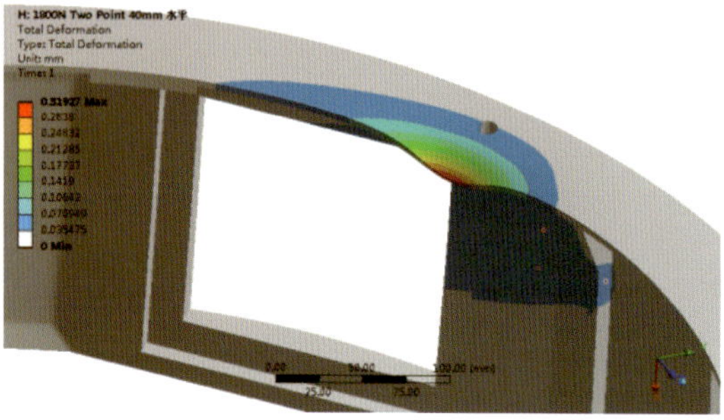

(b) 位移云图（40 mm）

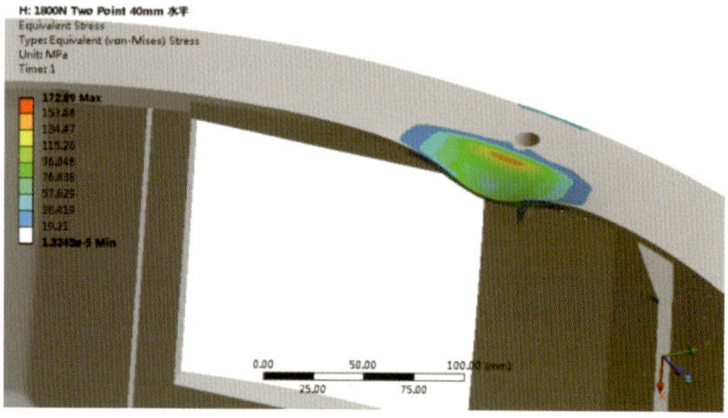

(c) 应力云图（40 mm）

图 1－9　吊装操作有限元计算云图（P12）

图 4－27　某 TA15 气道残片温色特征（P54）

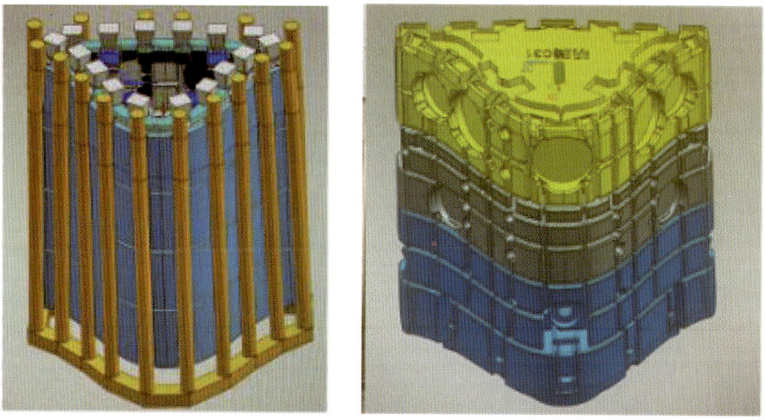

图 7－38　浇注壳体及砂型三维模型示意图（P145）

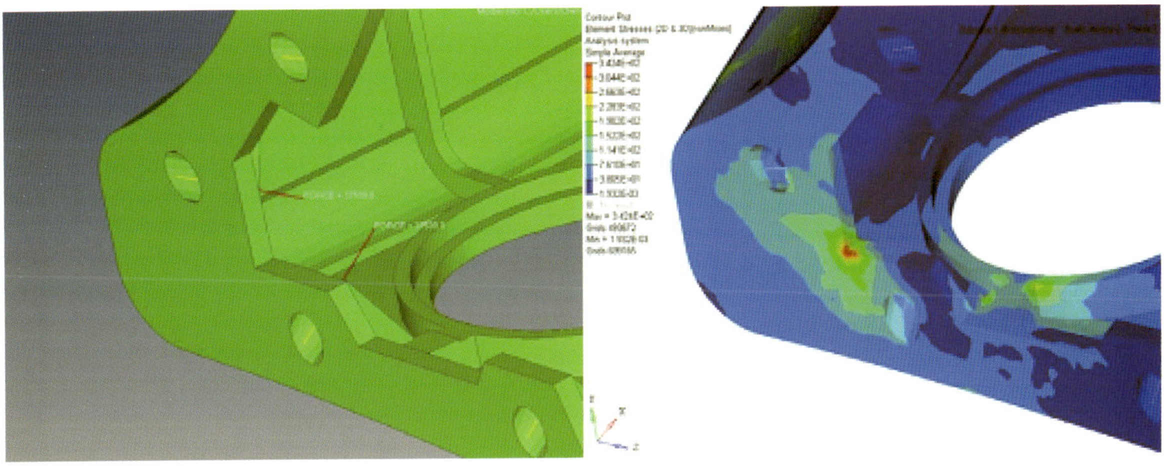

图 7－43　故障壳体前端框螺栓布局及安装结构示意图（P149）

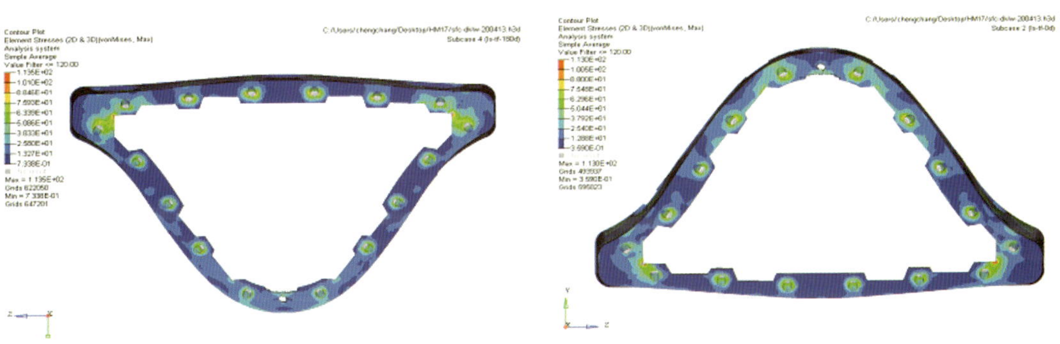

（a）滚转180°　　（b）水平起吊

图 7－44　故障壳体滚转及起吊工况应力云图（P149）

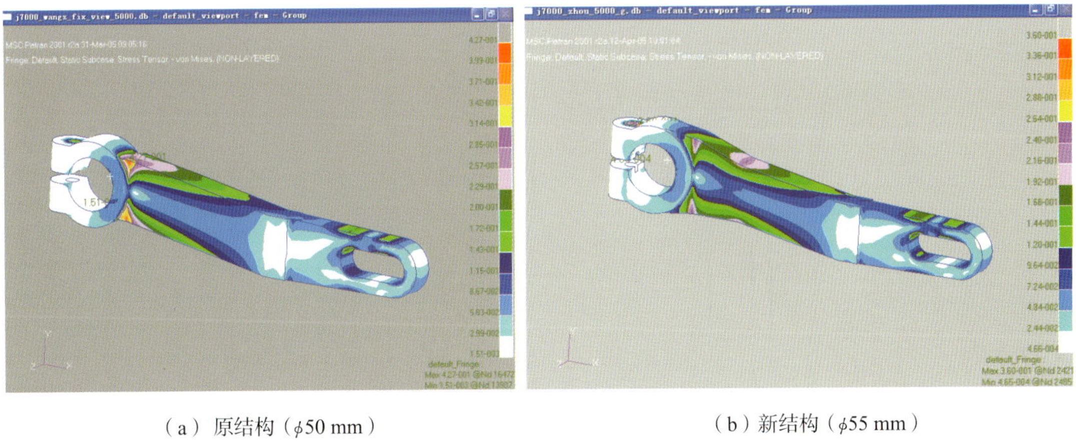

（a）原结构（ϕ50 mm）　　（b）新结构（ϕ55 mm）

图 7－51　摇臂应力分布云图（P154）

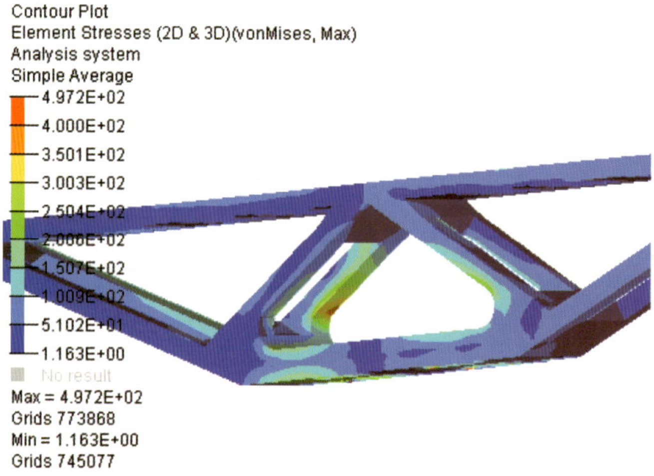

图 7－56　新结构仿真计算应力云图（P158）

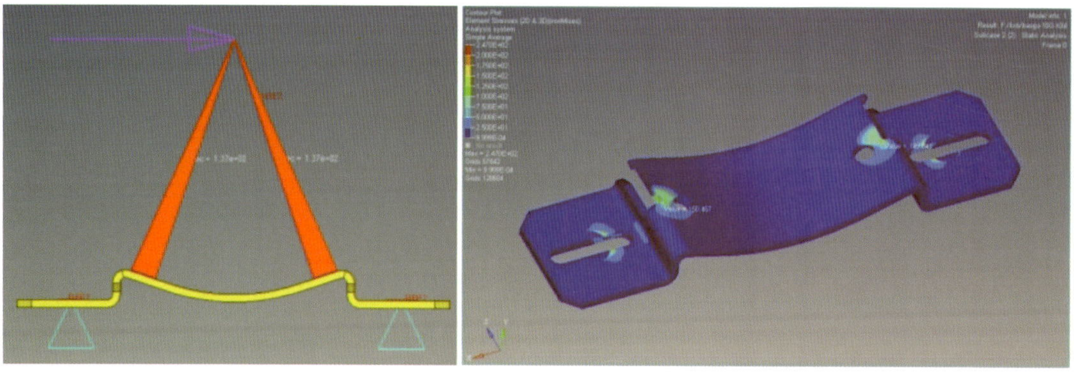

（a）有限元模型　　　　（b）仿真应力云图

图 7－99　抱箍底座应力仿真结果（P185）

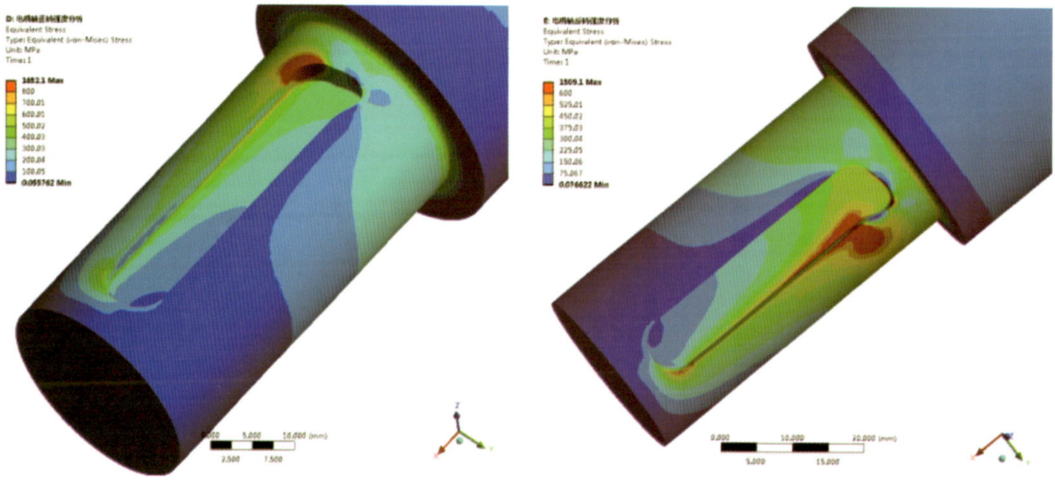

（a）正转应力云图　　　　（b）反转应力云图

图 7－132　输出轴正反转应力云图（P206）